Institut für Wirtschaftsinformatik (IWi)
Universität des Saarlandes
Im Stadtwald, Geb. 14
6600 Saarbrücken 11

Zentrale für Produktivität und
Technologie Saar (ZPT) e. V.
Franz-Josef-Röder-Str. 9
6600 Saarbrücken

August-Wilhelm Scheer (Hrsg.)

CIM im Mittelstand

Fachtagung, Saarbrücken, 22. – 23. Februar 1989

Mit 121 Abbildungen

Springer-Verlag
Berlin Heidelberg New York
London Paris Tokyo

Professor Dr. August-Wilhelm Scheer
Institut für Wirtschaftsinformatik
Universität des Saarlandes
Im Stadtwald, Geb. 14
D-6600 Saarbrücken 11

ISBN-13:978-3-540-50895-3 e-ISBN-13:978-3-642-74572-0
DOI: 10.1007/978-3-642-74572-0

2142/7130 - 543210

Vorwort

Die zunehmend notwendige Flexibilität im Bereich der Fertigung wird zur Herausforderung für den Mittelstand. Die mit der Just-in-time-Philosophie verbundene Verkürzung der Durchlaufzeiten und die steigende Produktvielfalt erfordern eine schnelle Anpassung an veränderte Markterfordernisse. Durch CIM, den informationstechnischen und organisatorischen Verbund der planerisch-dispositiven Aufgaben der Produktionsplanung und -steuerung mit den technischen Aufgaben der CAD-/CAM-Komponenten, können Transparenz und Flexibilität in der Fertigung erreicht werden.

Die Saarbrücker Fachtagung zum Thema CIM, die zum zweiten Mal stattfindet, richtet sich insbesondere an den Mittelstand. Die mittelständische Industrie weist häufig bereits eine hohe organisatorische Flexibilität auf. Diese muß unterstützt werden durch die Integration auf der informationstechnischen Seite, damit der Vorsprung, den der Mittelstand in der Flexibilität gegenüber der Großindustrie noch besitzt, gehalten werden kann.

Auf der Tagung berichten Anwender, wie sie sich dieser Herausforderung gestellt haben. Alle Referenten, die über Lösungen oder Planungen in ihren Unternehmen berichten, kommen aus Betrieben mit mittelständischen Strukturen. Auch die Wissenschaftler und Berater haben sich in ihren Forschungsarbeiten und Projekten mit den besonderen Problemen des Mittelstandes auseinandergesetzt. Das Informationsangebot wird abgerundet durch die Vorstellung des Programmes Fertigungstechnik des Bundesministers für Forschung und Technologie für die Förderung von CIM-Einführungen bei kleineren und mittleren Firmen.

Diskussion und Erfahrungsaustausch schaffen wertvolle Kontakte.

Saarbrücken, im Januar 1989

Prof. Dr. A.-W. Scheer

Inhaltsverzeichnis

DER MITTELSTAND - DER IDEALE CIM-ANWENDER?

Prof. Dr. August-Wilhelm Scheer,
Direktor des Instituts für Wirtschaftsinformatik (IWi),
Universität des Saarlandes

Inhaltsverzeichnis:

CIM erfordert erhebliche Anstrengungen bezüglich Investitionsmitteln, organisatorischer Flexibilität, Aufbau von CIM-Know-how und strategischem Vorgehen. Dabei zeigt der Mittelstand bei den beiden letztgenannten Faktoren die größten Schwachstellen.
Engere Zulieferer-Hersteller-Beziehungen zwingen den Mittelstand in die CIM-Welt. Die Beschäftigung mit CIM ist aber nicht nur eine Frage des Zwangs durch Großkunden, sondern bietet gerade dem Mittelstand durch Ausnutzung seiner Flexibilität und strukturellen Übersichtlichkeit besondere Chancen.
Damit die CIM-Einführung zu einem überschaubaren Implementierungsprozeß wird, muß sie in Teilaufgaben zerlegt werden. Dabei können der individuellen Ausgangssituation und den aktuellen Problemfeldern Rechnung getragen werden.

Über den EDV-Durchdringungsgrad im Bereich der CIM-Komponenten Produktionsplanung und -steuerung (PPS), computerunterstützte Konstruktion (CAD) und computerunterstützte Fertigung (CAM) gibt es vielfältige empirische Untersuchungen. Sie alle besagen, daß der Durchdringungsgrad bei mittelständischen Unternehmungen noch relativ gering ist, obwohl z. B. durch den Einsatz von

Standardsoftwarepaketen für den Mittelstand relativ gute Ansatzpunkte zum Einsatz integrierter PPS-Systeme bestehen. Auch dürfen häufig zitierte Installationszahlen von PPS-Systemen nicht darüber hinwegtäuschen, daß in vielen Fällen der volle Funktionsumfang eines PPS-Systems kaum genutzt wird, da die Unternehmen organisatorisch nicht in der Lage sind, den relativ hohen Anspruch der Planungskonzeptionen zu bewältigen.
Dieses mögen eher ungünstige Ausgangspositionen für den Mittelstand sein, die durch den CIM-Gedanken ausgelöste Herausforderung der computergestützten Neuorientierung von Industrieunternehmungen zu bestehen. Andererseits besitzt der Mittelstand aufgrund seiner organisatorischen Übersichtlichkeit auch besonders günstige Ausgangspositionen für den Integrationsgedanken von CIM.

Der Begriff "Mittelstand" umschließt dabei eine heterogene Unternehmensgruppe bezüglich

- Unternehmensgröße,
- Produktspektrum,
- Fertigungstyp,
- Aufbauorganisation und
- Einbettung in Kunden-Lieferanten-Verhältnisse.

Die Unternehmensgröße umfaßt Betriebe zwischen 50 und 500 Mitarbeitern. Das Produktspektrum enthält Stück-, Schütt- und Fließgüter. Hinsichtlich der Produktkomplexität reicht das Spektrum von Einzelteilen und Baugruppen bis zu kompletten Enderzeugnissen mit tiefgestaffelten Stücklisten und großer Variantenvielfalt.
Die Fertigungsorganisation ist im wesentlichen werkstattorientiert. Bei der Fertigungstechnologie werden zunehmend NC-gesteuerte Maschinen eingesetzt, wobei heute allerdings noch konventionell gesteuerte Maschinen überwiegen.
Die Aufbauorganisation ist weitgehend durch eine funktionale Abteilungsgliederung gekennzeichnet. Diese ist aber nicht so arbeitsteilig spezialisiert wie bei Großunternehmungen.
Insbesondere bei Automobilzulieferern besteht eine zunehmende Einbettung mittelständischer Zulieferer in die Logistikkonzeption des Herstellers. Derartige Entwicklungen sind auch in anderen Branchen erkennbar.

A. CIM-Herausforderungen an den Mittelstand

Auch Großunternehmen stehen erheblichen Schwierigkeiten gegenüber, wenn sie CIM-Konzeptionen realisieren wollen. Aufgrund der zunehmend engeren Einbindung in Zulieferer-Lieferanten-Beziehungen wird für viele mittelständische Zulieferer-Unternehmungen die Einführung von CIM aber zur Überlebensfrage.
Die von Großunternehmen angestrebte "Just-in-time"-Konzeption erfordert, daß Dispositionsdaten über vernetzte EDV-Systeme schneller vom Hersteller zum Zulieferer und zurück übertragen werden. Im Extremfall kann erforderlich sein, daß der Hersteller direkt mit den Dispositionssystemen der Zulieferer kommunizieren kann und daher eine sogenannte Anwendung-zu-Anwendung-Beziehung zwischen den EDV-Systemen hergestellt werden muß.

Die engen Informationsströme erfordern gleichzeitig auch beschleunigte Logistikabläufe des Güteraustauschs:
Ein (Automobil-)Hersteller, dem von einem Zulieferer im Stundentakt Komponenten direkt an das Fließband geliefert werden, kann diese nicht einer umständlichen Eingangsprüfung unterziehen, die zu Reklamationen, Nachlieferungen oder Nacharbeiten führt. Dieses bedeutet, daß der Zulieferer eine höhere Qualitätsgarantie geben muß als bei konventioneller Logistik. Dieses erzwingt computergesteuerte Qualitätssicherungssysteme beim Zulieferer, die auf die Anforderungen des Herstellers ausgerichtet sind.
Der zu beobachtende zunehmende Austausch von Geometriedaten zwischen den CAD-Systemen von Herstellern und Zulieferern erfordert, daß die Zuliefererindustrie diese Technologie einsetzt und dabei die Spezifikationen der Großkunden beachtet. Dieses geht bis zum Vorschreiben bestimmter CAD-Systeme oder wenigstens von Schnittstellen durch die Hersteller. Die Problematik für einen mittelständischen Zulieferer, die abweichenden Systemanforderungen unterschiedlicher Hersteller zu erfüllen, ist offensichtlich. Die Bestrebungen des Verbandes der Deutschen Automobilindustrie (VDA), für den Datenaustausch Standards zu entwickeln, sind eine Hilfe, aber nicht ausreichend. Die Automobilindustrie ist in internationale Konzerne eingebettet, so daß deutsche Tochterunternehmungen amerikanischer Konzerne die amerikanischen Konzernstandards übernehmen. Insofern sind europäische und weltweite Standardisierungsbestrebungen zu unterstützen (z. B. ODETTE).

Die bisherige Nische der mittelständischen Wirtschaft, kleine Losgrößen unter Beachtung von speziellen Kundenwünschen zu fertigen, wird zunehmend auch von der Großindustrie entdeckt. Durch den Trend zur "Losgröße 1" werden Großunternehmen bei flexibler Automatisierung zur Konkurrenz des Mittelstands. Dieses gilt auch bezüglich der durch Einsatz neuer Technologien ermöglichten kurzen Lieferzeiten und der Kostenstruktur.

Diese Faktoren führen dazu, daß mittelständische Unternehmen gezwungen sind, sich mit CIM auseinanderzusetzen. Hierbei ist allerdings zu fordern, daß nicht nur an Einzelpunkten begonnen wird, die aus einer Tagessicht heraus erzwungen werden, sondern daß der Mittelstand sich grundsätzlich konzeptionell mit CIM beschäftigt, um die zu treffenden organisatorischen, Hardware- und Software-Entscheidungen nicht später unter dem Gesichtspunkt einer Gesamtlösung mit hohem Aufwand korrigieren zu müssen.

B. CIM - Chancen für den Mittelstand

Mittelständische Unternehmungen sind aber nicht nur einem Druck zur Einführung von CIM ausgesetzt, sondern können gleichermaßen auch aufgrund ihrer strukturellen Eigenschaften das Rationalisierungspotential von CIM aktiv nutzen. Für die Einführung von CIM sind grundsätzlich vier Faktoren erforderlich:

- Investitionsmittel
- Organisatorische Flexibilität
- CIM-gerechtes Wissen
- Konzeptionelles Vorgehen.

Mittelständische Unternehmen haben sicher gegenüber der Großindustrie Nachteile bezüglich der Aufbringung von hohen Investitionsmitteln. Dieser Nachteil wird aber zunehmend abgemildert durch das wachsende Angebot sogenannter Low-Cost-Systeme. Während vor wenigen Jahren ein CAD-Arbeitsplatz noch mehrere hunderttausend DM kostete, sind heute bereits Workstations und PC-Lösungen mit einem wesentlich geringeren Aufwand einzusetzen. Dieses bedeutet, daß für den Mittelstand die Investitionsmittel kein Ausschlußkriterium für CIM sind. Trotzdem sind unternehmerischer Mut und Weitsinn erforderlich, um Investitionsmittel auch ohne vollen rechnerischen Nachweis der Wirtschaftlichkeit bereitzustellen. CIM mit traditionellen Verfahren der Investitionsrechnung zu rechnen, ist aufgrund der vielen qualitativen Effekte schwierig. Inzwischen helfen aber vorzeigbare Realisierungen, auch Skeptiker von dem Wirtschaftlichkeitspotential von CIM zu überzeugen. Wesentliche Rationalisierungsmöglichkeiten bilden der Abbau überhöhter Lagerbestände, die Vermeidung von Mehrfacharbeiten, die Vermeidung von Nachbesserungen und Garantiearbeiten, die Nutzung des akquisitorischen Potentials einer höheren Liefertreue sowie kürzere Konstruktions- und Lieferzeiten.

Bezüglich der erforderlichen organisatorischen Bereitschaft, die Unternehmensstruktur auf integrierte Vorgangsketten auszurichten, ist bei mittelständischen Unternehmen eine günstigere Ausgangssituation als bei Großunternehmungen zu verzeichnen. CIM erfordert gegenüber der vorherrschenden Funktionsorganisation eine stärkere objektorientierte Aufbau- und Ablauforganisation. Dieses wird in der Fertigung durch Stichworte wie Gruppenfertigung in flexiblen Fertigungssystemen (FFS) oder Fertigungsinseln und CIM-integrierte Detailkonstruktion mit NC-Programmierung deutlich. Großunternehmungen fällt es schwer, sich organisatorisch umzuorientieren. Das Denken in "Erbhöfen" verhindert häufig die Umsetzung richtiger Konzepte. Dieses wurde bereits deutlich, als vor wenigen Jahren versucht wurde, durchgängige Logistikkonzepte einzuführen und viele Großunternehmungen Probleme hatten, dieses Konzept, das die Funktionen Vertrieb, Materialwirtschaft, Produktionsplanung und Rechnungswesen umfaßt, organisatorisch einzugliedern. Um so schwieriger ist es, nun auch die technischen Funktionen Konstruktion und Fertigungsautomatisierung in eine ganzheitliche Gestaltung der Informationsverarbeitung mit einzugliedern.
Hier tun sich mittelständische Unternehmungen leichter. Durch die strafferen Durchsetzungsmöglichkeiten bei Eigentümerunternehmungen werden organisatorische Verkrustungen eher aufgebrochen. Gleichzeitig ist das Problemfeld aufgrund der geringeren Größenordnungen und geringeren Vielfältigkeiten einfacher und überschaubarer.
Dieses ist auch ein Grund dafür, daß die CIM-Musterlösungen von Großunternehmungen in der Regel nur Unternehmungs<u>teile</u> umfassen und somit eher mittelständische Größenstrukturen widerspiegeln.
Aufgrund der gegenüber Großunternehmen generell geringeren Arbeitsteilung bieten Mittelbetriebe günstige Ausgangsbedingungen für CIM. So sind Detailkonstruktion und Arbeitsvorbereitung häufig auch bei konventioneller Arbeitsform in einer

Person vereint und bieten deshalb eine gute Ausgangsposition für einen integrierten CAD/CAM-Arbeitsplatz. Auch das hohe Ausbildungsniveau der Facharbeiterebene bei gleichzeitig eingeschränkter Teilevielfalt (und damit geringer Komplexität) bietet eine gute Voraussetzung für die Werkstattprogrammierung von computergesteuerten Fertigungssystemen.

Generell ist zu verzeichnen, daß der Arbeitsumfang von qualifizierten Sachbearbeitern in mittleren Unternehmen häufig höher ist und damit bereits eine größere Funktionsintegration vorhanden ist, als dieses bei Großunternehmungen der Fall ist. Auch die Tatsache, daß mittelständische Unternehmen eher bereit sind, sich organisatorisch an die Bedingungen von Standardsoftware anzupassen, zeigt ihre höhere organisatorische Flexibilität.

Die beiden weiteren CIM-Voraussetzungen, CIM-gerechtes Wissen und konzeptionelles Vorgehen, sind für den Mittelstand dagegen nicht so positiv zu sehen.

Für CIM erforderliche Kenntnisse über Datenbanksysteme, Rechnervernetzungen, neue Entwicklungen auf dem Bereich der Betriebssysteme usw. sind im Mittelstand eher unterentwickelt. Hier regieren z. B. häufig noch die EDV-Leiter der ersten Stunde, die eher stolz darauf sind, daß sie noch selbst umfangreiche Programme erstellen können, anstatt Wissen über strategisch wichtige EDV-Entwicklungen zu erwerben.

Aus diesem Grund werden im Rahmen des vom BMFT geförderten Projektes "Fertigungstechnik" sogenannte CIM-Technologie-Transfer-Centren (CIM-TTC) aufgebaut, die insbesondere mittelständischen Unternehmungen CIM-Wissen vermitteln werden. An 13 Standorten (vgl. Aufstellung) werden an Hochschulen CIM-Demonstrationsobjekte aufgebaut, um exemplarische CIM-Lösungen zu zeigen, Ausbildungskurse anzubieten und herstellerneutrale Beratungen durchzuführen. Damit wird dem Mittelstand die Gelegenheit erleichtert, auch diese CIM-Voraussetzung zu erfüllen.

Mittelständische Unternehmungen neigen eher zu kurzfristig wirksamen Entscheidungen als zu strategischen Planungen. CIM ist aber ein langfristig ausgerichtetes Konzept und erfordert die Eingliederung in eine Unternehmensstrategie. Es müssen

CIM-Technologie-Transfer-Centren (CIM-TTC)

Aachen (RWTH)
Werkzeugmaschinenlabor
Tel: 02 41/80 74 08

Berlin (Technische Universität)
Institut für Werkzeugmaschinen und Fertigungstechnik
Tel.: 0 30/31 42 56 62

Bochum (Ruhr-Universität)
Institut für Automatisierungstechnik
Tel.: 02 34/7 00 73 76

Braunschweig (Technische Universität)
Institut für Werkzeugmaschinen und Fertigungstechnik
Tel. 05 31/3 91 26 60

Darmstadt (Technische Hochschule)
Fachgebiet für Spanende Technologie und Werkzeugmaschinen
Tel.: 0 61 51/16 21 56

Dortmund (Universität)
Institut für Spanende Fertigung
Tel.: 02 31/7 55 25 78

Erlangen (Universität Erlangen-Nürnberg)
Lehrstuhl für Fertigungsautomatisierung
u. Produktionssysteme
Tel.: 0 91 31/85 80 18

Hamburg (Technische Universität Hamburg-Harburg)
Arb.Bereich Fertigungstechnik I
Tel.: 0 40/77 18 28 21

Hannover (Technische Universität)
Institut für Fertigungstechnik und Spanende Werkzeugmaschinen
Tel.: 05 11/7 62 25 33

Karlsruhe (Universität)
Institut für Werkzeugmaschinen und Betriebstechnik
Tel.: 07 21/6 08 40 17

München (Technische Universität)
Lehrstuhl für Werkzeugmaschinen und Betriebswissenschaften
Tel.: 0 89/90 99 97 21

Saarbrücken (Universität des Saarlandes)
Institut für Wirtschaftsinformatik
Tel.: 06 81/3 02 31 06

Stuttgart (Universität)
Institut für Industrielle Fertigung und Fabrikbetriebe
Tel.: 07 11/6 86 89 71

die anzustrebende Fertigungstiefe, die Fertigungsorganisation, die Hardwarearchitektur, EDV-Netze sowie die organisatorischen Abläufe in einem Rahmenkonzept festgelegt werden, das unter Anpassung an neue Erkenntnisse über einen mehrjährigen Zeitraum realisiert wird. Für die Aufstellung von CIM-Strategien setzen Großunternehmungen deshalb gegenwärtig häufig das Wissen von Beratungsunternehmungen ein. Mittleren Unternehmungen steht zwar dieser Weg ebenfalls offen - sie sind aber nicht gewohnt, für Konzeptionen bis zu hunderttausend DM zu zahlen, selbst wenn sie es finanziell verkraften könnten.
Auch hier bietet das Programm "Fertigungstechnik" Hilfe, indem die Erstellung von CIM-Konzepten finanziell unterstützt wird (Ansprechpartner ist der Projektträger: Kernforschungszentrum Karlsruhe).

Betrachtet man die Vor- und Nachteile von Groß- und Mittelunternehmen bezüglich der CIM-Realisierung, so verwundert es nicht, daß auf Messen und Kongressen mittelgroße Unternehmungen mit 1.000 bis 2.000 Mitarbeitern besonders eindrucksvolle CIM-Erfolge zeigen. Hier kommen einerseits die Durchsetzungsvermögen noch zum Tragen und andererseits werden die negativen Faktoren des fehlenden Know-hows und der fehlenden strategischen Vorgehensweise noch nicht wirksam.

C. CIM-Schwerpunkte im Mittelstand

Aufgrund des breiten Spektrums unterschiedlicher Fertigungsstrukturen der mittelständischen Industrieunternehmungen gibt es keine CIM-Standardlösung, die für alle Unternehmungen gilt. Vielmehr muß sich eine CIM-Lösung an den unterschiedlichen Branchencharakteristika orientieren und auch die betrieblichen Gegebenheiten berücksichtigen. Wesentliche Ansatzpunkte für die Wahl der richtigen CIM-Schwerpunkte können anhand der Betrachtung typischer CIM-Teilketten, die jeweils einen wichtigen Integrationskomplex darstellen, gewonnen werden.
Die in Abbildung 1 dargestellten fünf Integrationskreise zeigen typische CIM-Realisierungsschwerpunkte.

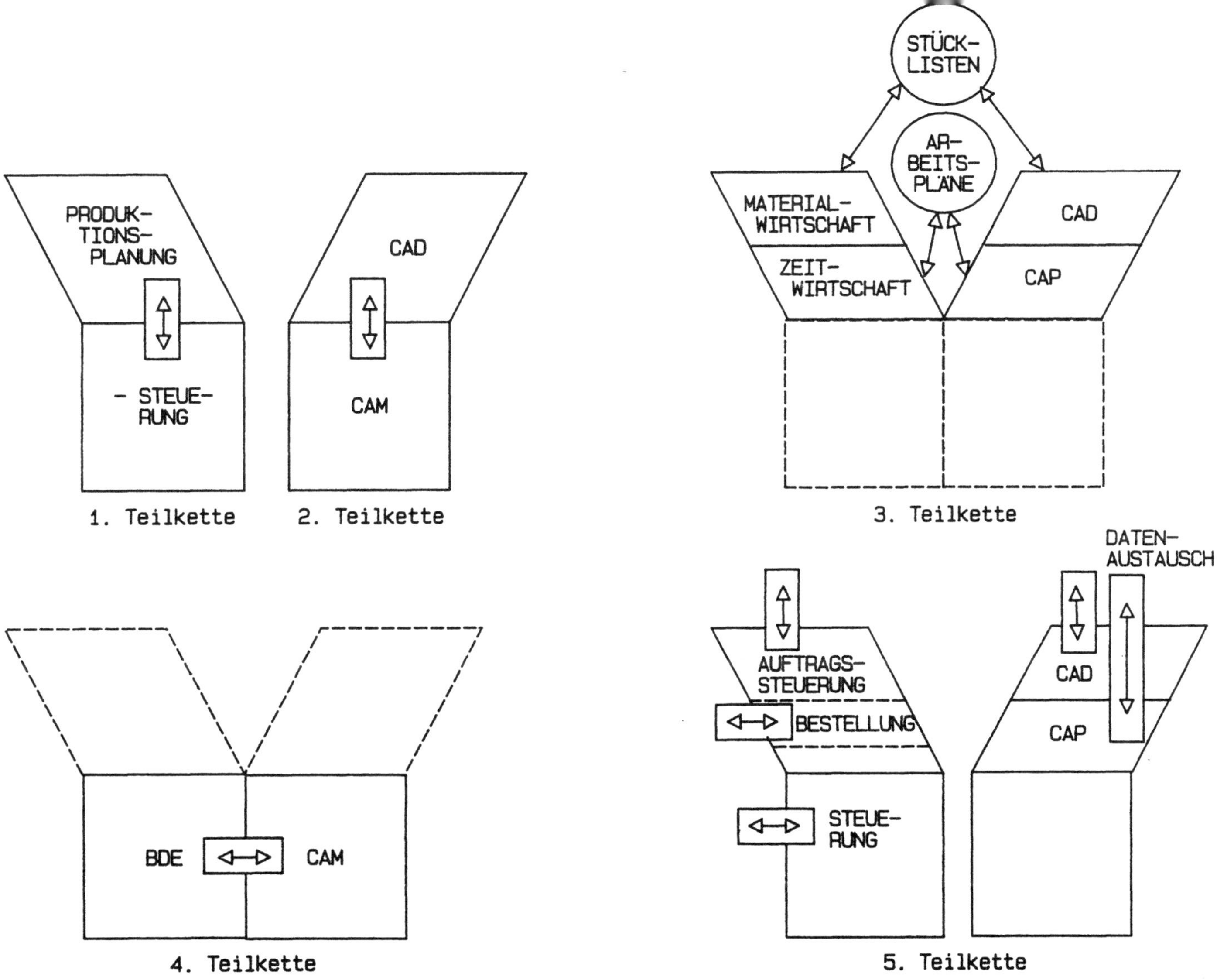

Abb.1: CIM - Teilketten

1. Teilkette: Verbindung von Produktionsplanung und -steuerung

Mittelständische Unternehmen zeichnen sich durch ihre Flexibilität bei der Berücksichtigung spezieller Kundenanforderungen aus. Diese Flexibilität muß in der Auftragsabwicklung durch EDV-Systeme unterstützt werden. Kurzfristige Änderungen von Auftragsterminen und -mengen können nur durch eine zeitnahe Steuerung des Fertigungsgeschehens und Rückkopplung in die Planungssysteme bewältigt werden. Bei häufig wechselnden Fertigungsaufträgen und komplexer Fertigungsstruktur trägt die Ergänzung des PPS-Systems um Funktionen der Fertigungssteuerung einschließlich Betriebsdatenerfassung zu einer vollständigen Auftragsverfolgung bei.

Gegenwärtige PPS-Systeme betonen dagegen vor allen Dingen die mittelfristig ausgelegte Produktionsplanung (PP).
Eine Intensivierung der Fertigungssteuerung ermöglicht auch neue dezentralisierte Fertigungsformen wie Fertigungsinseln, flexible Fertigungssysteme, Fertigungszellen und unterstützt individuellere Steuerungsstrategien. So kann in einem Bereich die Kapazitätsauslastung der Aggregate im Vordergrund der Fertigungssteuerung stehen, in einem anderen Bereich dagegen die Ausnutzung wertvoller Materialien oder die Verfolgung von Werkzeugen.

Der Einstieg in die Fertigungssteuerung ermöglicht auch den Einsatz kostengünstiger und benutzerfreundlicher EDV-Systeme moderner Architektur (PC, UNIX-System) sowie neuer Benutzeroberflächen mit Fenstertechnik, Pull-down-Menü, Pop-up-Menü.

Elektronische Leitstände verknüpfen diese neuen Techniken mit der auch in mittelständischen Unternehmungen bekannten Plantafeltechnik.

2. Teilkette: Verbindung von CAD zu CAM

Die Weiterreichung der Geometrie aus der Konstruktion in die NC-Programmierung der Fertigung ist eine klassische CIM-Kette. Bei getrennten CAD- und NC-Programmiersystemen ist diese Kette heute noch durch umständliche Pre- und Postprozessoren zu überbrücken. Es zeigt sich aber, daß viele CAD-Systeme zunehmend NC-Programmiermodule aufnehmen und zum anderen auch NC-Programmiersysteme komfortable Grafikschnittstellen besitzen. Gerade die enge

Verbindung der Tätigkeiten in mittleren Unternehmen und die hohe Qualifikation der Facharbeiter ermöglichen hier eine engere Verbindung zwischen Detailkonstruktion und NC-Programmierung in der Fertigung als es die arbeitsteilig getrennten Aufbauorganisationen von Großunternehmen können.
Dieses führt zu einer höheren Flexibilität von mittleren Unternehmungen. Diese Flexibilität ist insbesondere bei kundenorientierter Fertigung mit hohem Termindruck erforderlich.

3. Teilkette: Verbindung der Grunddatenverwaltung

Die dritte CIM-Teilkette beschreibt die gemeinsame Verwaltung der Grunddaten des Fertigungsbereichs, also insbesondere Zeichnungen, Stücklisten und Arbeitspläne.
Bei Einzelfertigern und kundenorientierter Kleinserienfertigung bildet die abgestimmte Entwicklung dieser Daten ein Mengenproblem. Gerade mittelständische Unternehmungen des Anlagen- und Maschinenbaus besitzen diese Fertigungsstruktur. Häufig liegen die Daten erst nach der Erstellung des Produktes vollständig vor. Diese Daten sind aber Grundlage der Disposition und Kalkulation. Informationen über die Stücklisten entstehen bereits bei der Konstruktion, also im CAD. Ebenfalls wachsen Arbeitsplanung und NC-Programmierung immer mehr zusammen. Speziell zur Absicherung der Datenintegrität und schnellen Datenbereitstellung ist deshalb eine gemeinsame Grunddatenverwaltung gefordert.

4. Teilkette: Verbindung von Betriebsdatenerfassung und CAM

Die vierte Teilkette beschreibt die Verbindung von Betriebsdatenerfassungssystemen mit der computerunterstützten Steuerung.
Es zeigt sich, daß viele Daten, die bisher dem Gebiet der Betriebsdatenerfassung mit eigener Hardware und Software zugeordnet worden sind, zunehmend direkt aus intelligenten Steuerungen von Maschinen erhoben werden können. Dieses gilt z. B. für Maschinenstati, Qualitätsinformationen sowie auch auftragsbezogene Mengen- und Zeitdaten. Da auch mittelständische Unternehmungen zunehmend computerunterstützte Fertigungsanlagen einsetzen, ist auch diese CIM-Teilkette aktuell. Sie erfordert, daß ein einheitliches Konzept der Datenverbindung zwischen CAQ, CAM und BDE bzw. dem darauf aufsetzenden Fertigungssteuerungssystem aufgestellt wird.

Diese CIM-Teilkette ist dann besonders wichtig, wenn prozeßorientierte Fertigungsformen vorliegen, wie sie für die chemische Industrie oder die Komsumgüterindustrie typisch sind. Hier besitzen BDE- und CAM-Funktionen, beispielsweise durch computerunterstützte Wiege- und Analysevorgänge, sowie Fragen der Qualitätssicherung eine besondere Bedeutung.

5. Teilkette: Verbindung mit Marktpartnern durch Datenaustausch

Die fünfte Teilkette kennzeichnet die betriebsübergreifenden Vorgangsketten.
Die Logistikkette zwischen Herstellern und (Automobil-)Zulieferern wird durch den zeitnahen automatisierten Datenaustausch enger. Diese Kette wird in den nächsten Jahren zunehmenden Realisierungszwang auf den Mittelstand ausüben. Sie erstreckt sich sowohl auf den Austausch von Dispositionsdaten als auch auf Geometrie- und Steuerungsdaten.

D. CIM-Implementierungspfade

Die Diskussion von CIM-Teilketten kann die Komplexität des gesamten CIM-Gedankens im Einzelfall reduzieren.

Je nach vorliegenden Prioritäten können unterschiedliche Implementierungspfade zur Erreichung einer gesamten CIM-Lösung eingenommen werden. Auch sind Unternehmungen überfordert, ein CIM-Konzept in voller Breite einzuführen, so daß ein stufenweises Vorgehen erforderlich ist.

In Abbildung 2 sind in Abhängigkeit von unterschiedlichen Ausgangssituationen typische Entwicklungspfade dargestellt. Die Implementierungspfade münden jeweils in der gleichen CIM-Gesamtrealisierung. Hierdurch können individuelle Ausgangssituationen und aktuelle Probleme berücksichtigt werden, ohne das Endergebnis zu gefährden.

Besteht beispielsweise ein aktuelles Problem darin, Anforderungen eines Kunden an die Qualitätssicherung (CAQ) zu erfüllen, so ist das vorhandene System zur Produktionsplanung und -steuerung mit CAQ durch Aufnahme der Prüfpläne zu verbinden (vgl. den unteren stark ausgezogenen Pfad in Abbildung 2). Anschließend

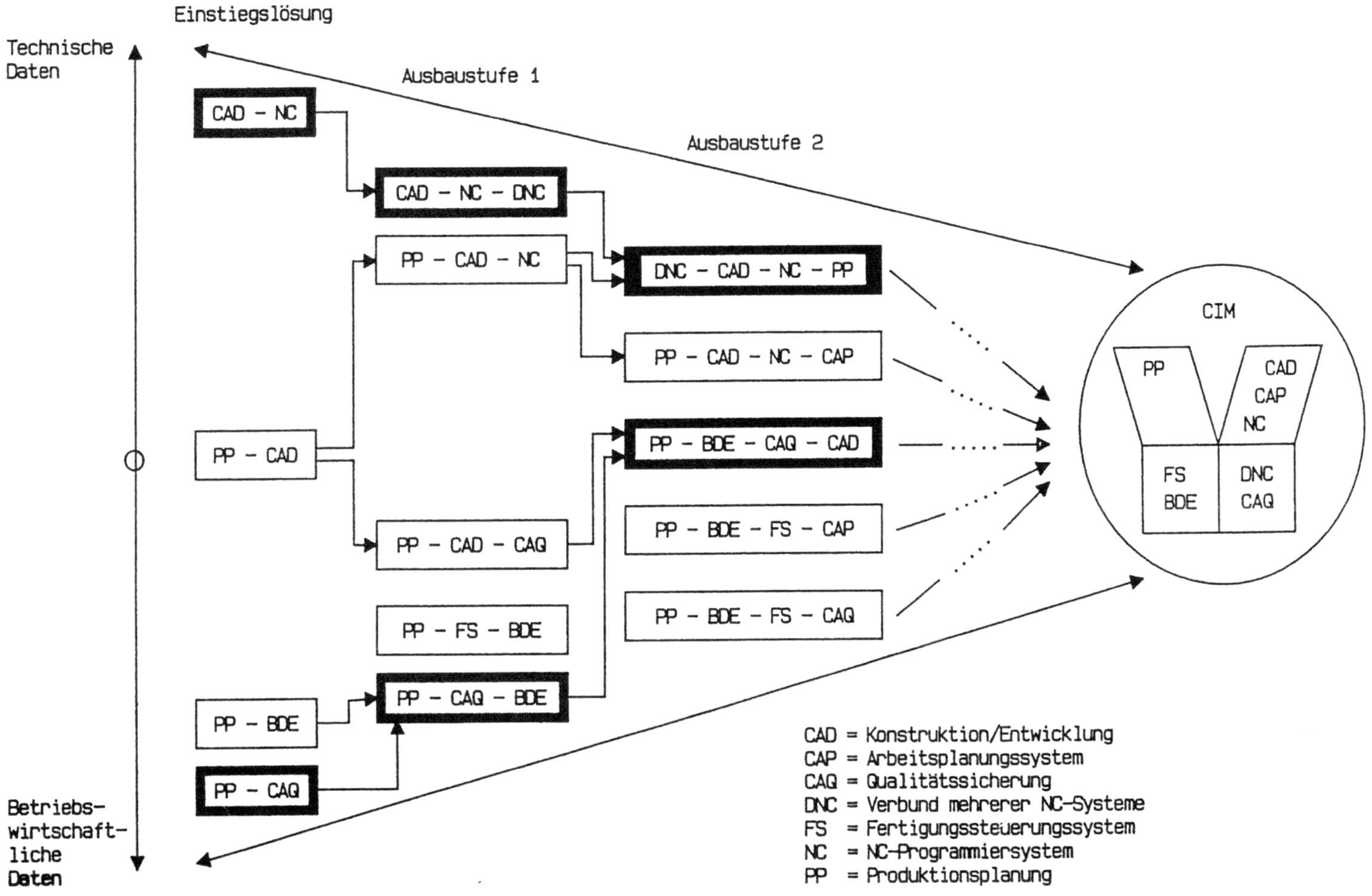

Abb.2 CIM - Realisierungspfade

wird dieses mit einem BDE-System zur Rückmeldung der Qualitätsdaten verbunden. Die Einführung von CAD würde dann in einem weiteren Schritt erfolgen. Bei einer anderen Unternehmung kann dagegen ein aktuelles Problem darin bestehen, CAD mit der NC-Programmierung zu verknüpfen, um die Lieferzeiten von Variantenaufträgen zu verkürzen. Im nächsten Schritt wird dann DNC eingeführt, anschließend erfolgt die Reorganisation der Produktionsplanung (vgl. den oberen stark ausgezogen Pfad).

Herstellerangebote für den Mittelstand

Es wurde herausgestellt, daß für den Mittelstand insbesondere das fehlende CIM-Know-how zu einem Engpaß wird. Aus diesem Grunde ist es erforderlich, daß die Anbieter von CIM-Lösungen diesem Gedanken Rechnung tragen.
Kaum ein EDV-Anbieter ist aber in der Lage, den gesamten Umfang von CIM durch einheitliche Hardware- und Softwaresysteme abzudecken. Auch den Anbietern fehlt häufig die übergreifende fachliche Kompetenz, und zum anderen ist es ihnen nicht möglich, in kurzer Zeit das gesamte CIM-Spektrum durch eigene Produkte abzudekken. Aus diesem Grunde erfordert die Einführung von CIM die Zusammenarbeit mit mehreren Hardware- und Softwareanbietern aus dem Bereich der Informationstechnik und der Investititonsgüterindustrie.
Dem mittelständischen Anwender muß andererseits ein CIM-Paket, wie es in Abbildung 3 durch den Zusammenschluß von Hardware, Software sowie organisatorischer Beratung und Schulung definiert ist, angeboten werden.

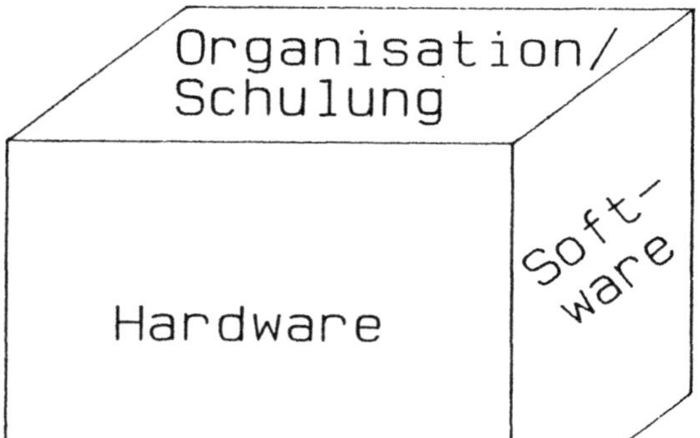

Abb. 3: CIM-Paket

Aus diesem Grunde gehen Hardwarehersteller und CIM-orientierte Beratungshäuser dazu über, Generalunternehmerschaften für die Einführung von CIM-Systemen anzubieten. Dieses ist eine neue Kooperationsform, da EDV-Hersteller bisher eher versucht haben, sich voneinander abzugrenzen, anstatt ihre Systeme auch anderen Herstellern zu öffnen.

Das bereits sichtbare Angebot an CIM-Standardsoftware für den Mittelstand wird in den nächsten Jahren weiter zunehmen. Es ist dem Mittelstand aber nicht zu raten, auf die perfekte Fertiglösung zu warten. Der umgehende Einstieg in CIM ist vielmehr geboten, um rechtzeitig Know-how aufzubauen, aktuellen Zwängen nachzukommen und - vielleicht am wichtigsten - die Unternehmung organisatorisch auf CIM vorzubereiten.

Die Kopplung von Produktionsplanung, Fertigungssteuerung und Betriebsdatenerfassung als Ausgangspunkt einer CIM-Realisierung

Dipl.-Ing. F.S. Mantel
Technischer Direktor der Wirtgen GmbH
Windhagen

Inhaltsverzeichnis

1. Unser Unternehmen auf dem Weg zu CIM

Das Hauptengagement der Firma Wirtgen liegt auf dem Sektor der Straßensanierung. 1970 bis 1980 wurden Erhaltungsarbeiten in Form von Abfräsen und Rückformen schadhafter Fahrbahnbeläge durchgeführt; die Maschinen dafür entstammten der eigenen Werkstatt. Ab 1980 bis 1983 wurde das Unternehmen umstrukturiert zum Maschinenbauer mit Entwicklung, Produktion und weltweitem Vertrieb. Zweistellige Zuwachsraten kennzeichneten die folgenden Geschäftsjahre: Mit 400 Mitarbeitern wird heute ein Umsatz von rund 100 Mio DM realisiert.

Der Grundstein zu CIM wurde 1981 gelegt, als die Einführung eines PPS-Systems beschlossen wurde. Aus heutiger Sicht hat sich die Richtigkeit dieser Vorgehensweise bestätigt, mit dem PPS zunächst den unmittelbaren Informationsfluß zwischen den planenden und steuernden Stellen einerseits und den verarbeitenden Betriebsstellen andererseits zu organisieren. Sehr schnell war man dann in der Lage, den Grundgedanken der Integration weiter zu entwickeln, indem man Verwaltungsstellen wie die Finanzbuchhaltung integrierte oder Vertriebsstellen, wie den Ersatzteilverkauf, an das System datentechnisch mit anband.

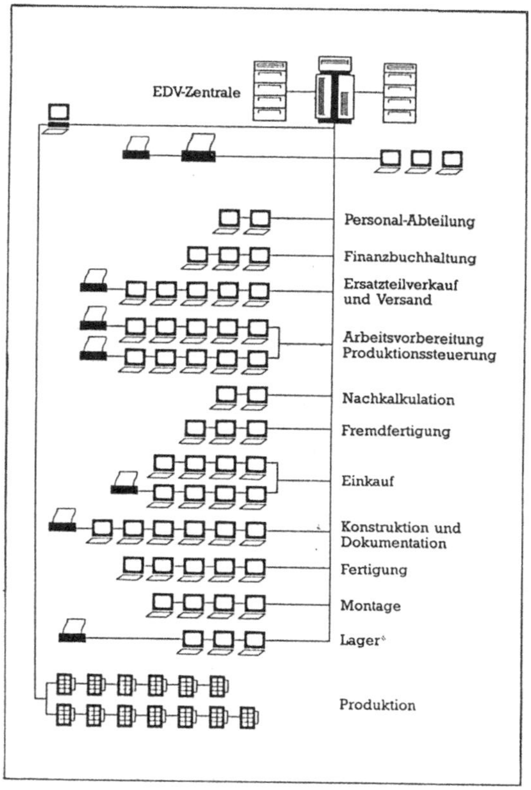

Bild 1
Integrierte Datenverarbeitung für PPS, BDE und Verwaltung

In Bild 1 ist der Umfang unseres EDV-Equipments dargestellt, wie er im Herbst des vorletzten Jahres eingesetzt wurde. Inzwischen ist ein Parallelrechner installiert, die Anzahl der Bildschirme ist auf 80 erweitert, Arbeitsplatzdrucker sind hinzugekommen, ebenfalls wurden PC-Lösungen im Bereich Bürokommunikation realisiert mit der Durchgriffsmöglichkeit auf den Hauptrechner sowie die Anbindung an das Teletex-Netz geschaffen.

Bevor über die weiteren Integrationsschritte im Sinne von CIM berichtet wird, seien im folgenden die Merkmale der Produktionsplanung, der Fertigungssteuerung und der Betriebsdatenerfassung in unserem Hause dargestellt.

Bild 2

Moderne Straßenfräse : Ein typisches Wirtgen-Produkt für die Fahrbahnsanierung. Antriebsleistung: 600 PS , Eigengewicht : 34 Tonnen.

2. Das Produkt-Programm

Das Programm umfaßt zur Zeit 21 aktive Maschinentypen. Davon werden 12 Typen als Serien-Geräte mit Ausrüstungsvarianten und 9 Maschinentypen auftragsbezogen mit hohem Anteil an kunden- bzw. anwendungsspezifischen Varianten und Sonderausrüstungen hergestellt. Bild 3 zeigt in Form von Signets die genannten Baumaschinen des Herstellungsprogramms.

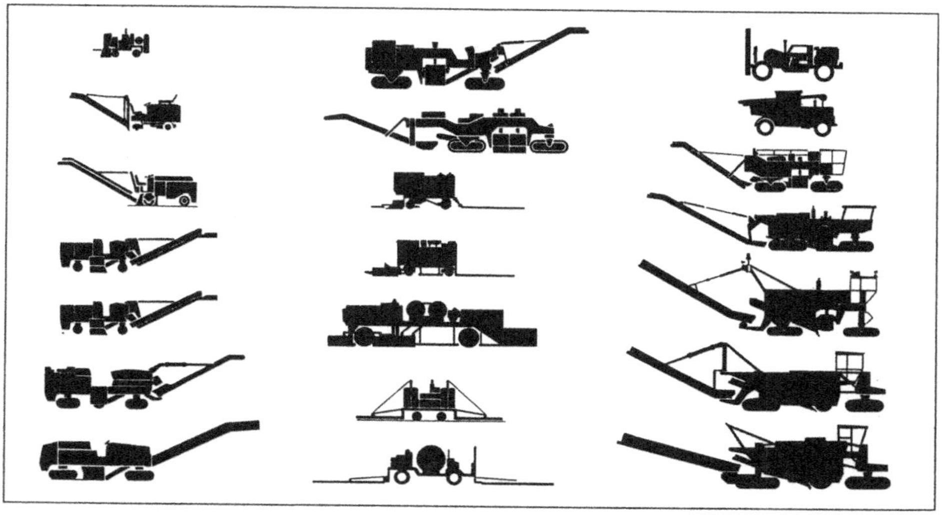

Bild 3 Baumaschinen des Herstellungsprogramms

Der höchste Umsatzanteil liegt bei den "Serienprodukten" und stellt den anspruchsvolleren Teil dar, was die Sicherstellung der Logistik betrifft. Erschwerende Randbedingungen hierbei sind:

- kurze Reichweite des Auftragsbestands
- kurze Lieferzeiten für die Fertigprodukte
- lange Beschaffungszeiten für hochwertige Komponenten.

Die Kopplung von Produktionsplanung, Fertigungssteuerung und Betriebsdatenerfassung ist eine Voraussetzung für den schnellen Datenfluß, um die Produktion mit diesen Randbedingungen dem sich ständig ändernden Bedarf anzupassen.

3. Rollierende Absatzplanung

Ungeachtet der vielschichtigen Schwierigkeiten, den zukünftigen Absatz zuverlässig einzuschätzen, sei er als Vorgabe oder als Prognose aufgrund der Marktsituation definiert, stellt die Absatzplanung den ersten Schritt bei der Produktionsplanung der Seriengeräte dar. Als weitere Vorstufe ist eine Umsatzplanung realisierbar, die dann allerdings erst produktbezogen strukturiert werden muß, um sie materialwirtschaftlich auswerten, d. h. auflösen zu können.

Die Aussagekraft der Absatzplanung kann dadurch signifikant erhöht werden, indem

- eine definierte Frequenz der Fortschreibung und
- die definierten Planungshorizonte

eingehalten werden. Bild 4 zeigt das Schema, nach dem die Absatzplanung in unserem Haus erstellt und fortgeschrieben wird.

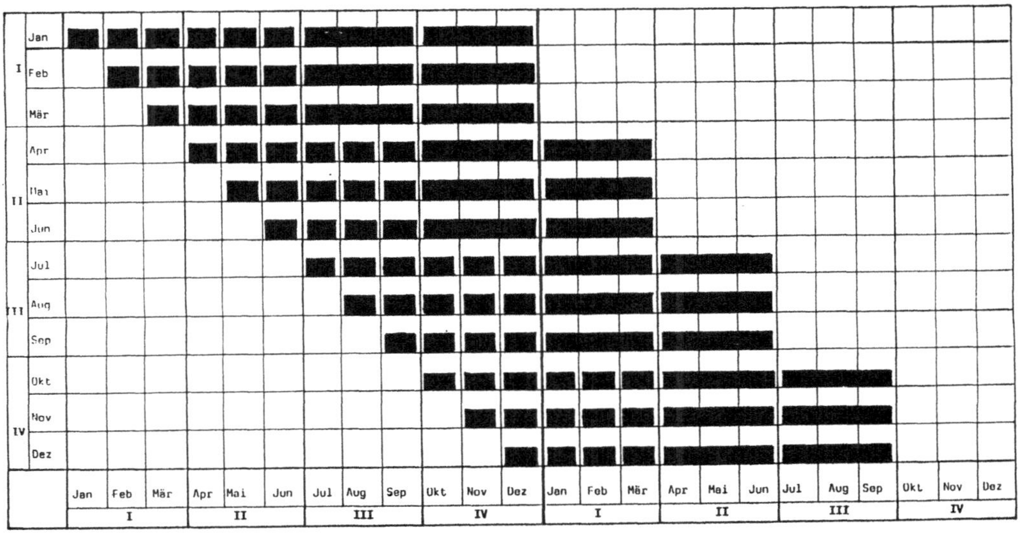

Bild 4

System der rollierenden Absatzplanung.

Parameter:

- Häufigkeit der Fortschreibung : monatlich
- Zeithorizont : 10 - 12 Monate

Die Angabe der Prognosen erfolgt von etwa 15 Vertriebsstellen und beinhaltet die im jeweiligen Vertriebsgebiet abzusetzenden Produkte. Wichtige Ausrüstungsvarianten werden in der Regel mit aufgeführt.

Die Einzeldaten werden verdichtet und unternehmerisch eingeschätzt sowie anhand der laufenden Projekte in ihrer Wahrscheinlichkeit untermauert. Entsprechend der monatlichen Fortschreibung des Absatzplans erfolgt die monatliche Anpassung des Produktionsplans.

4. Bedarfsermittlung aus dem Produktionsplan

Der Produktionsplan wird PC-unterstützt als Übersichtsplan erstellt und beinhaltet pro Maschinentyp für einen Zeithorizont von 6 Monaten alle geplanten Vorfertigungsserien und die Montagetermine der einzelnen Geräte. Für den Zeithorizont von einem weiteren halben Jahr ist der Produktionsplan in grober Form dargestellt: pro Maschinentyp wird der Plan linear ergänzt zur Jahres-Soll-Stückzahl.

Die materialwirtschaftliche Abbildung dieses Produktionsplans erfordert aufgrund der zu Beginn genannten Randbedingungen eine differenzierte Vorgehensweise.

Die freigegebenen Endmontageaufträge, teils als "echte Kundenaufträge", teils als "Serienaufträge" definiert, denen noch kein konkreter Kundenauftrag zugeordnet ist, haben eine Reichweite von durchschnittlich 8 bis 12 Wochen. Durch die Auftragsfreigabe erfolgt über die Auftrags-Stücklistenauflösung die Nettobedarfsermittlung bis auf Teileebene, natürlich ausschließlich für denselben Zeithorizont.

Durch die Bestandsreservierung aller geplanten Bewegungen wird die Verfügbarkeitssituation für jedes Teil über diesen Abschnitt der Zeitachse transparent als Arbeitsunterlage für die Disponenten. In unserem Hause werden übrigens nicht nur die Teile für die eigene Produktion, sondern auch teilweise Materialien für Lizenzfertigungen, denen wir vom Stammwerk aus Teile bereitstellen, reserviert.

Die generierten Bedarfe in Form von Bestandsreservierungen werden dann wieder gelöscht bei der auftragsbezogenen Entnahme aus dem Lager bzw. bei der auftragsbezogenen Bereitstellung an die Kostenstelle, auch bei körperlicher Umgehung des Zentrallagers. Durch diese Buchung erfolgt dann auch die Materialkosten-Zuweisung zum Kostenträger, sprich Auftrag.

Dieser Planungshorizont ist natürlich nicht ausreichend für Teile mit Beschaffungszeiten von 2 bis 6 Monaten. Deshalb wurde ein Instrument geschaffen, das den Bedarf dieser Teile bis zum Planungshorizont von einem halben Jahr ausweist. Da dies nur etwa 30 % der verbauten Teile betrifft, werden mit Hilfe von "Auszugs-Stücklisten", die ausschließlich diese Teile beinhalten, sogenannte fiktive Aufträge definiert und die Teile dafür reserviert. Damit kann die Verfügbarkeitssituation innerhalb des Planungshorizontes von 6 Monaten abgelesen werden, wobei es eindeutig ist, ob der Bedarf von einem echten Endmontageauftrag oder von einem fiktiven Auftrag ausgelöst wurde. Bild 5 zeigt schematisch den Zusammenhang.

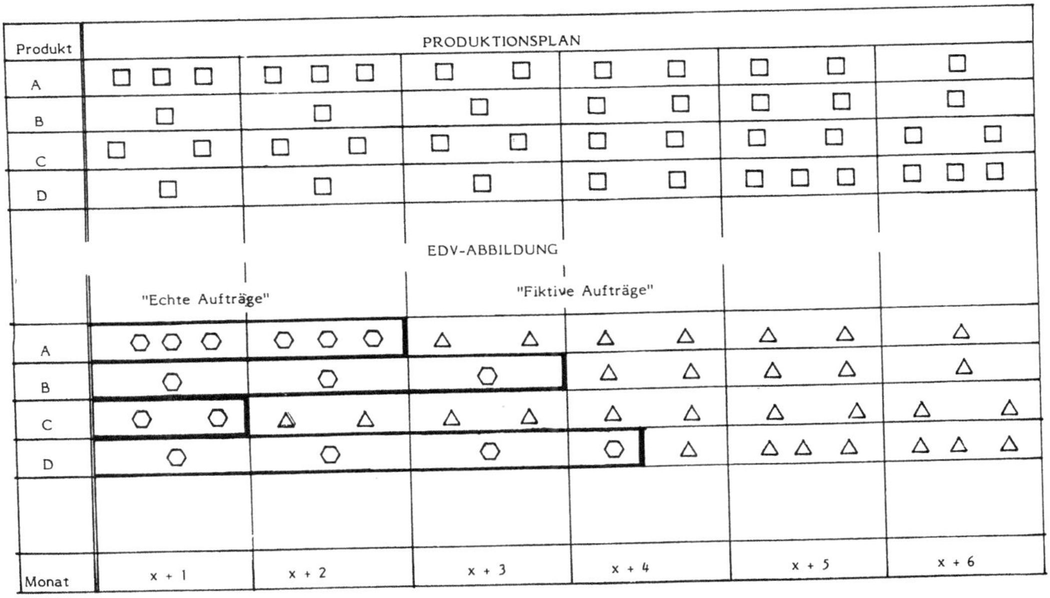

Bild 5
Abbildung des Produktionsplans in der EDV durch verschiedene Auftragsformen, um den Dispositionshorizont zu erweitern.

Die fiktiven Aufträge werden gelöscht, wenn sie durch "echte" Aufträge ersetzt werden. Durch das Anhängen neuer fiktiver Aufträge bleibt der Dispositions-Zeithorizont erhalten.

5. Merkmale der Auftragssteuerung

Die Führungsgröße für die Auftragssteuerung ist die Endmontage der Produkte. Drei Arten von "Zulieferern" sind mit ihr gekoppelt und auf ihren Bedarf ausgerichtet:

- Eigene Vorfertigung
- Externe Vorfertigung
- Kaufteilkomponenten vom internationalen Beschaffungsmarkt

Die Beschickung der Handläger in der Montage erfolgt verbrauchsbezogen.

5.1 Zur Steuerung der eigenen Vorfertigung

In der eigenen Vorfertigung sind die Bearbeitungsverfahren konzentriert, mit denen eigenes Herstellungs-Know-How stark verbunden ist. Dies ist zum Beispiel die Herstellung von Werkzeughaltern für Straßenfräsmaschinen, d. h. anwendungsorientiert ausgelegte Bestückungen für Fräswalzen.

Für die mechanische Bearbeitung stehen bereits heute CNC- Dreh- und Fräsmaschinen sowie Bohrwerke zur Verfügung; in der Schweißerei werden zwei Schweißroboter eingesetzt.

Die Vorfertigungsaufträge werden in Kleinserien freigegeben, wobei dies in erster Linie die kleineren Teile betrifft. Entsprechend den Arbeitsplanstrukturen ergeben sich für jede Kostenstelle definierte Arbeitsvorräte. Die Reihenfolgesteuerung für die Abarbeitung übernimmt der jeweilige Meister, wobei die Priorität in erster Linie durch den jeweiligen Termin gegeben ist. Andererseits dienen Eilanweisungen der AV und die Durchsetzungsvollmacht der Leitung der Vorfertigung bei Bedarf einer Auftragsbeschleunigung oder aber aufgrund noch vorhandener Lagerbestände kann die Priorität zurückgestuft werden.

Größere Baugruppen und damit Teile mit höherer Kapitalbindung werden mit den Endmontageaufträgen direkt verknüpft und terminlich entsprechend ihrer Zuordnung und ihrer Durchlaufzeit erst dann freigegeben, wenn der Endmontageauftrag dies verlangt. Man kann in diesem Zusammenhang von einer echten "just in time"- Anlieferung zur Montage hin sprechen.

5.2 Zur Steuerung der externen Vorfertigung

Neben speziellen Arbeitsgängen wie Verzinken, Verchromen oder Verzahnen wird die verlängerte Werkbank hauptsächlich für die Herstellung von Stahlbau-Baugruppen genutzt. Die Zusammenarbeit mit den Zulieferern wurde weiterentwickelt zu komplett vormontierten und oberflächenbehandelten, das heißt, zu einbaufertigen Baugruppen hin, die dann weitestgehend auftragsbezogen zu den erforderlichen Terminen angeliefert werden.

Teile, die grundsätzlich außerhalb gefertigt werden, werden von der AV bei der Auswärtsfertigung angefordert über Bedarfsmeldungen. Soll die Kapazitätssituation der eigenen Vorfertigung entlastet werden, so werden die geeignetsten Aufträge umgeleitet auf die verlängerte Werkbank. Dies kann im Einzelfall sogar im angearbeiteten Zustand vollzogen werden, wenn sich diese Flexibilität als notwendig erweist.

5.3 Zur Steuerung der Endmontage

Die Materialbereitstellung wird über Bereitstellungs-Stücklisten organisiert, wobei deren Struktur dem tatsächlichen Montageablauf entsprechend aufgebaut ist, aufgeteilt in Vormontagen und Hauptmontage, individuell optimiert auf jeden Maschinentyp. Eine Woche vor Montagebeginn wird eine Fehlteilsimulation durchgeführt, um die Verfügbarkeit für die auftragsbezogen benötigten Teile sicherzustellen bzw. bei nicht verfügbaren Teilen Maßnahmen ergreifen zu können, um den Montageauftrag terminlich nicht zu gefährden.

Bild 6
Endmontage eines Großrecyclers. Vormontagen werden in Modulbauweise ausgeführt.

6. Dezentrale Rückmeldung

Die 15 Rückmeldeterminals sind in den jeweiligen Kostenstellen so angebracht, daß lange Wege der Mitarbeiter für die Datenerfassung vermieden werden. Angewählt werden muß, um welche Art Rückmeldung es sich handelt; die Personalnummer wird mit dem Firmenausweis und dem Durchzugsleser erfasst, die Auftragsdaten werden mit einem Lichtstift aus dem Barcode auf dem Lohnschein eingelesen und mit der rechnerintern geführten Uhrzeit ergänzt unter Berücksichtigung der personalbezogen hinterlegten Zeitmodelle. Bei Auftragswechsel braucht der alte Auftrag nicht abgemeldet zu werden; sondern durch die Anmeldung des neuen Auftrages wird der alte, je nach angewählter Rückmeldeart, unterbrochen oder aber fertiggemeldet.

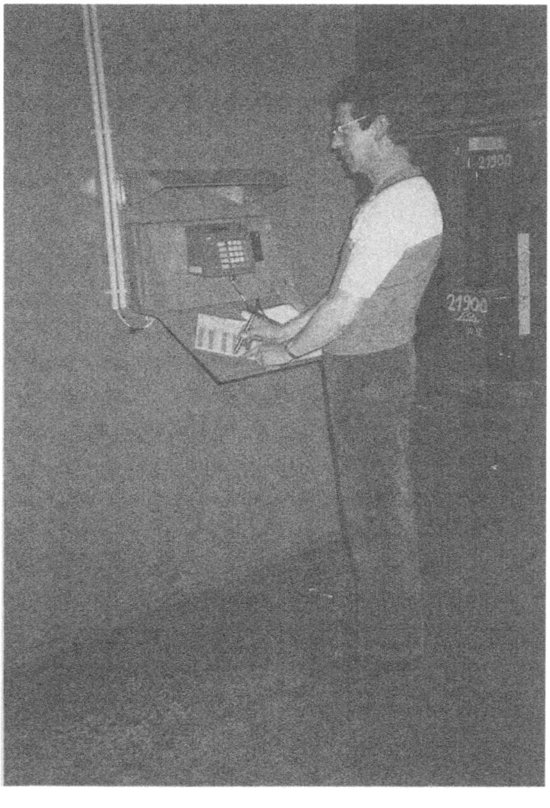

Bild 7

Rückmelden eines Fertigungsauftrages am BDE-Terminal, welches mit einem Durchzugsleser und einem Barcode-Lesestift ausgerüstet ist.

Dadurch, daß das Einlesen aller Informationen über maschinenlesbare Belege erfolgt, sind Fehleingaben weitestgehend ausgeschlossen, zumal Plausibilitätsprüfungen vom Rechner vorgenommen werden. Jeder Worker, auch angelernte Hilfskräfte, ist binnen kürzester Zeit in der Lage, die Auftragsrückmeldungen über BDE vorzunehmen. Die Tasten an den Terminals sind so groß, daß auch mit Handschuhen gebucht werden kann. Über ein Klarschrift-Display erfolgt die leicht verständliche Bedienerführung.

Die Rückmeldedaten eines Arbeitstages werden in einem PC, der als Konzentratorrechner eingesetzt ist, gesammelt, nachts auf den Host übertragen und dort verarbeitet für die Auftragssteuerung und die Nachkalkulation. Die Anwesenheitsdaten werden der Lohnbuchhaltung bereitgestellt.

Mit der BDE-Software können vielfältige Beauskunftungen über Präsenzdaten und Auftragsdaten online vorgenommen werden. Aufgrund der täglichen Verarbeitung der Rückmeldungen im Host und der vorgelagerten BDE-Software ist eine hohe Aktualität der Abbildung des Betriebsgeschehens in der EDV und damit die Kopplung zur Auftragssteuerung gegeben. Das Konzept der dezentralen BDE mit maschinenlesbaren Belegen arbeitet wirtschaftlich, was bei einer manuellen Ausrechnung und zentraler Eingabe von etwa 500 rückgemeldeten auftragsbezogenen Arbeitsgängen nicht zu berichten wäre.

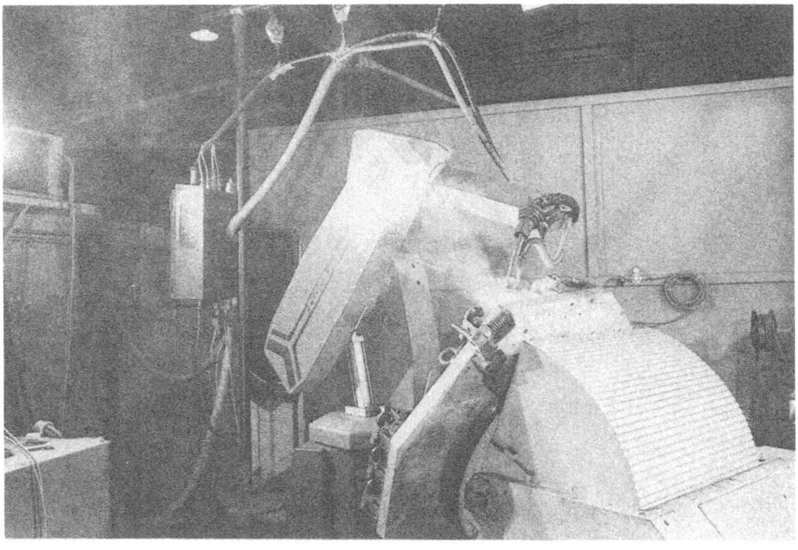

Bild 8 Schweißroboter in der eigenen Vorfertigung

7. Weitere Schritte in Richtung CIM

Charakteristika unserer Produktionsplanung, der Auftragssteuerung sowie des BDE-Konzeptes wurden so aufgezeigt, wie sie sich in unserem Unternehmen darstellen. Dies sei als klarer Hinweis verstanden, daß sich solche grundlegenden Abläufe in jedem Unternehmen wieder anders darstellen können, genauso wie es keine allgemeingültige Formel für CIM gibt.

Wir verstehen CIM als **C**omputer-unterstütztes **I**nteraktives **M**iteinander mit dem Ziel, das gesamte Unternehmen datentechnisch miteinander zu vernetzen.

Unser nächster Schritt in Richtung CIM wird die Einführung von CAD sein. Auch hiernbei ist die datentechnische Integration zum PPS vorgesehen und die CAM-Verknüpfung zu den bereits installierten CNC-Anlagen in der Fertigung.
Während dieser Realisierungsphase werden wir wiederum unser bisheriges Materialfluß-Konzept völlig neu überdenken, um Logistikkosten zu reduzieren. Entsprechend wird die Abbildung in der EDV fortentwickelt werden.

Daran wird deutlich, daß CIM lebt und im gleichen Umfang wie die Ablauforganisation im Unternehmen permanent weiterentwickelt werden muß, und zwar unternehmens-individuell.

ELEKTRONISCHE LEITSTÄNDE - EIN THEMA FÜR DEN MITTELSTAND ?

Dr.-Ing. Marei Strack
LANDAU Unternehmensberatung
Hohe Str. 50
4000 Düsseldorf 1

INHALTSVERZEICHNIS

1. AUSGANGSSITUATION

Das Schlagwort CIM dominierte in den letzten Jahren eine Vielzahl von Tagungen und Veröffentlichungen.

Der aktuellen Diskussion um durchgängige CIM-Lösungen vom Eingang der Kundenaufträge per DFÜ bis hin zu MAP auf der Werkstattebene liegt häufig die Vorstellung einer überwiegend flexibel automatisierten Fertigung zugrunde.

Es werden Leitsysteme konzipiert, die eine Integration von BDE (Betriebsdatenerfassung), MDE (Maschinendatenerfassung), mDE (mobile Datenerfassung), FTS (Transportsteuerung), DNC (Direct Numeric Control) sowie FFS (Flexible Fertigungssysteme) u.a. aufzeigen. Der Übergang zu flexibel automatisierten Fertigungseinrichtungen mit eigenständigen Steuersystemen, die Teilaufgaben der Werkstattsteuerung übernehmen, findet jedoch in den meisten Betrieben nur langsam statt und wird auch aus wirtschaftlichen Gründen in vielen mittelständischen Betrieben nicht alle Fertigungsbereiche erfassen.

Leistungsfähige PPS-Systeme für unterschiedliche Betriebstypen, verbesserte Planungsverfahren, höhere Verarbeitungsfrequenzen bis hin zum net-change-Verfahren sowie die aktuellere Datenbereitstellung schienen eine Zeitlang durch bessere und kurzfristigere Planung der Produktion eine ausgeprägte Werkstattsteuerung überflüssig zu machen.

Dazu kamen neue Steuerungsstrategien - wie Kanban oder die belastungsorientierte Auftragsfreigabe - und die damit verbundene Erwartung an eine Vereinfachung der Steuerungsaufgaben.

Auf der anderen Seite erscheint vielen betrieblichen Entscheidungsträgern das klassische Instrument einer effizienten Werkstattsteuerung - der konventionelle Leitstand mit Plantafel und Kommunikationseinrichtung - aufgrund des hohen Aufwandes für manuelle Tätigkeiten und der zentralen Organisationsform als nicht mehr zeitgemäß.

Die Entwicklung der letzten Jahre hat aber deutlich gezeigt, daß die Anforderungen an die Werkstattsteuerung nicht abnehmen, sondern vielmehr zunehmen werden. Die Strategie knapper Ressourcen erfordert eine effiziente Werkstattsteuerung und die Einbindung der Werkstattsteuerung in ein durchgängiges CIM-Konzept.

Ein Beispiel für die veränderten Anforderungen an die Werkstattsteuerung ist die Aufgabenverteilung zwischen PPS-System und Werkstattsteuerung. Die Aufgabe der klassischen Werkstattsteuerung war das Durchsetzen der durch das PPS-System möglichst "konfliktfrei" vorgegebenen Aufträge. Aus der Forderung nach möglichst kurzfristiger Flexibilität folgt jedoch, daß auch auf der Ebene der Werkstattsteuerung zunehmend Zielkonflikte erkannt und gelöst werden müssen.

2. TYPISCHE SCHWACHSTELLEN DER WERKSTATTSTEUERUNG IN MITTELSTÄNDISCHEN BETRIEBEN

Schwachstellenanalysen der Werkstattsteuerung in mittelständischen Betrieben zeigen immer wieder gleiche oder ähnliche Schwerpunkte. Eine Zusammenstellung der typischen Schwachstellen sei hier kurz vorgestellt (Bild 1):

- Zielkonflikte zwischen Werkstattsteuerung und Fertigung führen zu Reibungsverlusten und erschweren die Erreichung betrieblicher Ziele wie Termintreue und geringe Bestände. Während für die Werkstattsteuerung beispielsweise Termintreue das oberste Ziel ist, verfolgt die Fertigung möglicherweise eine maximale Kapazitätsauslastung.

- Häufig fehlt eine durchgängige Steuerungsstrategie völlig.

- Neben einer Überschwemmung der Mitarbeiter mit Daten aller Art, z.B. in Form von umfangreichen EDV-Listen, herrscht auf der anderen Seite häufig ein eklatanter Mangel an aktuellen, relevanten Informationen.

- Eine zu frühe Auftragsfreigabe ohne ausreichende Verfügbarkeitsprüfung führt zu einem Verstopfen der Fertigung mit nicht machbaren Aufträgen, zu hohen Werkstattbeständen, langen Durchlaufzeiten, schlechter Termineinhaltung und völliger Unübersichtlichkeit.

- Die zu frühe, zentrale Erstellung der Auftragspapiere ist trotz einer verbesserten EDV-Unterstützung noch weit verbreitet.

- Die Zuordnung des Auftrages auf den Einzelarbeitsplatz durch die Steuerung oder den Meister geschieht häufig ohne eine bereichsübergreifende Berücksichtigung der Auslastungs- und Terminsituation.

- Eine zu große Anzahl von Eilaufträgen führt zu ständiger Improvisation anstelle von planmäßigem Handeln.

- Rückstände und nicht gehaltene Termine führen selten zu Plankorrekturen und mindern somit die Aussagefähigkeit von Plandaten.

Typische Schwachstellen der Werkstattsteuerung

- Zielkonflikte zwischen Werkstattsteuerung und Fertigung
- keine erkennbare Steuerungsstrategie
- Informationsflut und - mangel
- zu frühe Auftragsfreigabe ohne ausreichende Verfügbarkeitsprüfung
- zu frühe, zentrale Belegerstellung
- Zuordnung Auftrag - Maschine ohne bereichsüber - greifende Berücksichtigung der Auslastungs - und Terminsituation
- große Anzahl Eilaufträge (hohe Priorität)
- Rückstände führen nicht zu Plankorrekturen
- Arbeitszuteilung aufwendig und ungenau
- Informationen über Auftrags - und Betriebssituation unzureichend
- kein permanenter SOLL - IST - Vergleich
- kein Bezug zu gefährdeten Lieferterminen (Auftragsnetz)

Bild 1: Typische Schwachstellen der Werkstattsteuerung

o Die Arbeitszuteilung durch Meister oder Arbeitsverteiler ist in vielen Fällen zu aufwendig und aufgrund des vorgegebenen Arbeitsvorrates zu ungenau.

o Die Information über die aktuelle Auftrags- und Betriebsituation ist häufig unzureichend.

o Ein permanenter Soll-Ist-Vergleich zum Erkennen von Planabweichungen wird nur selten durchgeführt.

o Bei Terminverschiebungen von Einzelteilaufträgen ist der Bezug zum Kundentermin, z.B. über ein Auftragsnetz, nicht jederzeit herstellbar.

Diese Schwachstellen werden in den meisten Betrieben noch durch eine Reihe weiterer, betriebsindividueller Schwachstellen ergänzt. Aber auch diese Aufstellung zeigt bereits, daß eine weitreichende Verbesserung der Werkstattsteuerung nicht allein durch den Einsatz EDV-gestützter Hilfsmittel - z.B. eines elektronischen Leitstands oder eines Werkstattsteuerungssystems - erreicht werden können. Welche Punkte im Rahmen der Aufstellung eines Werkstattsteuerungskonzeptes berücksichtigt werden müssen, soll daher im folgenden dargestellt werden.

3. GRUNDLAGEN EINES WERKSTATTSTEUERUNGSKONZEPTS

Die Ziele der Werkstattsteuerung - wie kurze Durchlaufzeiten, niedrige Bestände, niedrige Fertigungskosten, hohe Termintreue und hohe Transparenz - haben bekanntermaßen teilweise konkurrierenden Charakter. Daran hat auch die zu beobachtende Verschiebung der Priorität bei den Zielen der Werkstattsteuerung - weniger Gewicht auf Kapazitätsauslastung und mehr Gewicht auf minimalen Werkstattbestand und Termineinhaltung - nichts geändert.

Diese Zielkonflikte können nicht durch die Organisation der Werkstattsteuerung gelöst werden, sondern erfordern die Entscheidung für eine oder mehrere Steuerungsstrategien in Abhängigkeit von den Anforderungen der einzelnen Fertigungsbereiche.

Die Entscheidung ob und in welchem Fertigungsbereich nach JIT-Prinzipien, Kanban, belastungsorientierter Fertigungssteuerung, OPT, zyklischer Produktreihenfolge usw. gesteuert werden soll, stellt die Ausgangsbasis für ein Werkstattsteuerungskonzept dar (Bild 2).

Aufbauend auf der Steuerungsstrategie umfaßt die organisatorische Konzeption der Werkstattsteuerung die Bildung von Funktionen, die Festlegung der Aufbauorganisation, die Schaffung von Regelungen und die Auswahl geeigneter konventioneller und EDV-gestützter Hilfsmittel.

Die Funktionen beschreiben die im Rahmen der Werkstattsteuerung durchzuführenden Tätigkeiten und fassen sie zu logischen Ablaufabschnitten zusammen. Die Aufbauorganisation bestimmt die Aufgabenträger, die die Funktionen durchführen, und bildet Abteilungen bzw. Bereiche. Regelungen beschreiben die Art und Weise der Funktionsdurchführung und sorgen für die Durchsetzung der Steuerungsstrategien. Das vierte organisatorische Gestaltungselement ist die Unterstützung der Funktionsausführung durch **Hilfsmittel** zur Informationserfassung, -verarbeitung, -weiterleitung und -ausgabe.

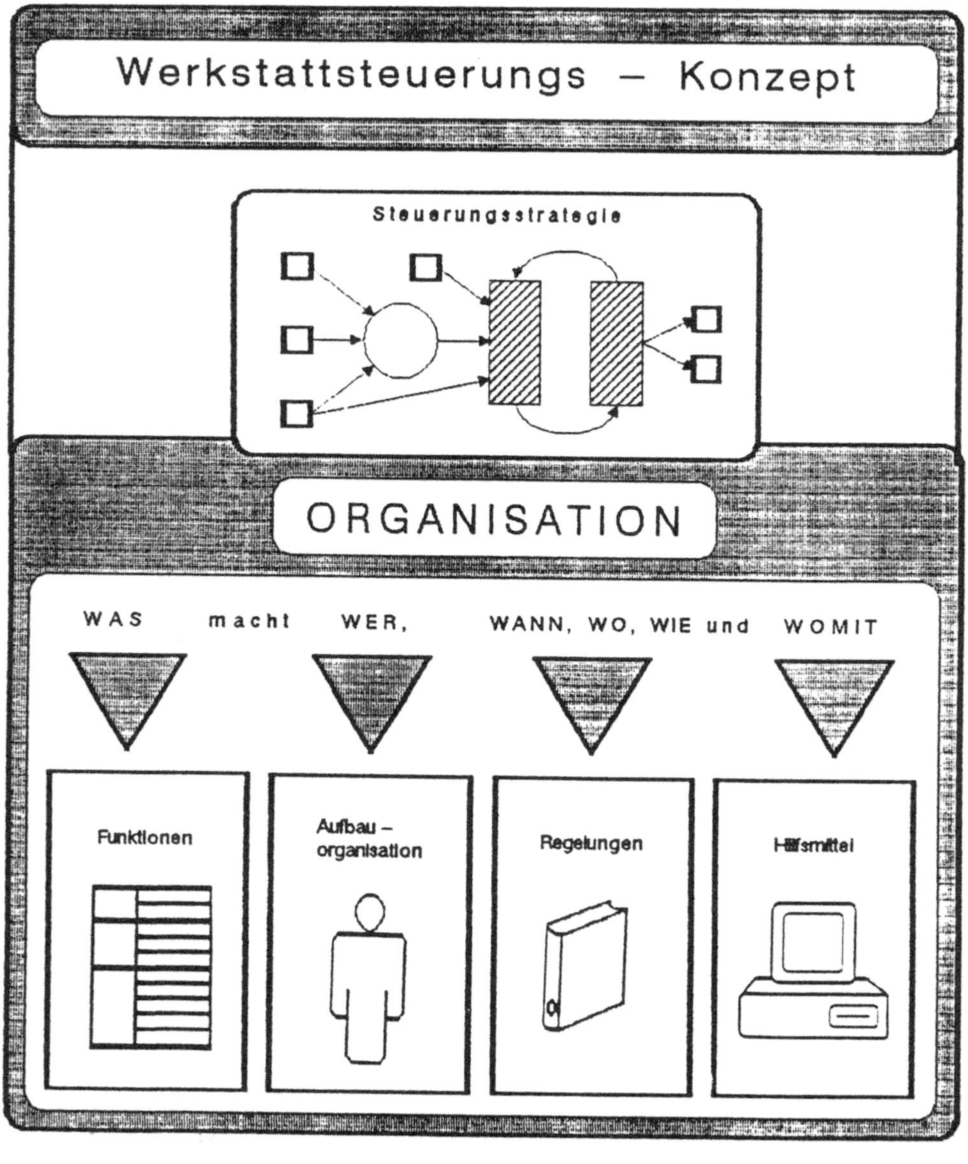

Bild 2: Gestaltungselemente eines Werkstattsteuerungskonzeptes

4. HILFSMITTEL FÜR DIE WERKSTATTSTEUERUNG

Das Angebot an Hilfsmitteln für die Werkstattsteuerung umfaßt eine breite Palette verschiedener Systeme und Komponenten (Bild 3):

- Konventionelle Hilfsmittel in Form von Plantafeln, Kommunikationseinrichtungen, dezentralen Betriebsstellen und Hängetaschenordnern, die gegebenenfalls einzeln oder in Form eines klassischen Leitstandes eingesetzt werden können.

- LCD-Plantafeln bestehen aus einer Trägertafel, die mit einem PC verbunden ist, und auf die Planungsmodule mit LCD-Anzeigefeld aufgesteckt werden können.

- BDE-Systeme und deren Komponenten gibt es heute in einer Vielzahl technischer Ausprägungen, die eine anforderungsgerechte Gestaltung der Betriebsdatenerfassung im Rahmen eines Werkstattsteuerungskonzepts erleichtern.

- Werkstattsteuerungssysteme unterstützen entweder als Stand-Alone-System oder in Verbindung mit einem PPS-System die Verwaltung der Werkstattaufträge, die Einlastung auf Einzelarbeitsplätze und die Fortschrittsüberwachung. Der Funktionsumfang von Werkstattsteuerungssystemen ist dem der elektronischen Leitstände vergleichbar. Die Informationsdarstellung lehnt sich jedoch weniger stark an die klassische Plantafel an. Grafik oder grafikähnliche Darstellungen, wie z.B. Kapazitätsbelastungsübersichten, werden zur Beurteilung der Auswirkung von Entscheidungen angeboten.

- Elektronische Leitstände ersetzen die klassische Plantafel durch eine Farbgrafikdarstellung mit der Möglichkeit zum interaktiven Ein- und Umplanen mit Hilfe der Maus oder eines Lichtstiftes.

- Produktionsleitsysteme verbinden die Komponenten einer flexibel automatisierten Fertigung, z.B. FFS (Flexibles Fertigungssystem), FTS (Transportsteuerung), DNC (Direct Numeric Control), LVS (Lagerverwaltungssystem) untereinander und mit einem übergeordneten PPS-System.

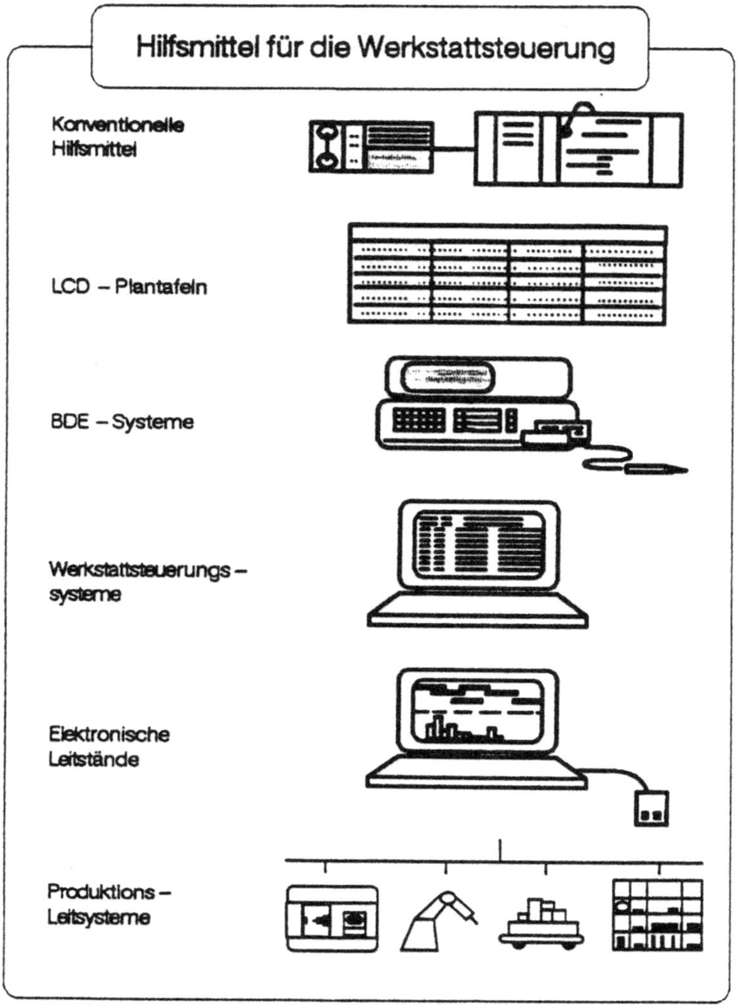

Bild 3: Hilfsmittel für die Werkstattsteuerung

Während sich das Einsatzgebiet von Produktionsleitsystemen schwerpunktmäßig auf flexibel automatisierte Fertigungen erstreckt, finden Werkstattsteuerungssysteme und elektronische Leitstände überwiegend in werkstättenorientiert organisierten, konventionellen oder teilweise flexibel automatisierten Fertigungen Anwendung.

Mit dem sprunghaften Anstieg des Marktangebots an elektronischen Leitständen in jüngster Zeit wird dieses Hilfsmittel für die Werkstattsteuerung in einer größeren Zahl mittelständischer Betriebe in aktuelle Systemkonzeptionen einbezogen. Im folgenden soll daher näher auf diese Entwicklung eingegangen werden.

5. ELEKTRONISCHE LEITSTÄNDE

Den prinzipiellen Aufbau eines elektronischen Leitstandes zeigt Bild 4.

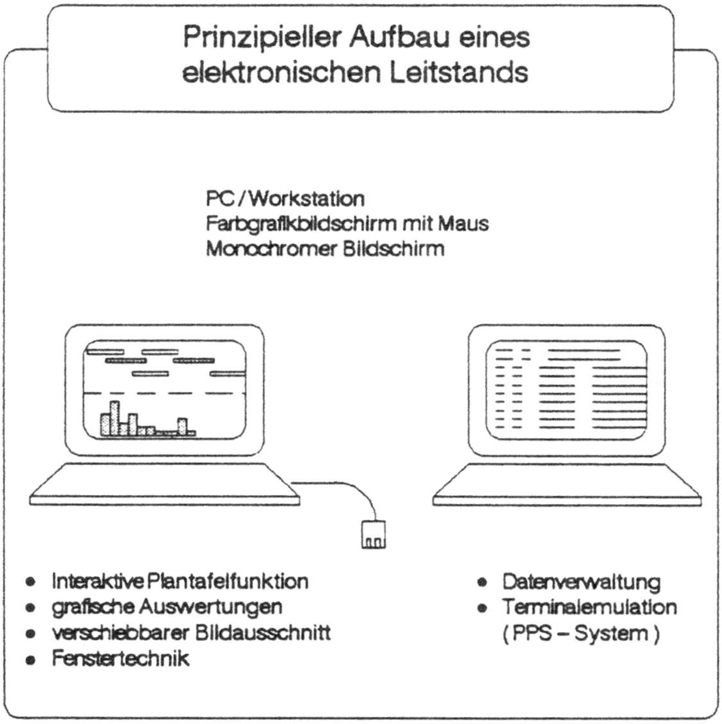

Bild 4: Aufbau eines elektronischen Leitstands

Mit wenigen Ausnahmen werden die derzeit angebotenen elektronischen Leitstände auf der Basis eines PC's oder einer Workstation realisiert.

Das Problem des relativ geringen Informationsvolumens, das auf einem Bildschirm darstellbar ist - im Vergleich zu einer Plantafel - wird dabei durch ein variables Zeitlineal, einen verschiebbaren Bildausschnitt und eine Unterstützung der graphischen Informationen durch weitere Daten auf einem zweiten, monochromen Bildschirm in Listenform gelöst.

Der Ablauf der Werkstattsteuerung mit einem elektronischen Leitstand sieht prinzipiell wie folgt aus:

- o Die vom PPS-System gebildeten und terminierten Werkstattaufträge werden für einen bestimmten Horizont - zwischen einer und sechs Wochen - an den Leitstand übergeben und die Arbeitsvorgänge dem Arbeitsvorrat der Kapazitätsgruppen zugeordnet. Je nach Art der Kommunikation zwischen PPS-System und Leitstand können Eilaufträge jederzeit oder stapelweise an den Leitstand weitergegeben werden.

- o Aus diesem Arbeitsvorrat heraus erfolgt die Einplanung der Arbeitsvorgänge auf die Einzelarbeitsplätze entweder manuell durch den Bediener am Farbmonitor, z.B. mit Hilfe der Maus, oder halb- bzw. vollautomatisch nach vorgegebenen Algorithmen. In dieser Phase ist es möglich, simulativ einzelne Aufträge einzuplanen sowie verschiedene Maßnahmen und deren Auswirkungen durchzuspielen. Die Verknüpfung zu abhängigen Aktivitäten kann im Auftragsnetz dargestellt werden. Nach Abschluß der Einplanungen können die Ergebnisse festgeschrieben werden und bei Bedarf an das PPS-System zurückgemeldet werden, z.B. als Information über den geplanten Endtermin für die übergeordnete Dispositionsstufe oder den Vertrieb.

- o Änderungen des Kapazitätsangebotes, z.B. durch den Ausfall einer Maschine, Krankheit des Bedieners oder die Terminsituation eines Eilauftrages, machen es erforderlich, bereits eingeplante Aufträge wieder verschieben zu können. Sofern der Auftrag noch nicht gestartet ist, ist über eine Statusänderung eine erneute Verschiebung möglich.

- o Die Einlastung der Arbeitsvorgänge auf die einzelnen Arbeitsplätze wird in Anlehnung an die Plantafel maschinenbezogen dargestellt sowie im Auftragszusammenhang und als Belastung der Kapazitätsgruppen ("Kapazitätsgebirge"). Noch nicht in allen Fällen realisiert ist die Kombination der auftrags- und maschinenbezogenen Darstellung der Belegungsplanung, die für den Bediener als Entscheidungsunterstützung bei Optimierungsproblemen sehr hilfreich ist (Bild 5).

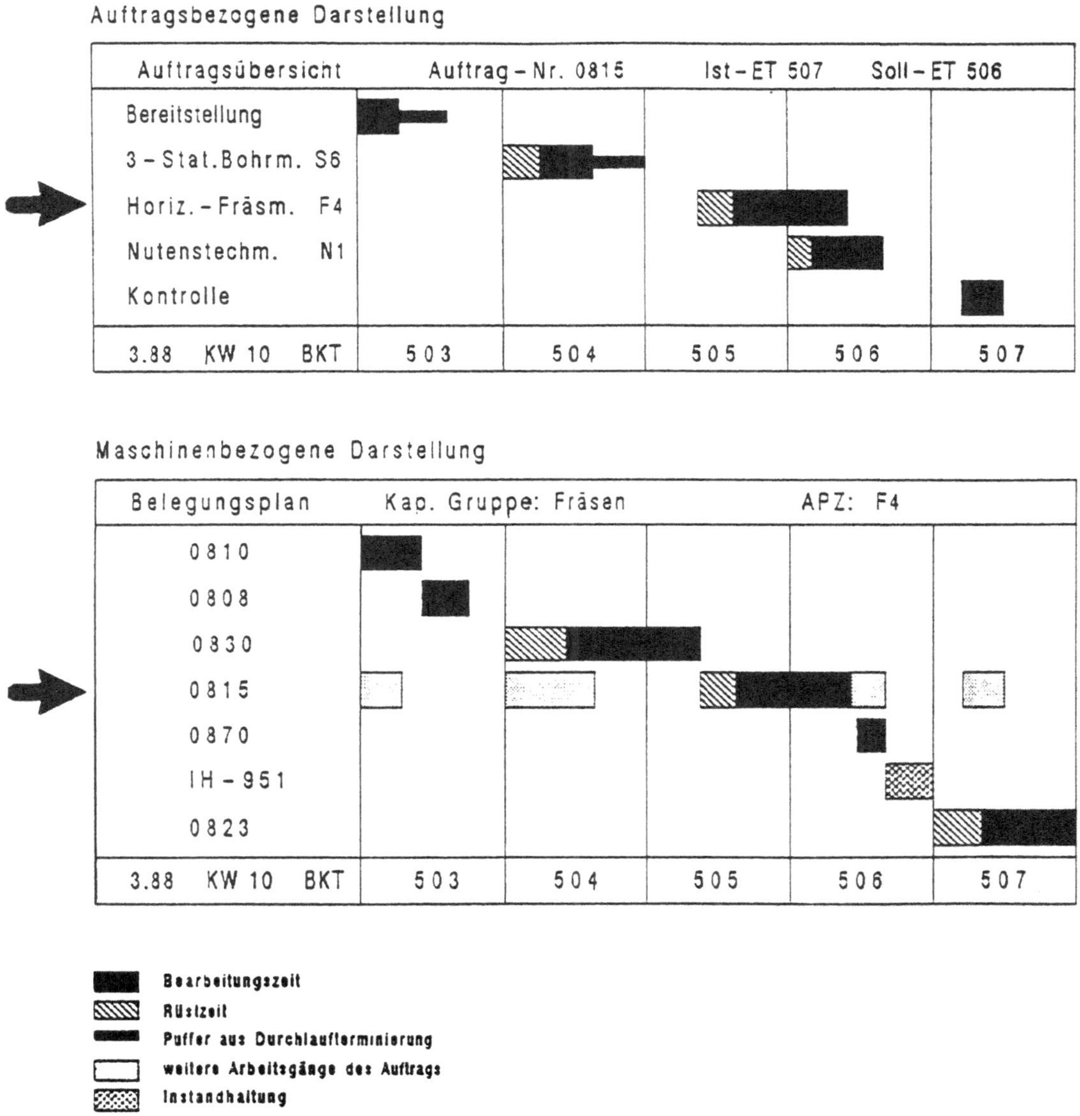

Bild 5: Prinzipskizze verschiedener Darstellungen der Belegungsplanung in einem elektronischen Leitstand

- o Die Werkstattpapiere werden kurz vor Erreichen des Starttermins - z.B. einen Tag vorher - im Leitstand oder an einem Arbeitsplatzrechner in der Fertigung ausgedruckt. Jeder Beleg erhält dabei eine Referenz- oder Rückmelde-Nr. als Barcode. Die Werkstattpapiere können sowohl auftragsweise als auch für jeden Arbeitsvorgang einzeln ausgegeben werden.

- o Die Arbeitsverteilung erfolgt entweder personell mit Hilfe der Werkstattpapiere oder aber durch Abruf von einem dezentralen BDE-Terminal, was theoretisch eine papierlose Fertigung möglich macht. Diese Lösung wird jedoch z.Z. noch nicht von allen angebotenen Systemen unterstützt.

- o Die Eingabe der Rückmeldungen erfolgt mittels Barcode direkt am Leitstand oder an dezentralen BDE- oder DNC-Terminals.

- o Mit Hilfe einer sofortigen Verarbeitung der Rückmeldungen ist im Leitstand der aktuelle Abarbeitungszustand jedes Auftrags sichtbar. Diese Informationen werden wieder an das PPS-System oder auch weitere Systeme übermittelt.

Der Einsatz eines elektronischen Leitstands erlaubt eine deutliche Reduzierung des manuellen Aufwandes gegenüber konventionellen Leitständen durch die interaktive Durchführung der Werkstattsteuerungsfunktionen am Bildschirm und die flexible Informationsdarstellung (Bild 6).

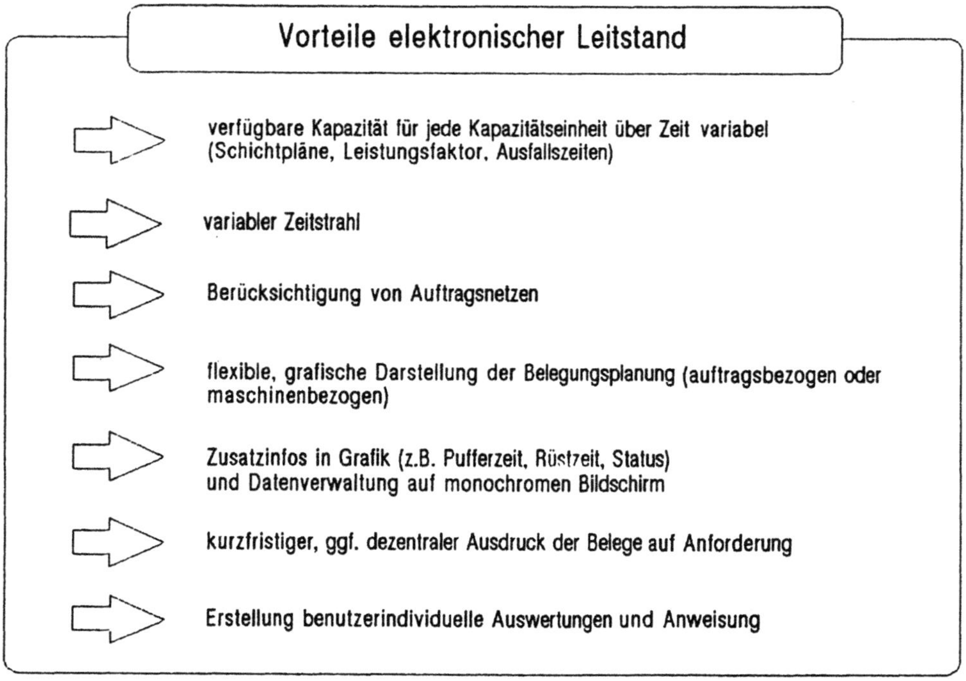

Bild 6: Vorteile eines elektronischen Leitstands

6. ENTWICKLUNGSTENDENZEN DER WERKSTATTSTEUERUNG

Welche Rolle elektronische Leitstände in CIM-Konzeptionen mittelständischer Betriebe spielen können, muß vor dem Hintergrund der sich abzeichnenden Entwicklungstendenzen der Werkstattsteuerung beantwortet werden.

Die gestiegenen Anforderungen insbesondere an Flexibilität und Transparenz werden Veränderungen vor allem in vier Schwerpunkten zukünftiger Werkstattsteuerungskonzeptionen zur Folge haben (Bild 7):

Werkstatt-steuerung	*Heute*	*in Zukunft*
Steuerungs-strategie	einheitlich oder keine	bereichsweise differenziert
Organisations-form	zentral oder meisterorientiert	dezentrale Einheiten zentrale Koordination
EDV-Unter-stützung	zentral	dezentral, vernetzt
Qualifi-kation	gering, spezifisch	höher, umfassend

Bild 7: Veränderungen im Umfeld der Werkstattsteuerung

- Während heute in den meisten Fällen entweder mit keiner definierten oder einer für alle Fertigungsbereiche einheitlichen Steuerungsstrategie gearbeitet wird, verlangt eine Steigerung der Effizienz der Werkstattsteuerung nach einer stärkeren Differenzierung der Steuerungsstrategien.

- Für die Werkstattsteuerung als Durchsetzungskomponente der Produktionsplanung und -steuerung gilt heute vielfach noch die zentrale Organisationsform als die effizienteste, wenn auch der hohe Aufwand bisweilen den Ausschlag für die Beibehaltung einer "Meistersteuerung" gibt. Die Organisation zukünftiger Werkstattsteuerungskonzepte wird dagegen in stärkerem Maße von einer Dezentralisierung einiger Werkstattsteuerungsfunktionen sowie der Hierarchisierung der Werkstattsteuerung mit einer zentralen Koordination dezentraler Steuerungseinheiten bestimmt werden.

o Die Form der EDV-Unterstützung für den fertigungsnahen Bereich wird heute noch vielfach von den Vorstellungen einer zentralen EDV-Abteilung geprägt. Das Vordringen der EDV-Leistung bis an den Arbeitsplatz läßt zunehmend dezentrale Lösungen zu, deren Funktionsumfang und Benutzeroberfläche stärker auf die unterschiedlichen Bedürfnisse der Anwender vor Ort ausgerichtet sein wird.

o Für zukünftige Werkstattsteuerungskonzeptionen muß das Steuerungspersonal mehr als nur fachspezifische Kenntnisse des Fertigungsablaufs haben. Die Durchsetzung differenzierter Steuerungsstrategien, die Kenntnis der Auswirkungen bereichsübergreifender Maßnahmen und der Einsatz komplexer EDV-gestützter Hilfsmittel erfordert eine umfassende Qualifikation, wenn die angestrebte Verbesserung der Werkstattsteuerung erreicht werden soll.

Von diesen vier Schwerpunkten wird vor allem die Tendenz zur Dezentralisierung der Werkstattsteuerung großen Einfluß auf die Auslegung eines Werkstattsteuerungskonzeptes haben. Daher sollen die Ursachen für diese Entwicklung im folgenden betrachtet werden.

7. DEZENTRALISIERUNG DER WERKSTATTSTEUERUNG

Bei einer Betrachtung von Einsatzbeispielen fällt auf, daß elektronische Leitstände derzeit nur in wenigen Fällen im Sinne der ursprünglichen Leitstandidee - nämlich zur Realisierung einer zentralen Organisationsform der Werkstattsteuerung - eingesetzt werden. Vielmehr repräsentieren diese Fälle überwiegend Organisationsformen einer untergelagerten Steuerung, z.B. als Arbeitsplatzrechner im Meisterbereich oder zur Steuerung von Fertigungsinseln oder -zellen. Die Renaissance des Leitstands findet also in Form von dezentralen Steuerungseinheiten statt.

Diese Beispiele unterstreichen die Tendenz einer Dezentralisierung der Werkstattsteuerung, die sich im Zuge der Einbindung der Werkstattsteuerung in ein CIM-Konzept noch verstärken wird. Die Dezentralisierung der Werkstattsteuerung resultiert aus einer Reihe von technischen und organisatorischen Entwicklungen im Produktionsbereich:

o Die gestiegenen Anforderungen an Reaktionsgeschwindigkeit und Flexibilität bedingen eine intensivere Durchführung der Werkstattsteuerungsfunktionen, z.B. in bezug auf Verfügbarkeitsprüfungen, Minimierung von Stillstandszeiten durch frühzeitigen Anstoß zur Vorbereitung von Rüstvorgängen oder Ausweichstrategien.

o Die Antwort auf die Forderung nach kurzen Durchlaufzeiten und hoher Flexibilität auch bei Einzel- und Kleinserienfertigung ist zunehmend die Bildung teilautonomer Fertigungsbereiche, z.B. Fertigungsinseln.

o Die Unterschiede einzelner Fertigungsbereiche hinsichtlich Fertigungstechnologie, -organisation und Steuerungsstrategie erfordern jeweils angepaßte Werkstattsteuerungskonzepte.

o Gleichzeitig übernehmen immer mehr unterlagerte Steuerungssysteme Aufgaben der Werkstattsteuerung, z.B. die Steuerungen flexibler Fertigungszellen oder flexibler Fertigungssysteme.

o Der wachsende Anteil flexibel automatisierter Fertigungseinrichtungen verlangt höher qualifizierte Systembediener und neue Arbeitsorganisationsformen in der Fertigung. Diese Arbeitsorganisationsformen gehen häufig einher mit der Forderung nach job enlargement oder job enrichment und damit einer Abnahme der horizontalen oder vertikalen Arbeitsteilung.

o Die Integration der Werkstattsteuerung in ein CIM-Konzept, die Bereitstellung von EDV-Leistung am Arbeitsplatz und die sofortige Verfügbarkeit von Änderungen (net-change-Verfahren) erleichtern die Überwachung kritischer Vorgänge auch über organisatorische Schnittstellen hinweg. Durch geeignete EDV-technische und organisatorische System-Konzeptionen lassen sich so wesentliche Nachteile einer mehr dezentralen Organisationsform der Werkstattsteuerung weitgehend vermeiden.

8. EINSATZMÖGLICHKEITEN EINES ELEKTRONISCHEN LEITSTANDS IN EINEM CIM-KONZEPT

Welche Rolle können nun elektronische Leitstände im Rahmen einer CIM-Konzeption eines mittelständigen Betriebes spielen?

Die Hürden, die ein mittelständisches Unternehmen auf dem Weg zu CIM überwinden muß, sind auch im Bereich der Werkstattsteuerung technischer, organisatorischer, personeller und wirtschaftlicher Art (Bild 8).

Hürden auf dem Weg zu CIM

	technisch	organisa - torisch	personell	wirtschaft - lich
Problem	unzureichende EDV - technische Standardisierung verunsichert Entscheidungs - träger	starre Organisa - tionsstrukturen, "Fürstentümer", Information als Machtinstrument	knappe Ressourcen an qualifiziertem Personal	erhebliche Investi - tionen, Nutzen eher aus Erlös - steigerung als aus Kostensenkung
Forderung	CIM - Lösungen und - Komponenten müssen überschau - bar sein	CIM - orientierte Aufbau - und Ab - lauforganisation, konsequentes Infor - mationsmanagement	Qualifikation der Mitarbeiter muß mit dem System wachsen können	CIM - Lösungen und - Komponenten müssen bezahlbar sein

Bild 8: Hürden auf dem Weg zu CIM

Technische Probleme

Bei den technischen Problemen sind es nach wie vor die unzureichende EDV-technische Standardisierung und fehlende Kompatibilität bei Hard- und Software, die eine Entscheidung für Investitionen in CIM-Komponenten erschweren und die betrieblichen Entscheidungsträger verunsichern. Da ein Abwarten bis zur weitgehenden Lösung dieses Problems einen kaum wiedereinholbaren Wettbewerbsnachteil nach sich ziehen kann, muß gerade in mittelständischen Unternehmen die Forderung lauten:

CIM-Lösungen und -Komponenten müssen überschaubar sein.

In der Überschaubarkeit liegt einer der wesentlichen Vorteile eines elektronischen Leitstandes. Aufgrund der Notwendigkeit einer Einbindung in ein durchgängiges CIM-Konzept sollte eine Entscheidung jedoch immer vor dem Hintergrund der Integrationsmöglichkeiten getroffen werden.

Organisatorische Probleme

Die organisatorischen Maßnahmen im Zuge einer CIM-Lösung erfordern in der Regel die Ablösung starrer Organisationsstrukturen, die Abschaffung von "Fürstentümern" und insbesondere des Mißbrauches von Information als Machtinstrument. Diese Probleme treten gerade im Bereich der Werkstattsteuerung besonders stark hervor. Daraus resultiert die Forderung:

Aufbau- und Ablauforganisation müssen CIM-orientiert sein, mit integrierten Abläufen und konsequentem Informationsmanagement.

Die Schaffung einer CIM-orientierten Werkstattsteuerung geht einher mit einer gezielten Dezentralisierung und Hierarchisierung. Hier bieten sich elektronische Leitstände zur Steuerung dezentraler Steuerungseinheiten an. Im Zuge der Weiterentwicklung solcher Systeme sollte auch die Integration mehrerer Leitstände und eines Master-Leitstandes zu einem Werkstattsteuerungssystem mit teilweise dezentraler Funktionsausführung und zentraler Koordination auf Auftragsebene möglich sein. Gleichzeitig stellen elektronische Leitstände ein geeignetes Hilfsmittel dar, Informationen für die Werkstattsteuerung nicht mehr überwiegend auf der informellen Ebene, sondern konsequent mit dem System zu verwalten.

Personelle Probleme

Ein gravierendes Problem bei der Einführung von CIM-Lösungen gerade in kleinen oder mittelständischen Betrieben sind die knappen Ressourcen an qualifiziertem Personal. Die erforderlichen Weiterbildungs- und Schulungsmaßnahmen zum Abbau dieses Qualifikationsdefizites sind zeit- und kostenintensiv und können in der Regel nicht vor der Einführung geleistet werden. Daraus folgt:

Die Qualifikation der Mitarbeiter muß mit dem Ausbau des Systems wachsen können.

Auch diese Forderung spricht für die Einführung von CIM-Komponenten in kleineren

Schritten und für das bewußte Einplanen von Lernphasen, in denen die Mitarbeiter an neue Techniken herangeführt werden. Insbesondere im fertigungsnahen Bereich spielt hier der Umgang mit EDV-gestützten Hilfsmitteln eine bedeutende Rolle.

Ein Pluspunkt des elektronischen Leitstands liegt dabei vor allem darin, daß ausgehend von einer durch die klassische Plantafel vertrauten Informationsaufbereitung der Vorteil einer EDV-Unterstützung für den Benutzer deutlich wird. Damit wächst die Motivation, die weitergehenden Möglichkeiten dieses Hilfsmittels zu nutzen bzw. die dafür notwendigen Voraussetzungen zu schaffen.

Wirtschaftliche Probleme

Vor dem wirtschaftlichen Hintergrund ist es in mittelständischen Betrieben besonders schwierig, erhebliche Investitionen mit dem Hinweis auf langfristigen, strategischen Nutzen zu begründen. Dabei sind Wirtschaftlichkeitsrechnungen für Investitionen in CIM-Lösungen auch nicht zuletzt deshalb so schwierig, weil der Nutzen eher aus mittelfristigen Erlössteigerungen als aus kurzfristigen Kostensenkungen resultiert. Deshalb gilt insbesondere für den mittelständischen Betrieb:

CIM-Lösungen und -komponenten müssen bezahlbar sein.

Der im Hinblick auf die verfügbare EDV-Leistung sowie die Integration häufig vorgebrachte Nachteil der derzeit angebotenen elektronischen Leitstände - nämlich die Konfiguration auf PC- oder Workstation-Basis - erweist sich in diesem Fall als Vorteil. Durch schrittweise Einführung in einzelnen Fertigungsbereichen wird der Nutzen früher wirksam und die Investitionen in einen Systemausbau durch Erfahrungswissen und erste quantifizierbare Ergebnisse besser abschätzbar.

9. AUSBLICK

Eine leistungsfähige Werkstattsteuerung und die Einbindung in eine durchgängige CIM-Lösung erfordern ein geeignetes Werkstattsteuerungskonzept. Die im Rahmen dieses Konzeptes notwendige Auswahl von Hilfsmitteln muß vor allem im Hinblick auf eine optimale Entscheidungsunterstützung für den Bediener sowie die systemtechnische Integration beurteilt werden. Vor diesem Hintergrund ergeben sich eine Reihe von Einsatzmöglichkeiten für elektronische Leitstände.

Produktneuanlauflogistik in den Strukturen einer CIM-Umgebung

Dipl.Kfm. Ing.(grd.) Martin Berg

SIEMENS AG München
Industrieberatung

Inhaltsverzeichnis

1. Allgemeines

Das Thema der Produktneuanläufe ist in einigen Punkten nicht gerade neu. Produktneuanläufe gab es immer, und eine Informationswelt gab es, gleich in welcher Form, auch in der Vergangenheit. Die wirkliche Schwierigkeit des Themas liegt darin, daß Produktneuanläufe inzwischen ein "Geschäft" für sich geworden sind. Unter diesen veränderten Bedingungen arbeitet die gewachsene Form der Aufbau- und Ablauforganisation sowie deren Informations- und Kommunikationssysteme an den Grenzen ihrer Leistungsfähigkeit, ohne jedoch die geforderten kurzen Produktentwicklungszeiten realisieren zu können. CIM versucht mit einem integrativen Informationsanspruch die Lösung der Probleme für das "laufende Geschäft" zu erreichen. Gerade die Produktneuanläufe sind aber mit dem "laufenden Geschäft" nur schwer zu vergleichen bzw. abwickelbar. Wie kommen also CIM-Anspruch und Bedürfnisse der Produktneuanlauflogistik zu einer vernünftigen Symbiose?

Die Produktneuanlauflogistik ist in der betriebswirtschaftlichen Diskussion in den letzten Jahren verstärkt in den Vordergrund getreten. Dies ist nicht zuletzt darauf zurückzuführen, daß Kostendruck und kurze Innovationszyklen besonders in der Konsumgüter- und Elektronikindustrie verstärkte Anstrengungen auf diesem Gebiet notwendig machen. Einige Gremien, wie zum Beispiel GF+M (Gesellschaft für Fertigungssteuerung und Materialwirtschaft) nahmen sich schwerpunktmäßig auch dieses Themas an und formulierten den Begriff NPL (New Product Logistic) dafür. Im Folgenden soll deshalb versucht werden, Ansätze zu finden und Anforderungen zu formulieren, die einen Weg zur Problemlösung ebnen könnten.

2. NPL (New Product Logistic)

2.1. Situation der Produktneuanläufe

Steigendes Umsatzvolumen und immer kürzere Innovationszyklen mancher Produkte mit dem Zwang einer terminlichen Markteinführung verstärken den Druck, Abläufe, Konzeptionen und Vorgehensweisen bei Neuanläufen neu zu überdenken. Gerade unter den heutigen Marktbedingungen wird es zunehmend schwieriger, in den bestehenden Werksstrukturen neue, erfolgreiche Produkte für den Markt zur Serienreife zu bringen. Ein Marktfenster öffnet sich heute nur zu einem bestimmten Zeitpunkt und für eine begrenzte Zeitdauer. Diesen Zeitpunkt möglichst genau zu treffen wird immer wichtiger, da es bei vielen Produkten während der relativ kurzen Öffnungsdauer unter starkem Konkurrenzdruck zu einem raschen Preisverfall kommt. Die Lebensdauer der Produkte am Markt, d.h. die Zeitdauer, in der Umsatz erzielt werden kann, wird also immer kürzer. Gleichzeitig nimmt die Anzahl der neu anlaufenden Produkte je Zeiteinheit stetig zu (**Bild 1**).

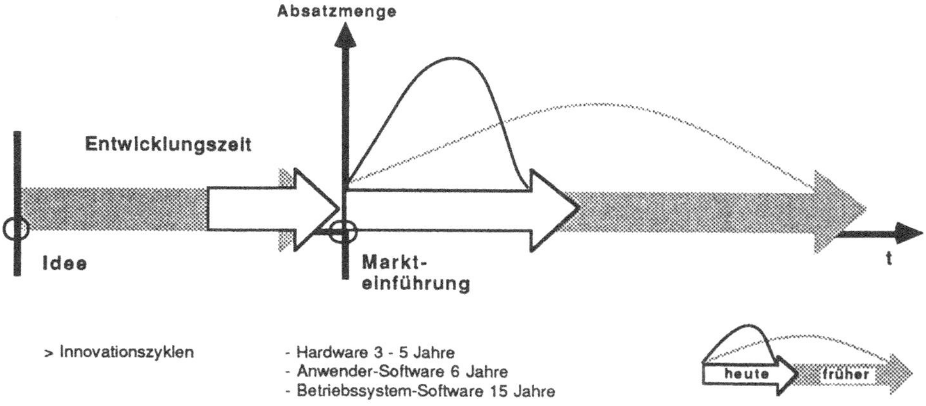

Bild 1 : Innovationszyklen in der Computerindustrie

Da die Betrachtung der Parameter durch das Marktfenster zeitpunktbezogen ist, besteht die Notwendigkeit, sich ändernde Parameter bis zu diesem Zeitpunkt permanent auf das Entwicklungsgeschehen zu reflektieren. Eine dauernd sich ändernde Anforderungsumwelt muß also vor dem Serienbeginn umgesetzt werden. Produktneuanläufe sind deshalb zunehmend als ein "Geschäft" zu verstehen, das neben dem bestehenden Fertigungsrahmen mit einer eigenen Logistik abgewickelt werden muß.

2.2. Logistik in der Neuanlaufphase

Um den Begriff der Logistik in der Neuanlaufphase richtig abzugrenzen, muß man die Logistikkette der Produktentstehungsphase betrachten.

Das Produkt duchläuft in seinen Lebensphasen die Abschnitte Planung, Entwurf, Erprobung und Einsatz. In diesen Abschnitten ist der Begriff Neuanlauf bei der echten praktischen Umsetzung anzusiedeln, d.h. im Zeitabschnitt vom konkreten Entwurf als erstes funktionsfähiges Muster bis zur Schwelle der Serienreife. Die Phasen dieser Abschnitte sind dabei als die praktische Umsetzung der transformierten Idee zum konkreten Produkt auf der Basis fertigungstechnischer Belange zu verstehen. Die Phasen unterteilen sich in Musterbau, Prototypenfertigung und Nullserie.

Alle diese Phasen bedingen eine logistische Kette, in der die Funktionen abzuwickeln sind. Zu diesen Funktionen im Rahmen der Produktneuanlauflogistik gehören zunächst die Tätigkeiten für die Abwickung der Neuanlaufprodukte selbst. Dazu gehören die Teilebeschaffung für Muster oder Prototypen, die Fertigungssteuerung der Nullseriengeräte, Terminierung und Terminverfolgung der Neuanläufe. Die resultierenden logistischen Aufgaben beschränken sich aber nicht nur auf die Neuanlaufphase selbst, sondern sie beinhalten auch Logistikentscheidungen für die spätere Serie. So müssen in den Phasen des Produktneuanlaufes während der Stabilisierung der Produktstrukturen parallel die dispositiven Daten für die Serie aufgebaut und sukzessive an die DV-Verfahrenswelt angebunden bzw. dort eingebracht werden. Das erfordert nicht nur den schlüssigen Aufbau der Produktstrukturen im Kontext der späteren Verfahrenswelt. Auch die Fixierung zulieferlogistischer Entscheidungen jedes Teiles bezüglich der Anlieferungsstrategie im Fertigungs- und Lagerbereich als Basis für die spätere maschinelle Fertigungssteuerung muß zu einem frühen Zeitpunkt vorgenommen werden. Es gilt dabei einkaufslogistische Überlegungen (Rahmenverträge, Lieferanteneinbindung...) mit Anforderungen der Fertigungssteuerung (KANBAN...) miteinander in Einklang zu bringen.

Auch einer vorhandenen "Planungswelt", besonders im Hinblick auf die Stückzahlen der Serie, müssen Entscheidungen in der Produktneuanlaufphase Rechnung tragen, um zukünftige Kapazitätsplanungen oder Fertigungsprogrammplanungen abzuleiten. Letztlich ist auch eine Abstimmung der Logistikprozesse selbst auf das abzulösende Produkt unumgänglich. Zeitliche Verzögerungen beschwören oft eine, für die kontinuierliche Absatzpolitik gefährliche, Versorgungslücke des Marktes herauf.

2.3. NPL und seine Informationswelt

Will man die Verbindung zu einer sich immer weiter entwickelnden CIM-Welt schaffen, so ist dies am sinnvollsten über die Betrachtung verwendeten Informationstrukuren bzw. Datenpools der Produktneuanläufe zu erreichen. Im Folgenden sind deshalb die wichtigsten Daten- und Informationsinhalte angeführt, die die Grundlage des Handelns während der Neuanlaufphase bilden.

1. Produktstrukturen

Die technischen Produktstrukturen werden allgemein von Entwicklern und Konstrukteuren aufgebaut. Diese Strukturen zielen aber eher auf Funktionskomponenten und technische Varianten ab, als daß sie von vorne herein als Grundlage z.B. für die Disposition direkt Verwendung finden könnten. Die technischen Strukturen werden deshalb oft in betriebswirtschaftliche Dispositionsstrukturen umgewandelt. Konkret heißt das, es werden neben dem Aufbau dispositiver Pseudostufen auch Teile- und Baunummern gemäß der Nummernsystematik im Unternehmen aufgebaut und das Produkt selbst in eine hierarchisch einwandfreie Strukturdarstellung gebracht.

2. Stückzahlen

Im Laufe der Produktentstehung sind für die spätere Serie auf der Basis von Vertriebsplanzahlen die Fertigungsstückzahlen und Losgrößen der Produkte und deren Varianten festzulegen. Betrachtet man heutige Beschaffungszeiten, gleichwohl ob für Material, Kapazitäten oder Betriebsmittel, so wird klar, daß die eigentlich frühzeitig zu fixierenden Fertigungsstückzahlen vielfältige Folgeentscheidungen iniziieren. Spätere Änderungen, z.B. von verwendeten Teiletypen, müssen in ihrer Konsequenz schnell in neue Einkaufsüberlegungen oder Betriebsmittelbeschaffungen umgesetzt werden, da all diese Aktionen bis zum Serienbeginn abzuschließen sind. In der Produktneuanlaufphase, wo wir es aber mit sich permanent ändernden Strukturen zu tun haben, werden solche Entscheidungen, je später sie anstehen, für den Serienstart extrem schwierig, ja oft geradezu riskant. Das Planungsrisiko in der logistischen Kette muß also durch entsprechende Entscheidungsparameter entschärft werden.

3. Stücklisten, Teileverwendungen

Ausgehend von den dispositiven Produktstrukturen werden entsprechende Stücklistenarten (Mengenübersichtsstücklisten, Strukturstücklisten u.s.w.) abgeleitet. Diese Stücklisten werden mit den entsprechenden Daten in der Produktneuanlaufphase sukzessive komplettiert. Sie stellen dabei auch die Basis für den Einkauf dar, der u.a. eine ABC-Anlayse der Teile durchführt. Eine ABC-analytische Beurteilung der Teilestruktur erfolgt dabei nach einkaufsstrategischen Gesichtspunkten bei nachfolgender logistischer Interpretation zur Festlegung der Steuerungs- und Einkaufsmodalitäten. Sie hat zum Ziel, Exotenteile zu eliminieren, die Lieferantenpotenz auszuloten oder JIT-Gesichtspunkte zu realisieren.

In die Stücklistendaten werden anschließend die Planstückzahlen der Querbedarfe eingehängt. In der Praxis ist es gerade für die Gestaltung von Einkaufsmodalitäten wichtig frühzeitig zu wissen, wer bei einem mehrfach verwendeten Teil der interne "Hauptabnehmer" ist, da sich auf dessen Verbrauchsverhalten möglicherweise andersgeartete Rahmenverträge abstützen müssen.

4. Zeichnungsunterlagen, Freigaben, Testberichterstattung.
Schon währen der Neuanlaufphase müssen Konstruktionszeichnungen erstellt, registriert und archiviert werden, um eine eindeutige Dokumentation sicherzustellen. Ganz besonders gilt dies für Testberichte und Freigaben, deren Anstoß und Aktualisierung im Ablauf nachvollziehbar sein soll. Gerade für Dokumentationen oder spätere Nachweispflichten muß hier eine nicht unbeträchtliche Menge von Informationen vorgehalten werden, die später für neue Angebote oder die Nachkalkulation verwendet wird.

5. Terminverfolgung.
Eine besonders wichtige Aufgabe während des Produkneuanlaufes ist der permanente Abgleich betrieblicher Funktionen mit der Terminsituation. Ein Instrument für diese Aufgabe ist eine entsprechende Terminplansytematik. Instrumentarien zur Koordinierung und Kontrolle des Arbeitsfortschritts bei Neuanläufen, bestehend aus einer Meilenstein-Trend-Analyse, Netzplanterminierung und Funktionschecklisten der Bereiche bilden hier wichtige Werkzeuge zur Verbesserung der Transparenz des Termingeschehens.

6. Kostenverfolgung, Kalkulation
Oft unterschätzt, aber entscheidend u.a für die Nachkalkulation, ist eine Kostenverfolgung des Aufwands während der Neuanlaufphase. Einzelfertiger müssen dies generell tun, um bei zukünftigen kundenspezifischen Anfragen mit einiger Sicherheit für ein Angebot kalkulieren zu können. Betriebe mit vielen Produktneuanläufen können aus den Kostenkalkulationen nicht nur die echten Aufwendungen für ein neues Produkt bis zur Serienreife (Entwicklungskosten + Neuanlaufkosten!) erfahren. Es können auch diese Kosten mit den zu erwartenden Rückflüssen aus Verkäufen über die angenommene Marktpräsenz verglichen bzw. abgewogen werden. Es gibt Fälle, wo ein Kostencontrolling Ursache für die Entscheidung einer Einstellung eines neuen Produktes nach sich zog und man sich entschied, trotz des bereits geleisteten Aufwands den Neuanlauf einzustellen.

3. CIM und NPL

3.1 Zwei Welten treffen sich

Um die beiden Inhalte der Begriffe NPL und CIM überhaupt auf eine Vergleichsebene zu ziehen, muß man sich mit dem "Wesen" von NPL und der von CIM vertretenen Welt des "laufenden Geschäftes" auseinandersetzen. Die Charakteristika sind existent, und es hat keinen Sinn, Produktneuanläufe und die ihnen immanente Änderungshäufigkeit zu verleugnen oder zu unterdrücken, nur weil das Charakteristikum Änderungshäufigkeit strukturell schwer umzusetzten ist. Diese Verdrängung ist ein oft anzutreffendes Phänomen und birgt in sich den permanenten Keim für Zielkonflikte, die sich immer wieder herausbilden. Organisationstheoretiker haben übrigens aus diesem Dilemma heraus zum Teil extreme Vorschläge formuliert, um z.B. mit komplementären Organisationsformen diese Problematik zu umgehen. Solche Lösungsvorschläge beinhalten etwa komplementäre, autonome Organisationsformen mit eigenständigem Profitcentercharakter. In dieser Form werden die den Produktneuanlauf betreffenden Arbeiten im Auftragsverhältnis zur bestehenden Organisation abgewickelt, wobei durchaus auch der Freiraum besteht, externe Ressourcen in jeder Form zu nutzen.

Das Wesen des Produktneuanlaufes (**Bild 2**) kann generell umschrieben werden mit der Charakteristik einer hoher Änderungshäufigkeit, einer Atmosphäre des Aufbaus, der permanenten Störung der zuarbeitenden Abwicklungs- und Fertigungsbereiche, kleinen Stückzahlen und dem oft extremen Termindruck.

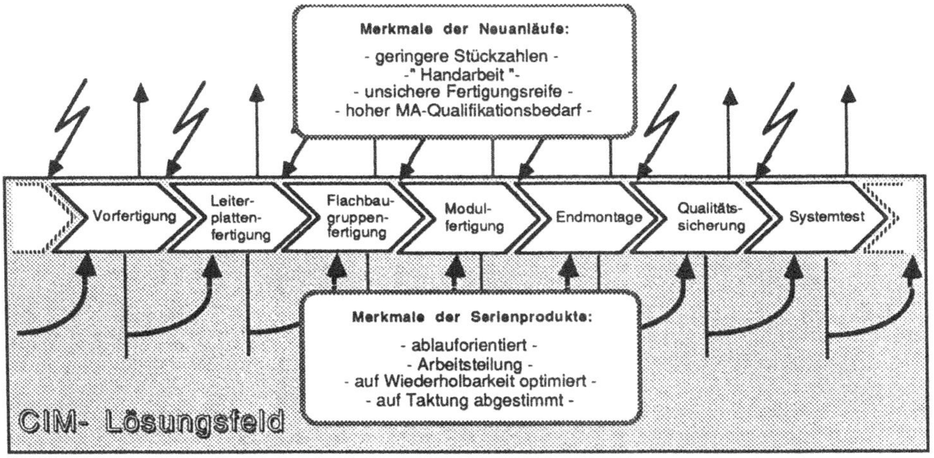

Bild 2 : Merkmale der verschiedenen Umfelder

Dem gegenüber stellt sich das Wesen von CIM durch Wiederholung von Aktionen, Gleichartigkeit der Aktionen, störungsarme Abläufe, (große Stückzahlen) und angestrebte Kontinuität der Abläufe dar. Vergleicht man nun die Wesenszüge von CIM und NPL, so wird klar, wie es um Produktneuanläufe in einer CIM-Umgebung oft bestellt ist, denn die vorhandenen strukturellen Gegebenheiten der Umgebung orientieren sich zwangsläufig, historisch gewachsen, an der Abwicklung des laufenden Geschäftes.

Gerade aber eine neu auf CIM auszurichtende Organisation sollte ja so gestaltet werden, daß sie die vielgepriesene Flexibilität nicht verliert, sondern diese durch datentechnische Möglichkeiten verbessert wird. Im Vordergrund steht deshalb die Organisation, deren Hilfsmittel u.a. eine Informationstechnologie in Form von CIM ist. Auch Produktneuanläufe sind auf die Informationstechnologie angewiesen, wobei ihre spezifischen Instrumente zur Verbesserung der Abläufe in der bestehenden Organisationsstruktur durchaus durch eine CIM-Lösung unterstützt werden können.

3.2. Abdeckungsgrad logistischer Komponenten in CIM

Will man den Abdeckungsgrad logistischer Funktionen in den vorhandenen CIM-Komponenten (**Bild 3**) feststellen, so ist wiederum die Betrachtung der logistischen Kette der Ausgangspunkt.

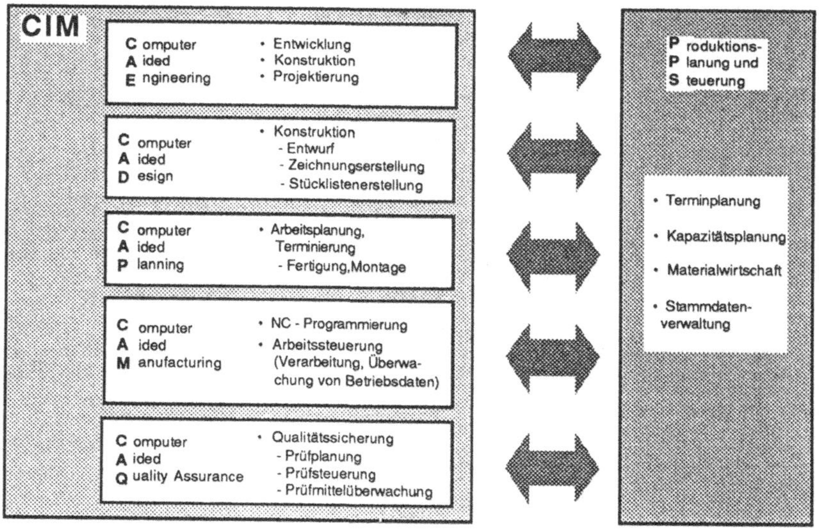

Bild 3 : Aufbau und Schnittstellen von CIM-Lösungen

Es gilt zunächst, die entsprechend genutzten Datenpools zu definieren, um im zweiten Schritt nach einer Strategie zur Nutzung und der möglichen Gemeinsamnutzung zu fragen.

1. Technische und dispositive Produktstrukturen (Aufbau, Strukturierung, Transformierung)

Ein wichtiger Teil innerhalb der Produktneuanlaufphase ist der Aufbau von technischen und/oder dispositiven Produktstrukturen. Sie bilden ja praktisch die Grundlage für eine DV-mäßige Integration. Bis zur Übergabe stabiler Produktstrukturen erfahren die Produkte jedoch viele Änderungen. Die Grunddatenstrukturen von CIM müssen also flexibel genug der Forderung nach Änderung und Variabilität Rechnung tragen. In heutigen CIM-Lösungen ist dies im allgemeinen durch die Möglichkeiten von CAD im Durchstich mit entsprechenden Datenbankkonzepten gegeben, wenngleich vereinzelt eine notwendige Entkopplung der aufgebauten Produktstrukturen bis zur Serienübergabe von anderen DV-Modulen nicht möglich ist (Forderung nach separater Datenhaltung!).

2. Stücklisten, Querverwendung (Aufbau)

Die aus den Produktstrukturen abzuleitenden Stücklistenarten und Querverwendungsnachweise sind sozusagen wichtige Folgeprodukte der Produktstrukturen. Ausgehend von CAD-Systemen wird hier durch die Integrations- und Transformationskomponente in CIM wesentliche Unterstützung geleistet, wobei aber auch hier eine Trennung der Daten von denen des laufenden Geschäftes notwendig ist (Forderung nach seperater Datenhaltung!). Liegen externe Produktstrukturen oder Strukturvorgaben des Abnehmers vor (z.B. externe Stücklistenformare des Kunden), so muß die Datenverarbeitung auch diese verarbeiten können.

3. Stückzahlen (Planzahlenbildung, Kapazitätsbedarfsplanung, Logrößen, Fertigungsmittelplanung)

Die Stückzahlplanung muß für Produktneuanläufe, je nach Entwicklungszeitraum, sehr früh aufgesetzt werden. Sie bildet ja bei der Serienübergabe die Basis für die Kapazitätsbedarfsplanung, die Teilemengen- und die Fertigungsmittelplanung. Gerade bei der Teilebeschaffung ist oft die Wiederbeschaffungszeit der Langläufer gerade noch durch die Zeitspanne bis zur Serie abzudecken. Neben den Risiken der Änderung müssen also auch die Risiken der Mengenplanung abgefangen werden. Die Planungsalgorithmen der CIM-Welt versagen hier fast völlig, da sich das Problem stark auf marktwirtschaftliche Einschätzungen (objektiv) und intuitive Verhaltensweisen (subjektiv) verlagert. Unterstützung können Planungsbausteine in CIM nur z.B. über Prognoseverfahren bieten, wobei eine planerische Anlehnung an das abzulösende Produkt (also Simulation der Stückzahlplanung des neuen Produktes mit den Werten des alten) möglich ist. Insofern ist also die Stückzahlplanung, zumindest in der Neuanlaufphase, nur ungenügend durch CIM-Komponenten unterstützt.

4. Unterlagen (Erstellung, Registrierung, Protokollierung)
Gerade in der Neuanlaufphase entsteht ein hoher Aufwand für die Erstellung, Registrierung und Archivierung von Zeichnungen. Auch Freigabeunterlagen und -protokolle sowie Testberichterstattungen o.ä. sind oft in einer vorgeschriebenen Form zu erstellen und fortzuschreiben. Ausgehend von CAD-Lösungen in CIM-Systemen zur kostenreduzierten Erstellung und Archivierung von Zeichnungen und Konstruktionsplänen bieten hier auch Dokumentationssysteme in den verfügbaren CIM-Lösungen breiten Raum für die Gestaltung (Text und Grafik) und Registrierung auf elektonischem Wege.

5. Terminierung und Terminverfolgung
Eine der wichtigsten Funktionen in der Neuanlaufphase ist die permanente Verfolgung der Terminsituation. Ausgangspunkt sind sogenannte Terminnetzpläne, in denen alle wichtigen Aktionen mit ihrer Abhängigkeit in ein Terminnetz zusammengefaßt und, ausgehend vom Endtermin, terminiert werden. Für diese wichtige Arbeit existieren heute zahlreiche dezentrale DV-Lösungen auf PC-Basis, aber auch integrierte Softwarekomponenten in CIM-Systemen (Netzplantechnik). Entscheidend wäre aber hier eine integrierte Lösung mit der Anbindung an Rückmeldesysteme aus der Fertigung. Solche Lösungen sind aufwendig und lohnen sich nur bei größeren und komplexeren Aufgabenstellungen wie etwa in der Automobilindustrie. Bei einem namhaften Automobilhersteller wird beispielsweise die bestehende DV-Welt dazu genutzt, gezielte Steuerungsinformationen und Statusabfragen aufgrund eines Online-Terminsystems abzuwickeln und die Transparenz der Terminsituation sowie den Projektstatus über Konzentratorfunktionen darzustellen.

6. Steuerungs- und Qualitätsdaten (Erfassung, Auswertung, Protokollierung)
Auch Produktneuanläufe müssen gesteuert, die Prozeßdaten der Produkte selbst erfaßt, ausgewertet und protokolliert werden. Eine ausgeprägte Betriebsdatenerfassungssystematik (BDE) in einem CIM-System kann diese Anforderungen im allgemeinen gut abdecken, weil diese Anforderungen auch die des laufenden Geschäftes sind.

7. Kostenverfolgung, Kalkulation

Das allgemeine Kostencontrolling ist ein zentraler Bestandteil von CIM-Systemen. Gerade der Integrationscharakter von Büro- und Fertigungsdaten bietet in Verbindung mit den Entwicklungsdaten eine gute Möglichkeit, auch die Kostentransparenz von neuanlaufenden Produkten zu erhöhen. Im allgemeinen können dabei auch verschiedene Kostenrechnungsarten zum Einsatz kommen.

3.3. Nutzung gemeinsamer Informations- und Organisationsstrukturen

Bei modernen CIM-Lösungen, die besonders auf den ganzheitlichen Aspekt abzielen, entststeht oft vor der Implementierung der DV-Landschaft ein Handlungsbedarf im Bereich der Organisationsentwicklung. Für Neuanläufe bedeutet dies, daß man bei der Neugestaltung der Aufbau- und Ablauforganisation auch Ansprüche des Produktneuanlaufgeschäftes berücksichtigen sollte. In der Praxis wäre z.B. der Aufbau einer funktionellen Stelle zur Abwicklung und Steuerung der Produktneuanläufe anzusprechen, die die oft fehlende Koordinierung von Entwicklung, Disposition und Fertigung übernimmt.

Die gemeinsam zu nutzenden Informationsstrukturen stellen eine weitere Anforderung an die CIM-Lösung. Die heute mehr oder weniger pefekt eingesetzten PPS-Systeme, auch in einer in CIM integrierten Verfahrenskette, decken die spezifische NPL-Systematik nur zu einem geringem Teil ab. Ein wichtiger Grund liegt u.a. darin, daß eindeutige Produktbeschreibungen durch Stücklisten und Arbeitspläne vorausgesetzt werden. Die dabei noch Veränderungen unterworfenen Produkte sind in der PPS-Logik kaum berücksichtigt und können deshalb nicht entsprechend verarbeitet werden.

Will man der Produktneuanlauflogistik im Rahmen von CIM Rechnung tragen, so muß die Forderung an ein DV-unterstütztes Informationssystem die Zusammenführung und Verarbeitung aller Produktneuanlaufinformationen für alle Beteiligten sein (**Transparenzaspekt**). Weiterhin muß es als Frühwarnsystem dienen können, da gerade das Termincontrolling wegen der durch Abhängigkeiten geprägten Neuanlaufphase einen hohen Stellenwert besitzt (**Reaktionsaspekt**). Alle dafür erforderlichen Daten müssen in einer Art Anlaufdatensystem verarbeitet werden können, um sie letztlich für Statusberichte verdichten zu können (**Entscheidungsaspekt**). Wesentlich dabei ist, daß es keine redundante Speicherung von Anlauf- und Seriendaten geben darf, z.B. durch getrennte Bestandsinformationen (**Datentrennungsaspekt**).

4. NPL-Anforderungen an CIM-Lösungen

4.1. Computer Aided "Neuanläufe" ?

Bis jetzt bezogen sich die Ansätze und Aussagen auf eine Fertigungs- und Produktstruktur, wie sie in High-Tech-Betrieben, in denen elektronische Geräte hergestellt werden, vorherrscht. Man kann diese Betrachtungen aber auch auf mittelständische Verhältnisse ähnlicher Produktkomplexität übertragen, wenn man deren strukturelle Situation berücksichtigt. Das ist wichtig, weil das Wesen des Produktneuanlaufes hier eine andere Dimension bekommt.

Mittelständische Unternehmen der Elektronikbranche haben in der Regel Kleinserienfertigung im Werkstattprinzip. Größere Serien werden oft nur in einer oder zwei Wertschöpfungsstufen bearbeitet. Die Neuanlaufproblematik bei mittelständischen Einzelfertigern (z.B. Maschinenbau, Anlagenbau) liegt in deren Struktur begründet d.h. bei ihnen ist jedes Produkt ein Neuanlauf. Die Probleme der Produktneuanläufe sind unter diesen Verhältnissen mit der hohen Flexibilität einer flachen Organisation hervorragend zu meistern. Bei der sich immer weiter entwickelnden Informationstechnologie im mittelständischen Bereich stellt sich deshalb die Frage, ob wir jetzt noch ein "CAN", ein Computer Aided "Neu(!)anläufe" brauchen, um die Abläufe noch effizienter zu gestalten, oder ob die Anforderungen der Produktneuanlauflogistik von der heutigen CIM-Umgebung abgedeckt werden können. Um dies zu beantworten, muß man den Neuanlaufzyklus einer genaueren Betrachtung unterziehen.

Beginnend bei der Planung/Entwicklung/Konstruktion müssen, bezogen auf das Produkt, die Konstruktionstätigkeiten den Produktentwicklungsphasen zugeordnet werden. Einmal mittels eines CAD-Systems erzeugte Daten sollten sich über die integrative Komponente trotzdem redundanzfrei verarbeiten lassen und in den Modulen zur Archivierung, Zeichnungsfreigabe, Arbeitsplanung, NC-Programmierung, u.s.w. für eine Weiterverarbeitung zur Verfügung stehen. Um nun die Umsetzung der CAD-Daten über die Verfahrenskettensystematik zu erreichen (also als echten "Durchstich" über die Arbeitsplanung in die Fertigungsebene) ist gerade CIM mit seiner Integrationssystematik eine notwendige Basis.

Weitere Verknüpfungsmöglichkeiten, wie etwa zwischen der Entwicklung und den dispositiven und kaufmännischen Bereichen lassen sich bereits heute im Sinne der Produktneuanlauflogistik recht erfolgreich realisieren. Im Hause SIEMENS ist z.B. ein

Verfahren im Einsatz, das gemeinsame Funktionen abdeckt. Es ist ein DV-Grunddatensystempaket zur Erfassung, Bearbeitung und Pflege der Erzeugnis-, Unterlagen- und Vorgangsnummernsystematik einschließlich deren Attribute und der strukturellen Verknüpfungen. Das heißt z.B Abbildung der vollständigen Erzeugnisstruktur vom Bauelement bis zur verkaufsfähigen Einheit, Archivierung des gesamten Änderungslebenslaufes während der Neuanlaufphase (und in der Serie) und Festlegung eindeutiger Ausgabestände innerhalb der Fertigungsstruktur.

Ab dem Zeitpunkt der konkretisierten Funktionsmuster werden dabei durch die Entwicklung die verwendeten Bauteile sowie die technische Struktur des Produktes sukzessive online am DV-Terminal aufgebaut. Die Disposition setzt nun ihrerseits auf diesen Daten auf und stößt über den Einkauf Baunummernanträge an, entwickelt die dispositiven Produktstrukturen und setzt die notwendigen Kennungen für die spätere Abwicklung mit anderen DV-Programmen (Trennungsaspekt !).

Die Produktstrukturdaten bilden in Folge auch die Basis der arbeitsplanerischen Tätigkeiten in der Produktanlaufphase. Dazu gehören u.a. die Generierung von Arbeitsplänen mit den erfoderlichen Grunddaten aus dem "laufenden Geschäft" (Durchlaufzeiten, Losgrößen u.s.w.). Auch die notwendige DV-maschinelle Umsetzung von Produktstrukturinformationen in die entsprechenden Maschinendaten (NC-Programme) selbst für verschiedenartige NC-Steuerungen, kann heute abgedeckt werden.

Ein wichtiger Punkt im Rahmen des Termincontrolling (aber auch des Kostencontrolling) bei Produktneuanläufen ist der Rückfluß aus der BDE-Ebene. In Form von Rückmeldedaten und Steuerungsdaten für die Teile- und Komponentensteuerung werden die DV-Verbindungen zum Fertigungsbereich genutzt, um mit aktuellen Daten nicht nur die terminliche Transparenz der Produktneuanläufe zu erhöhen, sondern auch um den so wichtigen Reaktionszeitraum verkürzen zu helfen.

Alle diese Möglichkeiten und Ansätze zeigen, daß ein Computer Aided "Neuanläufe" durchaus in einer CIM-Konzeption vorhanden ist. Die Funktionen müssen jedoch größtenteils getrennt von der Datenwelt des laufenden Geschäftes aufgebaut und gehalten werden (abgesehen von NPL-spezifischen Instrumentarien, die sowieso dezentral und autonom eingesetzt werden).

4.2. NPL als Basis der Serie

Die Produktneuanlauflogistik ist geprägt von dem Ziel, einen terminlich fixierten, reibungslosen Übergang in die Serieproduktion zu erreichen. Die Übergangsphase zur Serienfertigung ist deshalb gekennzeichnet von der Übernahme der Datenstrukturen und Informationswerten in die DV-Welt des laufenden Geschäftes. Voraussetzung dafür ist eine entsprechende Datenbankkonzeption innerhalb der CIM-Lösung, die in ihrer Flexibilität diese Einbindung ohne Unterbrechung der laufenden Geschäfte erlaubt. Die serienreifen Produkte müssen also in die allgemeine Planungslogik der Fertigungsprogrammplanung innerhalb der PPS eingebunden werden.

Da hinter jedem Neuanlauf oft auch auch ein Produktauslauf steht, ist auch bei allen Überlegungen die Auslaufphase des abzulösenden Produktes ins Kalkül zu ziehen. Für die terminliche Ablösung muß deshalb im entsprechenden Zeitraum das abzulösende Produkt datentechnisch aus der Planungsebene herausgenommen werden ("Verrechnung" gegen das neue Produkt). In den CIM-Konzeptionen kann dies Schwierigkeiten mit sich bringen, da viele CIM-Lösungen gekoppelte Planungsbausteine zur Disposition haben. Gerade für die Auslaufprodukte müssen ja in verstärktem Maße durch Ersatzteilverpflichtungen oder aus Wartungsgründen heraus definierte Resteindeckungen terminlich auf andere Laufzeiten disponiert werden.

4.3. NPL-Strategien und CIM-Rahmen

Der wohl wichtigste Schritt, um NPL-Strategien in einem CIM-Rahmen zu umzusetzen, ist das "in den Griff bekommen" der Organisation auf der Basis der neuen Ziele. Je nach Fertigungsstruktur und/oder Produktprofil ist dabei eine kombinierte Anpassung der Abläufe beim Aufbau von CIM anzustreben. Gerade bei Unternehmen mit hochinnovativen Produkten (z.B. High-Tech- und Konsumgüter-Industrie) oder bei klassischen Serienfertigern ist dieses Vorhaben schwieriger und deshalb umso notwendiger und konsequenter anzugehen. Themen wie verkettete Fertigung, eigene Neuanlaufzonen in den Bereichen, Nutzung der bestehenden DV-Umwelt für Prozeßsteuerung oder eigene Fertigungsauftragsabwicklung der Neuanläufe u.s.w. sind hier umzusetzen. Bei allen Bestrebungen sollte aber das Ziel verfogt werden, die bestehende Flexibilität zu erhalten. Gerade mittelständische Firmen schöpfen aus ihrer flachen, durchgängigen Organisation diese hohe, für ihr Geschäft existenzsichernde Flexibilität, die auf keinen Fall durch eine bedingungslose CIM-Orientierung in Frage gestellt werden darf.

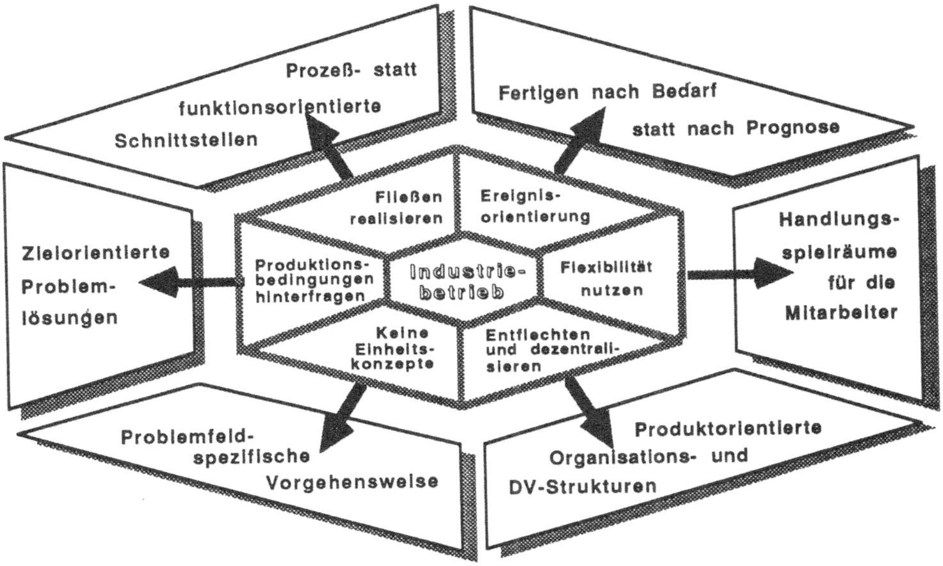

Bild 4 : CIM-Ziele

Die Strategien moderner Industrieunternehmen im Lichte der CIM-Ziele (**Bild 4**) sollten bei allen Schwierigkeiten der gemeinsamen Betrachtung von funktionellen Lösungen aber auch die klassischen Vorteile der Datenverarbeitung nutzen. Zentrale und dezentrale Funktionen können heute in der Datenverarbeitung auch DV-technisch getrennt werden. Besonders die Entwicklung der Personalcomputer mit der Anbindungsmöglichkeit an Großsysteme bietet die Möglichkeit einer individuellen, dezentralen Verarbeitung von Ausschnitten aus großen Datenpools, die auf diese Weise entkoppelt vom laufenden Geschäft gehandhabt werden können. Hier ist ein Weg vorgezeichnet, auch die Produktneuanlauflogistik unter den veränderten Bedingungen in der Zukunft befriedigender und effizienter mit CIM gestalten zu können.

Strategie zur Entwicklung eines CIM-Systems

Dr. Jörg Becker
Institut für Wirtschaftsinformatik
Universität des Saarlandes

6600 Saarbrücken

Gliederung

1. Ziele

Der Weg zu CIM kann grundsätzlich nur ein unternehmensspezifischer Weg sein, bei dem, ausgehend von der vorzufindenden Situation, eine Strategie zur Integration der Teilfunktionen entwickelt wird.

Grundlage jeder CIM-Strategie müssen einige generelle Überlegungen zur Stellung des Unternehmens am Markt sein:

- Will das Unternehmen durch niedrige Kosten die gewünschte Stellung am Markt erreichen?
- Ist oberstes Ziel eine höhere Qualität als bei den Mitbewerbern?
- Will sich das Unternehmen durch besonders kurze Lieferzeiten auszeichnen?
- Soll die Anpassungsfähigkeit an die Markt- und damit Kundenanforderungen, also eine hohe Produktvielfalt, dominierend sein?

Die Ausrichtung der Marktstrategie des Unternehmens beeinflußt nicht unerheblich die Gestaltung des Integrationskonzeptes.

Aus der Marktstrategie müssen die spezielleren Ziele für die CIM-Strategie abgeleitet werden, die gemäß Abbildung 1 definiert werden können.

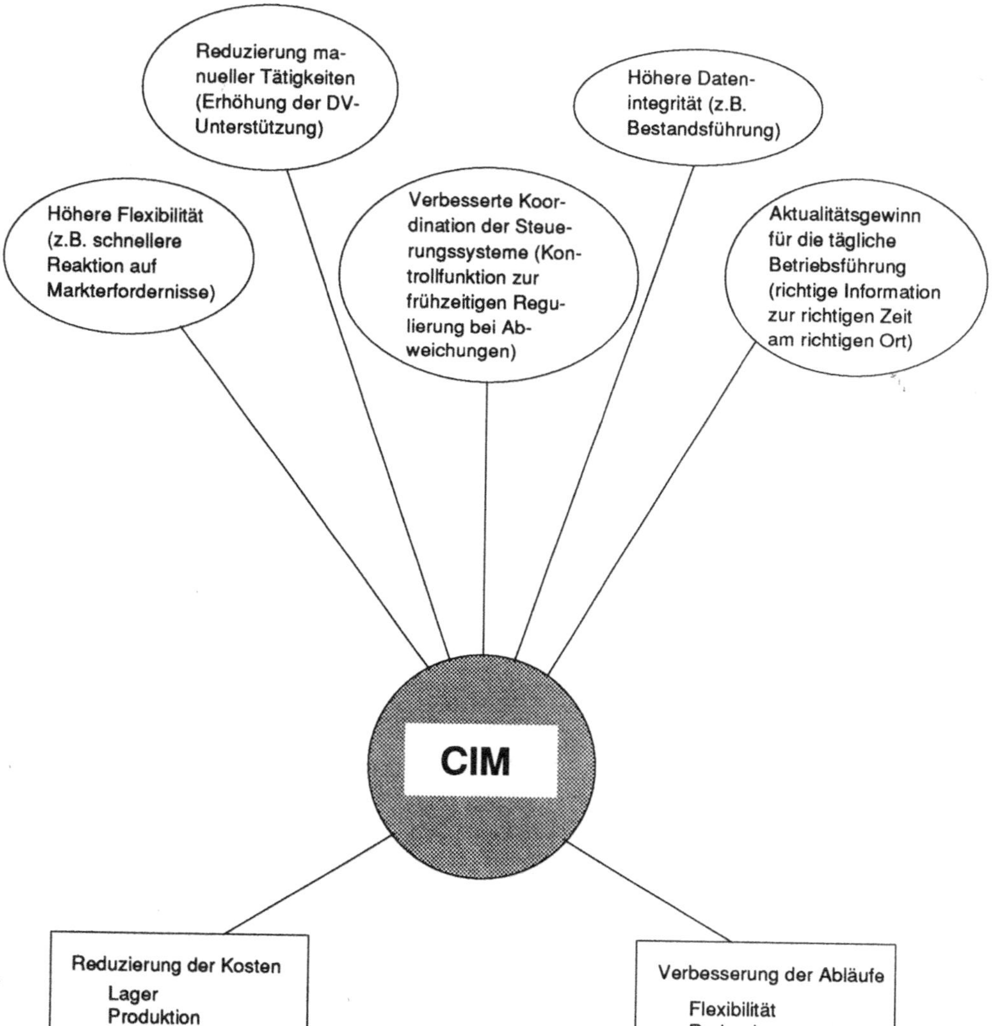

Abbildung 1: Ziele für die CIM-Strategie

Aus den CIM-Zielen ergibt sich die Zielsetzung für das Projekt, das die CIM-Strategie erarbeiten soll, die im konkreten Fall wie in Abbildung 2 dargestellt, aussehen kann.

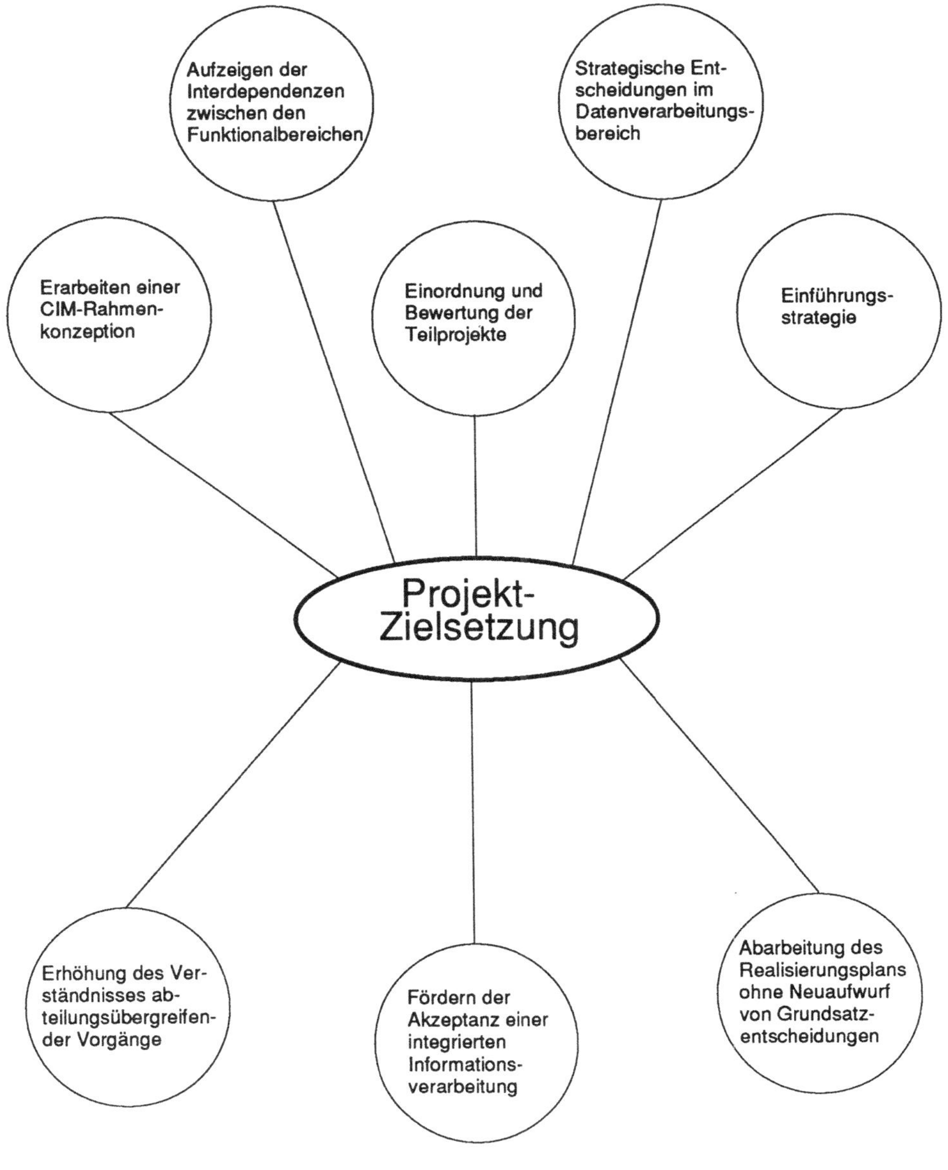

Abbildung 2: Ziele für ein CIM-Projekt

2. Der CIM-Abdeckungsgrad

Im Rahmen der Istanalyse sind bestehende Abläufe, organisatorische Strukturen und EDV-Systeme zur Unterstützung der Abläufe festzuhalten und zu bewerten. Dabei sind die Schwachstellen in der Organisation und in den EDV-Systemen aufzuzeigen.

Als Darstellungsmittel zur Analyse der bestehenden Abläufe können Vorgangskettendiagramme herangezogen werden, die die Abläufe, die Art der EDV-Unterstützung (keine, Batch, Online) und die benutzte Datenbasis aufzeigen. Die Diagramme verdeutlichen Brüche zwischen manueller Bearbeitung und EDV-gestützter Bearbeitung, redundante Vorgänge sowie mehrfach geführte Datenbestände.

Ein Beispiel für eine Vorgangskette eines nichtintegrierten Ablaufs zeigt Abbildung 3.

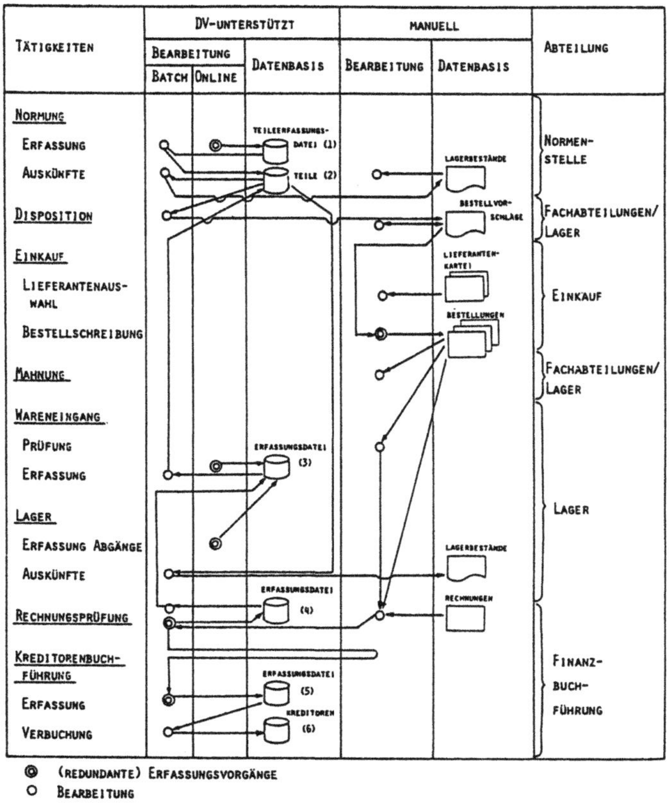

Abbildung 3: Vorgangskette eines nichtintegrierten Ablaufs (aus Scheer, 1987, S. 22)

Aufgrund der Vorgangskette ist eine Bewertung vorzunehmen, inwieweit die Einzelbereiche von CIM EDV-mäßig und organisatorisch integriert unterstützt werden.

3. Interdependenzen zwischen den CIM-Moduln

Im Mittelpunkt der Entwicklung einer CIM-Strategie steht die Ermittlung der funktionalen Interdependenzen zwischen den einzelnen CIM-Moduln. Hier ist im Rahmen des Sollkonzeptes herauszuarbeiten, welche datenmäßigen Verbindungen und funktionalen Überschneidungen zwischen den Bereichen bestehen oder hergestellt werden sollen. Datenmäßige Verbindungen können sich auf Stammdaten und Bewegungsdaten beziehen. Der Betriebsmittelstammsatz wird sowohl im CAP- als auch im CAD-System, im Kapazitätswirtschafts- wie im Instandhaltungssystem und in der Finanzbuchhaltung (Anlagenwirtschaft) benötigt. Eine Fertigteilentnahme aus dem Lager (als Änderung von Bewegungsdaten) führt im Materialwirtschaftssystem zu einer Lagerbestandsänderungsbuchung, im Auftragsabwicklungssystem zu einer Rückmeldung auf einen offenen Auftrag und im Fakturiersystem zum Anstoß der entsprechenden Rechnung.

Dabei ist zu beachten, daß die meisten betrieblichen Vorgänge eine mengenmäßige Änderung in den Datenbeständen der planerisch-dispositiven Systeme der Produktionsplanung und -steuerung und eine wertmäßige Änderung in den Datenbeständen der betriebswirtschaftlich-administrativen Systeme (Finanzbuchhaltung, Kostenrechnung, Personal) verursachen.

An einigen Beispielen sollen die Dateninterdependenzen aufgezeigt werden:

Traditionellerweise werden in der Konstruktion, eventuell unter Zuhilfenahme eines CAD-Systems, die Zeichnungen der Werkstücke wie auch der Werkzeuge und Betriebsmittel erstellt. Im Materialwirtschaftssystem des PPS-Systems werden die Materialstammsätze gepflegt und die Stücklisten angelegt. Bei der Konstruktion eines Teils sollte - soweit möglich - auf vorhandene Teile zugegriffen werden, um die Teilevielfalt nicht unnötig ansteigen zu lassen.

Dazu ist es notwendig, daß der Konstrukteur auf Teile-Informationen zugreifen kann. Diese Teile-Informationen sollten natürlich genauso zutreffend und aktuell sein wie im Materialwirtschaftssystem (damit es z. B. nicht passieren kann, daß der Konstrukteur ein Teil verwendet, das im Materialwirtschaftssystem bereits mit dem Auslaufkennzeichen versehen ist).

Da der Konstrukteur nicht unbedingt die Materialnummer eines gesuchten Teils kennt, muß es ihm möglich sein, über ein Materialklassifikationssystem auf ein gewünschtes Teil zuzugreifen. Dabei tastet er sich über Hierarchiestufen von Materialgruppen (z. B. Hilfsstoffe - Verbindungselemente - Schrauben - Metallschrauben) zur gewünschten Materialklasse (Sechskantschrauben) vor oder gelangt über Schlagwörter (Schrauben, Kopfschrauben, Innengewinde-Schrauben) direkt zur gesuchten Materialklasse. Er gibt dann innerhalb der Materialklasse die entsprechenden Ausprägungen zu den in der Materialklasse festgelegten Sachmerkmalen (z. B. Gewindeart, Durchmesser, Länge des Schaftes) an. Das Materialklassensystem verweist dann auf die entsprechenden Materialstammsätze, die den geforderten Kriterien genügen.

Ebenso benötigt der Produktionsplaner ein Materialklassifikationssystem, um schnell auf gesuchte Teile zugreifen zu können.

Auch sind im Zuge der Reduzierung der Teilevielfalt auf Baugruppenebene Normteilekataloge für die Konstruktion und die Produktionsplanung gleichermaßen von Bedeutung.

Im Rahmen des Konstruktionsprozesses werden die Stücklisten der Teile festgelegt. Auch hier erfordert die Neu-Eingabe der Daten im PPS-System, wie heute praktiziert, unnötigen Zeitaufwand und ist eine häufige Fehlerquelle. Änderungen an der Stückliste eines Teils, resultieren sie nun aus fertigungstechnischen (PPS-System) oder aus konstruktiven Gegebenheiten (CAD-System), sollten grundsätzlich in beiden Bereichen aktuell ersichtlich sein.

Die Integration zwischen CAD und Materialwirtschaft vollzieht sich über konsistente Informationen, welche die

- Materialstammsätze inkl. Normteilekataloge,
- Stücklisten,
- Materialklassifikation (vgl. Abbildung 4)

betreffen.

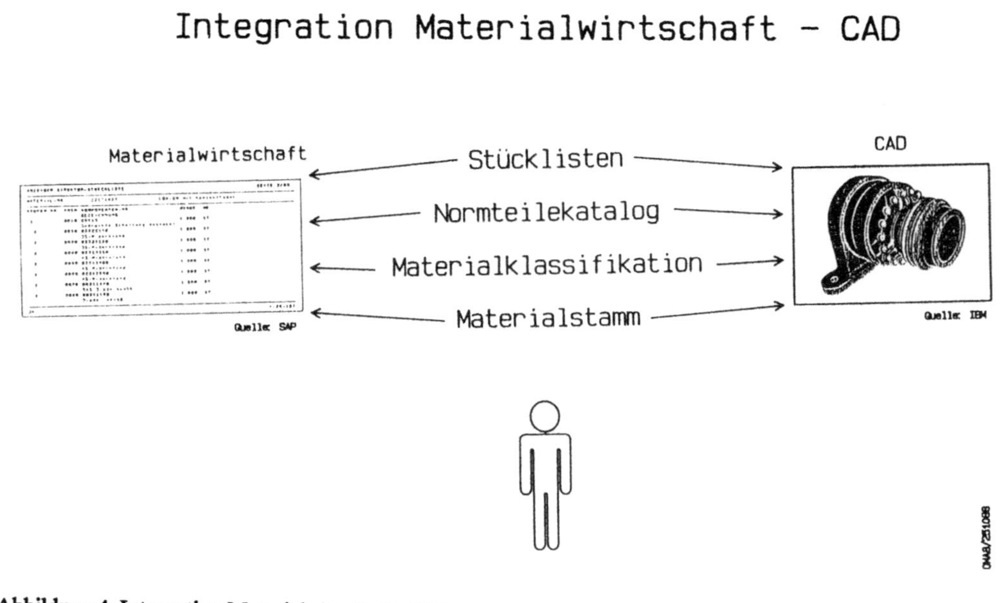

Abbildung 4: Integration Materialwirtschaft-CAD

Daneben hat der Bereich CAD Verknüpfungen zu fast allen anderen Bereichen im CIM-System, wie Abbildung 5 verdeutlicht.

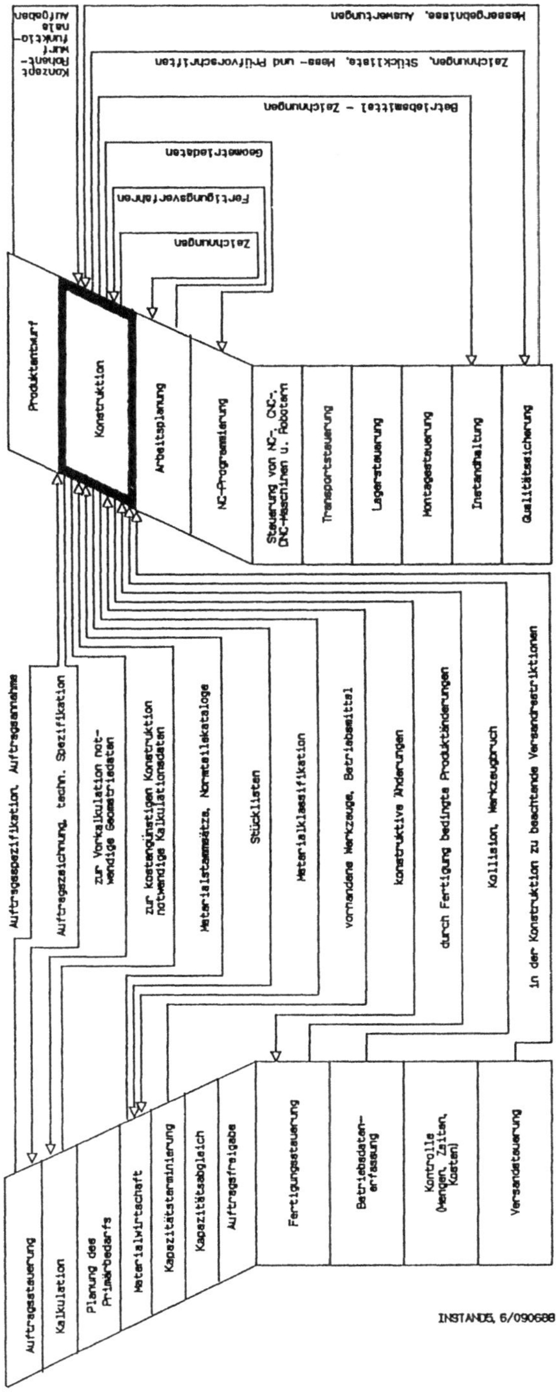

Abbildung 5: Interdependenzen des Bereiches CAD

Die Abbildungen 6 und 7 zeigen die Interdependenzen der Bereiche Materialwirtschaft und Instandhaltung auf.

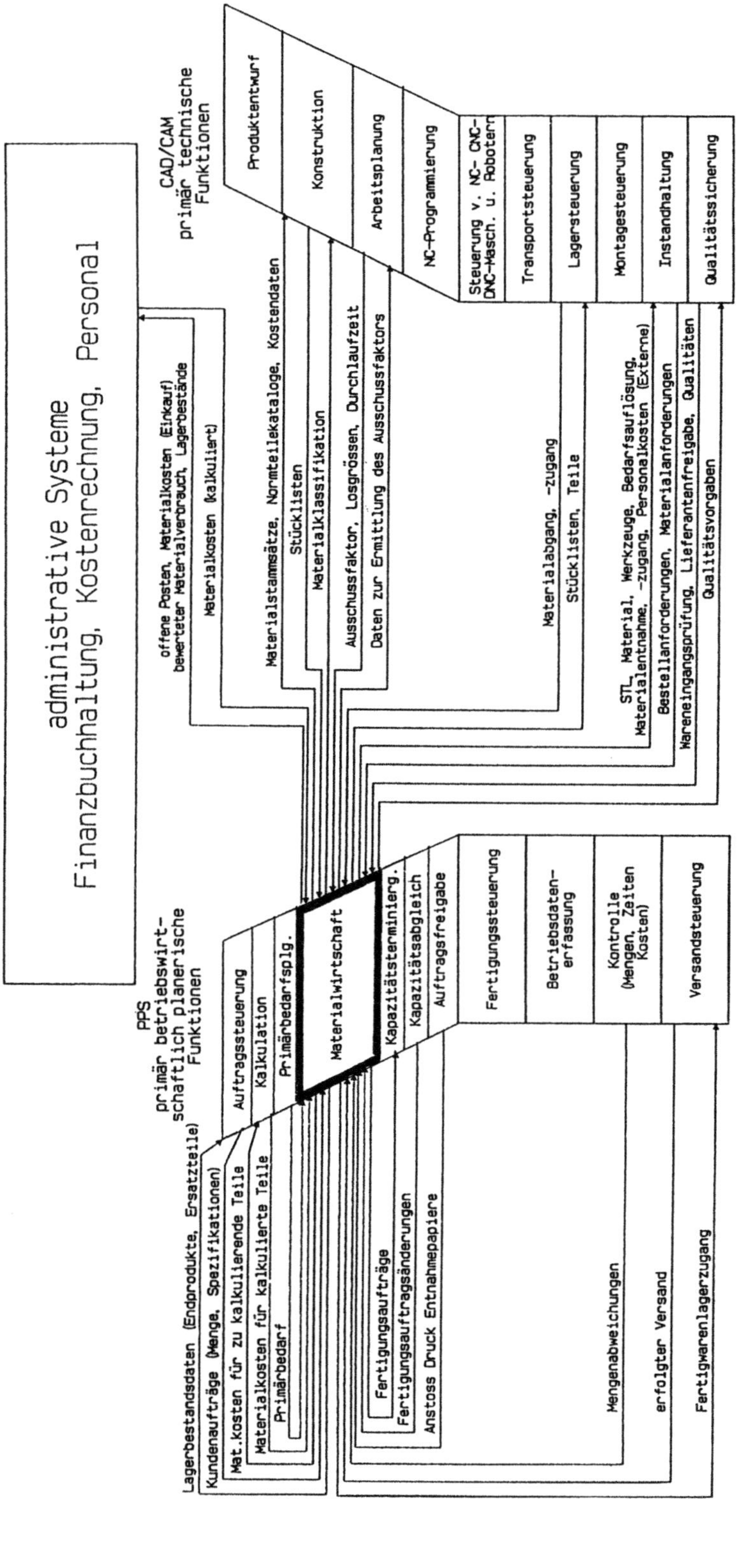

Abbildung 6: Interdependenzen des Bereiches Materialwirtschaft

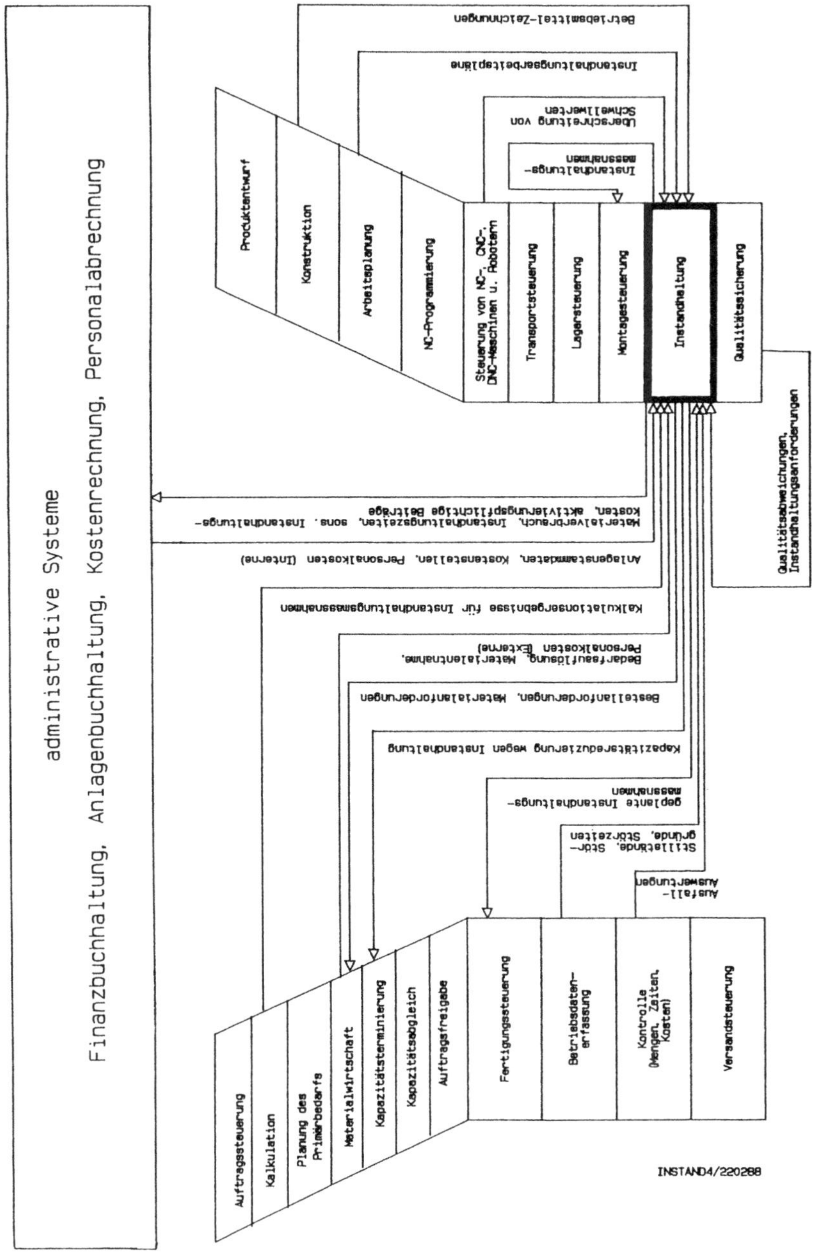

Abbildung 7: Interdependenzen des Bereiches Instandhaltung

Die Interdependenzen der Instandhaltung zeigen nicht nur Datenverbindungen mit anderen Bereichen, sondern auch funktionale Überschneidungen. So wird ein Funktionsmodul zur Lagerverwaltung (Zubuchung, Abbuchung, Umbuchung) sowohl in der Materialwirtschaft als auch in der Instandhaltung benötigt. Hier sollte **ein** Modul vorhanden sein, das von beiden Systemen genutzt wird.

4. Entscheidungen zur EDV-Lösung

Das informations- und kommunikationstechnische Konzept innerhalb der CIM-Strategie muß sicherstellen, daß die notwendige Rechnerintegration mit den entsprechenden EDV-Mitteln erreicht werden kann. Hier sind die Rechnerhierarchie, die einzusetzenden Betriebssysteme, die Datenbanken und die durch Standardsoftware abzudeckenden Bereiche festzulegen.

Auch die Entscheidungen über Einsatz und Technik von Bürokommunikation und individueller Datenverarbeitung gehören zum informationstechnischen Konzept.

Eine besondere Stellung nimmt dabei die Entscheidung über den Einsatz von Standardsoftware ein.

Waren früher die meisten EDV-Systeme Individualsysteme, d. h. für einen bestimmten Benutzer geschriebene Programmpakete, so setzen sich heute mehr und mehr Standardsoftware-Systeme durch. Ein Standardsoftware-System ist ein EDV-System für betriebliche Funktionsbereiche, das unabhängig von einem Kunden für eine Vielzahl potentieller Kunden entwickelt wurde.

Es gibt Standardsoftware-Systeme für bestimmte Branchen und branchenübergreifende Systeme für einzelne oder mehrere Bereiche. Wenn eine Integration über mehrere Bereiche, wie Vertrieb, Beschaffung, Lagerwesen, Disposition, Kapazitätsterminierung und Auftragsfreigabe vorliegt, spricht man von einer Standardsoftware-Familie.

Ausgehend von den betrieblichen Funktionsbereichen, die leicht vereinheitlicht werden können, wie Finanzbuchhaltung oder Nettolohnberechnung, werden mittlerweile auch Bereiche, die größere Abweichungen zwischen unterschiedlichen Unternehmen aufweisen, durch Standardsoftware-Produkte abgedeckt, wie z. B. Produktionsplanung oder Fertigungssteuerung.

Die Unterschiede können durch Parametrisierung der Software oder eigenentwickelte Zusätze an sogenannten User Exits realisiert werden, ohne daß der Programm-Code geändert werden muß. Die Programme bleiben somit für den Softwareanbieter wartbar, der periodisch in neuen Releases Anpassungen an die Weiterentwicklung des Rechners, des Betriebssystems oder der Datenbank einbeziehen kann bzw. veränderte Funktionen zur Verfügung stellt.

Dadurch, daß die Standardsoftware so angelegt ist, daß **unterschiedliche** Abläufe innerhalb eines Funktionsbereiches abgedeckt werden, ist es möglich, daß die Software ohne Änderungen im Programm durch Veränderung der Parameter an wechselnde betriebliche Anforderungen angepaßt werden kann.
Ebenso können unterschiedliche Bedürfnisse unterschiedlicher Werke, die zu einem Unternehmen gehören, in **einem** System abgedeckt werden.

Der Einsatz von Standardsoftware weist vor allem folgende Vorteile auf:

- o geringe Beschaffungskosten
- o geringe Pflege- und Wartungskosten
- o Zeitgewinn
- o geringe Belastungen der EDV-Abteilungen (Einsatz für standardmäßig nicht gelöste Probleme)
- o Anpassungsmöglichkeiten an wechselnde betriebliche Anforderungen
- o Daten- und Funktionsintegration bei Einsatz einer Software-Familie

Beim Kostenvergleich von Standardsoftware und Individualentwicklung ist die Kostenrelation bei der Entwicklung von Software zu beachten.

Der Entwurf, der bei der Entwicklung eines Systems etwa 35 % der Kosten ausmacht, nimmt auch bei Einsatz von Standardsoftware einen beträchtlichen Teil der Kosten in Anspruch, da in der Vorphase der Implementierung der Auswahlprozeß aus der Menge der angebotenen Systeme steht. Nicht selten ist dieser Prozeß ebenso aufwendig wie der Entwurf eines eigenentwickelten Systems. Die Implementierung, die mit etwa 20 % der Kosten zu Buche schlägt, ist bei Einsatz von Standardsoftware weniger aufwendig, auch der Test (etwa 45 %) nimmt weniger Zeit in Anspruch.
Insgesamt ist die Kostenersparnis von Standardsoftware gegenüber der Eigenentwicklung eines Systems bis zur ersten Einführung nur mittelmäßig groß.

Der Kostenvorteil der Standardsoftware kommt erst bei Einbeziehung der Folgekosten der Wartung voll zum Tragen. Hier ist das Einsparungspotential wesentlich größer. Da die Wartungskosten etwa 75 % der Gesamtkosten bei der Eigenentwicklung von Software ausmachen, stellt sich der volle Nutzen der Standardsoftware erst über die Zeit ein.

Standardanwendungssoftware wird angeboten für:

- Vertrieb/Verkaufsabwicklung,
- Einkauf,
- Produktionsplanung mit
  -- Materialwirtschaft (Disposition, Lagerwesen),
  -- Kapazitätswirtschaft,
- Fertigungssteuerung
  -- als Teil des PPS-Systems,
  -- als eigenständiges System (z. B. Leitstand),
- CAD (inkl. Kopplung NC-Programmierung).
- Instandhaltung,
- CAQ.

Als Softwarefamilie sind die Funktionsbereiche Produktionsplanung, Vertrieb, Einkauf und die administrativen Systeme Kostenrechnung, Finanzbuchhaltung und Personalabrechnung erhältlich. Hier ist eine Integration auf der Daten-, Funktions- und Modulseite weitgehend erreicht. Auch eine Schnittstelle zwischen CAD-Systemen und NC-Programmiersystemen wird von einigen Software-häusern standardmäßig angeboten.

In die Fertigungssteuerung, z. B. bei einigen Leitstandssystemen, sind teilweise BDE-Aufgaben integriert, so daß auch hier ansatzweise von einer Software-Familie gesprochen werden kann.

Anhand der folgenden Kriterien sollte über den Einsatz von Standardsoftware entschieden werden:

- Funktionalität der Standardsoftware
- Flexibilität der Standardsoftware (Parametrisierbarkeit)
- Realisierung unterschiedlicher Konzepte von verschiedenen Werken
- Integrationspotential einer Software-Familie (Funktions- und Datenintegration)
- Funktionalität bereits bestehender oder in Entwicklung begriffener Softwaresysteme
- Datenintegration mit allen anderen nicht durch Standardsoftware abgedeckten Bereichen
- Kosten der Standardsoftware bzw. der Eigenentwicklung sowie der folgenden Pflege und Wartung

Ein geplanter Einsatz von Standardsoftware beeinflußt - neben anderen Faktoren - die Einführungsreihenfolge von CIM-Moduln (vgl. Kap. 5).

Im **kommunikationstechnischen** Konzept ist festzulegen, wie die Kommunikation

- innerhalb der Produktion,
- innerhalb des Unternehmens und
- mit den Marktpartnern

realisiert werden soll.

Hier sind Entscheidungen zu treffen über lokale Netze (local area networks - LAN) und werksübergreifende Netze (wide area networks - WAN). Bei den Entscheidungen über local area networks ist zu überprüfen, inwieweit herstellerunabhängige Netze eingesetzt werden können. Das ursprünglich von General Motors initiierte Netzprotokoll MAP (Manufacturing Automation Protocol), das von nationalen und internationalen Standardisierungsgremien weiterentwickelt wird, definiert nicht nur, wie die technisch-physikalische Übertragung von Informationen zu realisieren ist, sondern legt auch die darüberliegenden Schichten des Übertragungsprotokolls bis zur Anwendungs-zu-Anwendungs-Kommunikation fest. MAP ermöglicht die Übertragung von Daten zwischen unterschiedlichen Rechnern und zwischen Rechnern und Maschinen.

5. Einführungsstrategie

In der Einführungsstrategie sind Reihenfolge und gegenseitige Abhängigkeit der Projekte zur Realisierung des Gesamtkonzeptes festzulegen. Dabei haben mehrere Faktoren Einfluß auf die Einführungsreihenfolge. Dort, wo die in der Istanalyse erkannten größten Schwächen innerhalb der Unternehmung liegen, kann der Beginn der Realisierung des Rahmenplans liegen. Auch der EDV-Durchdringungsgrad kann Hinweise zur Festzulegung der Projektabfolge geben, ebenso die in einem Bereich auszuführenden Funktionen und seine Interdependenzen zu anderen Bereichen. Ein Bereich, der viele Daten an andere Bereiche weitergibt, von diesen aber selbst nur wenige Daten empfängt, sollte vor einem anderen Bereich EDV-technisch realisiert werden, der hauptsächlich Datenauswertungsfunktion hat und kaum weitere Bereiche bedient.

Letztlich kann auch die EDV-Strategie selbst Auswirkungen auf die Implementierungsstrategie haben. Die Festlegung einer neuen Rechnerhierarchie, der Wechsel von Betriebssystemen oder Datenbanken, die Installation neuer Netze wird die Realisierung der Anwendungs-Software-Projekte nach hinten verschieben.

Beim Einsatz von Standardsoftwaresystemen sollten die davon betroffenen Bereiche, sofern die anderen Einflußfaktoren nicht dagegen sprechen, zunächst realisiert werden, da in der Standardsoftware die Datenstrukturen der dort benötigten Daten festgelegt werden und die angrenzenden eigenentwickelten Systeme diese Datenstruktur nutzen können. Auch die Realisierung der Schnittstellen ist einfacher, wenn man sich mit den eigenentwickelten Datensätzen der von der Standardsoftware vorgegebenen Struktur anpassen kann (vgl. Abbildung 8).

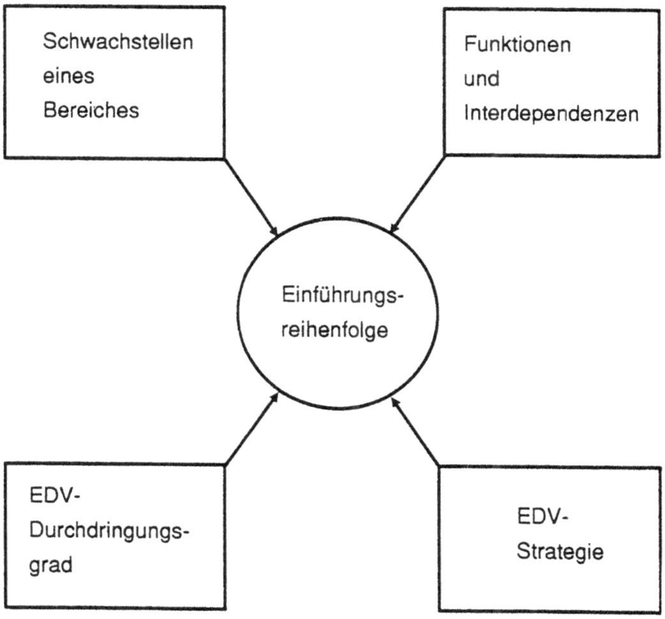

Abbildung 8: Einflußfaktoren für die Einführungsstrategie

6. Grundsatzentscheidungen der CIM-Strategie

In der Erarbeitung des Sollkonzeptes sind Arbeitskreise mit abteilungsübergreifenden Teams, evtl. unter Hinzuziehung von externen Beratern, zu bilden, die die funktionalen Interdependenzen der Bereiche und die technischen Realisierungsmöglichkeiten herausarbeiten, diskutieren und festschreiben sollen. Diese Überlegungen münden in einen CIM-Rahmenplan, der sich aus vier Komponenten zusammensetzt:

- dem fertigungstechnischen Konzept,
- dem informationstechnischen Konzept,
- dem kommunikationstechnischen Konzept,
- dem planungstechnischen Konzept (vgl. Abbildung 9).

Abbildung 9: CIM-Rahmenplan

Im fertigungstechnischen Konzept wird der Automatisierungs- und Flexibilitätsgrad der Fertigung festgelegt. Hier wird entschieden, inwieweit Bearbeitungszentren, flexible Fertigungszellen, flexible Fertigungssysteme, flexible Transferstraßen oder flexible automatisierte Teilemontagen zum Einsatz kommen sollen.

Die Fertigungstechnik muß mit der Fertigungsorganisation (Werkstattfertigung, Fertigung in Fertigungsinseln, Fließfertigung) zusammenpassen, aus der sich wiederum die unterschiedlichen Planungs- und Dispositionsfunktionen ableiten lassen. Hier ist zu entscheiden, ob der materialwirtschaftliche Aspekt im Vordergrund stehen soll (MRP-Ansatz: Material Requirement Planning) oder ob eine durchgängige Verfolgung und Steuerung der gesamten logistischen Kette notwendig ist (MRP2-Ansatz: Manufacturing Resource Planning).

Wenn die Minimierung der Durchlaufzeiten ein wichtiges Kriterium zur Steuerung ist, müssen Verfahren wie Kanban oder Fortschrittszahlen, welche die Just-in-time-Philosophie unterstützen, als Planungsinstrumente untersucht werden.

Auch die Belastungsorientierte Auftragsfreigabe und -steuerung kann zur Verringerung der Durchlaufzeiten beitragen.

Im informations- und kommunikationstechnischen Konzept sind die Entscheidungen zur EDV-technischen Umsetzung der Integrationsanforderungen zu treffen.

Für das erarbeitete Konzept ist die Wirtschaftlichkeit nachzuweisen. Der einfache Wirtschaftlichkeitsnachweis durch Vergleich von unterschiedlichen Einzahlungs- und Auszahlungsreihen kann für strategische Entscheidungen für CIM-Projekte nur eingeschränkt Anwendung finden. Hier sind qualitative Aspekte mit einzubeziehen (vgl. Schreuder/Upmann, 1988).

Die Entscheidungen der vier Säulen des Rahmenplans beeinflussen die zeitliche Abfolge der Projekte zur Realisierung des Gesamt-CIM-Systems (vgl. Kap. 5).

Nur wenn der Rahmenplan besteht, der die aufgezeigten inhaltlichen Schwerpunkte aufweist, ist ein klarer Leitfaden für die Realisierung eines CIM-Projektes in einer Unternehmung gegeben, aus der die Einzelprojekte sinnvoll ableitbar sind und die Integration des Einzelprojektes in die Gesamtstrategie laufend überprüft werden kann. Insofern ist ein solcher Rahmenplan trotz des relativ hohen Aufwandes (ein halbes bis ein Jahr Projektlaufzeit) unbedingte Voraussetzung.

Literatur:

Becker, J.: Architektur eines EDV-Systems zur Materialflußsteuerung. Berlin-Heidelberg-New York-London-Paris-Tokyo 1987.

Geitner, U.: CIM-Handbuch. Braunschweig 1987.

Mista, F. M.: CIM - Computerintegrierte Fertigung: Konzepte, Planung, Realisierung. Landsberg/Lech 1988.

Scheer, A.-W.: EDV-orientierte Betriebswirtschaftslehre. Dritte Auflage. Berlin-Heidelberg-New York-London-Paris-Tokyo 1987.

Scheer, A.-W.: CIM - Der computergesteuerte Industriebetrieb. Dritte, erweiterte Auflage. Berlin-Heidelberg-New York-London-Paris-Tokyo 1988.

Scheer, A.-W.: Wirtschaftsinformatik - Informationssysteme im Industriebetrieb. Zweite, verbesserte Auflage. Berlin-Heidelberg-New York-London-Paris-Tokyo 1988.

Schreuder, S., Upmann, R.: CIM-Wirtschaftlichkeit: Vorgehensweise zur Ermittlung des Nutzens einer Integration von CAD, CAP, CAM, PPS und CAQ. Köln 1984.

Warnecke, H. J.: Der Produktionsbetrieb - Eine Industriebetriebslehre für Ingenieure. Berlin-Heidelberg-New York-Tokyo 1984.

Probleme der Einführung einer geschlossenen Logistik-Kette bei stark heterogenen Fertigungsstrukturen

Referenten:

H. Heubach (Metabowerke GmbH & Co.)
H. Kruppke (IDS Prof. Scheer GmbH)

1. Vorbemerkung

Die Einführung einer geschlossenen Logistikkette im Sinne einer durchgängigen EDV-Unterstützung bereitet auch heute noch große Probleme in Bezug auf funktionale und integrative Aspekte. Zum einen können die Probleme darauf zurückzuführen sein, daß die Gewichtung der Einzelfunktionen innerhalb von PPS-Systemen mit den zukünftigen Anforderungen an CIM-gerechte PPS-Strukturen nicht konform geht[1]. Schwächen sind derzeit vor allem bei den Funktionen der Primärbedarfsplanung und Vertriebsabwicklung auf der einen Seite, bei der Fertigungssteuerung und Betriebsdatenerfassung auf der anderen Seite festzustellen. Diese funktionale Problematik muß auch heute noch beim Anwender gelöst werden, indem er dedizierte Subsysteme einsetzt oder eigenentwickelte Module mit Standard-PPS-Systemen verknüpft.

Ein zweiter Problemkreis entsteht bei der Einführung geschlossener Logistikketten dadurch, daß die Problemstellung beim Anwender oft dezentrale Konzepte im Rahmen der Produktionsplanung und -steuerung erfordert, die von der Anbieterseite nur unzureichend abgedeckt werden. Beispielsweise kann es durch heterogene Fertigungsstrukturen (Einschichtbetrieb und Mehrschichtbetrieb parallel) erforderlich sein, auf der Ebene der Fertigungssteuerung mit dezentralen Einheiten zu arbeiten. Umfassende Produktionsplanungs- und -steuerungssysteme sind aber nicht so konzipiert, daß bestimmte Funktionen dezentralisiert und mehrfach eingesetzt werden können, andere Funktionen dagegen zentral. **Die Dezentralisierung berührt auch die Frage der verteilten Bestandsführung, die einer der Schwerpunkte des vorliegenden Beitrags ist.**

---

1 vgl. Scheer, A.-W.: CIM - Der computergesteuerte Industriebetrieb, S. 26 ff; Dritte, erweiterte Auflage; Springer Verlag Berlin Heidelberg New York London Paris Tokyo 1988

2. Integration der Bestandsführung in Unternehmen mit heterogenen Fertigungsstrukturen

Eine integrierte Bestandsführung in Unternehmen mit heterogenen Fertigungsstrukturen hat unter anderem die folgenden Problemstellungen zu bewältigen:

Funktionale Fragestellungen

- Parallele Berücksichtigung von Kundenauftrags- bzw. Einmalfertigung und von Kleinserien- oder Serienfertigung

- Parallele Berücksichtigung von stückbezogener Bestandsveränderung (Stücklisten) und retrograder Bestandsveränderung aufgrund von Rezepturen

Integrative Fragestellungen

- Aktuelle Verfügbarkeit von Bestandsinformationen sowohl für den Einschichtbetrieb wie für den Mehrschichtbetrieb.

2.1 Funktionale Fragestellungen

Kundenauftragsfertigung und Serienfertigung

Unterschiedliche Fertigungsstrukturen bezüglich des Bedarfsverursachers haben ebenfalls Auswirkungen auf die Bestandsführung in geschlossenen PPS-Systemen. Bei vielen Anwendern besteht die Forderung, über ein einheitliches PPS-System sowohl Unternehmensbereiche mit kundenauftragsbezogener bzw. Einmalfertigung abzuwickeln als auch Unternehmensbereiche mit Kleinserien- oder Serienfertigung.
Für die Bearbeitung von kundenauftragsbezogener Einmalfertigung muß das PPS-System in der Lage sein, auftragsbezogene einmalige Kaufteile in die Bestellabwicklung einzubinden, ohne das entsprechende Teil bestandsmäßig zu führen. Der für den Bezug zum Fertigungsauftrag notwendige Schlüsselbegriff ist der Kundenauftrag bzw. Fertigungsauftrag selbst.
Bei der Abwicklung von kundenauftragsbezogenen Aufträgen auf der Basis ähnlicher Produkte tritt das Problem auf, im Sinne einer niedrigen Auftragsdurchlaufzeit viele ähnliche Materialien und Kleinteile vorzuhalten, die zwar bestandsmäßig erfaßt werden müssen, für die jedoch wegen der Vielzahl ähnlicher Teile keine separaten Materialstämme gepflegt werden. Hier sind Materialverfügbarkeitsprüfungen nur auf einer Materialgruppenebene möglich und damit für sich betrachtet nicht aussagekräftig für eine Fertigungsfreigabe. Eine Bestandsführung und Bestandsüberprüfung dieser Materialien kann ebenfalls nur zeitpunktbezogen, nicht im Sinne einer permanenten Inventur durchgeführt werden.

Direkte Bestandsveränderung und Retrograde Bestandsveränderung

Die Bestandsführung in einem homogenen PPS-System für die Abwicklung von heterogenen Fertigungsstrukturen muß sowohl die direkte Materialbereitstellung anhand einer Auftragsstückliste (direkte Mengen- oder Stückbereitstellung) als auch die indirekte Bestandsveränderung anhand der abgelieferten, d.h. gefertigten Erzeugnismengen abdecken. Im zweiten Fall wird anhand der Auftragsrezeptur die verbrauchte Menge an Eingangsmaterialien berechnet und bestandswirksam verbucht.
Eine Zwischenform dieser beiden Bestandsveränderungsmethodiken stellt sich oftmals auch im Bereich der stücklistenorientierten Fertigung, wenn eine auftragsbezogene Kommissionierung zu aufwendig ist bzw. nicht zuordenbare Materialverbräuche regelmäßig auftreten. In diesem Fall kann an das Bestandsführungssystem die Forderung herantreten, eine auftragsbezogene Bestandsreduzierung der verbrauchten Komponenten anhand der aktualisierten Auftragsstückliste vorzunehmen. Dies ist eine Abwandlung der retrograden Bestandsabbuchung in einer stücklistenorientierten Umgebung.

2.2 Integrative Fragestellungen

Die Verfügbarkeit von Informationen ist ein wesentliches Kriterium für fertigungsnahe Ebenen eines dezentral orientierten PPS-Konzeptes. Mit Verfügbarkeit ist hier die Schnelligkeit und Aktualität der Bereitstellung von Informationen, aber auch die zeitliche Verfügbarkeit dieser Informationen über eine Zeitspanne hinweg gemeint.

Die zeitnahe Bereitstellung von Bestandsinformationen und damit die Möglichkeit aktueller Bestandsveränderungen sind Voraussetzungen für die Einbeziehung des Materialflusses in eine Konzeption zur Fertigungssteuerung. Bei heterogenen Fertigungsstrukturen (Einschichtbetrieb und Mehrschichtbetrieb nebeneinander) ist darüber hinaus normalerweise auch die Hardware dezentral orientiert, da gängige Host-Lösungen eine Rund-um-die-Uhr-Verfügbarkeit von Online-Zugriffen nicht gewährleisten.

2.2.1 Problematik dezentraler Bestandsführungssysteme

Eine dezentralisierte Bestandsführung stellt hohe Anforderungen an das Integrationskonzept für den gesamten Komplex der Bestandsführung. Wenn eine dezentrale Bestandsführung auf Werksebene neben einer Unternehmensbestandsführung existiert, so müssen die Bestandsbewegungen auf beiden Systemen eindeutig abgestimmt sein, sodaß keine Doppelerfassungen entstehen können, aber auch alle Bewegungen auf beiden Systemen abgebildet werden.
Auf der anderen Seite sind dezentrale Bestandsführungssysteme normalerweise kein Abbild des übergeordneten unternehmensbezogenen Bestandsführungssystems, sondern enthalten eine Untermenge der Bestandselemente des übergeordneten Systems.

Je nach Fertigungsstruktur können in unterschiedlichen Fertigungsbereichen unterschiedliche Anforderungen an die Bestandsführung gestellt werden. In einem Bereich mit hoher Automatisierung wird vom dezentralen Bestandsführungssystem eine lagerfachbezogene Bestandsführung gefordert, in anderen Fertigungsbereichen oder im Vertriebsbereich werden eventuell nur lagerortbezogene Bestandsinformationen verlangt.
Abbildung 1 verdeutlicht den Zusammenhang zwischen den zentralen und dezentralen Bestandsführungsinformationen.

In einer geschlossenen Logistikkette müssen nun die dezentralen Bestandsführungssysteme so eingebunden werden, daß sie Bestandsveränderungen an die zentrale Unternehmensbestandsführung so weitergeben, wie der Detaillierungsgrad und der Aktualitätsgrad auf der zentralen Ebene dies verlangen (Bottom-Up-Weitergabe von Bestandsveränderungen).

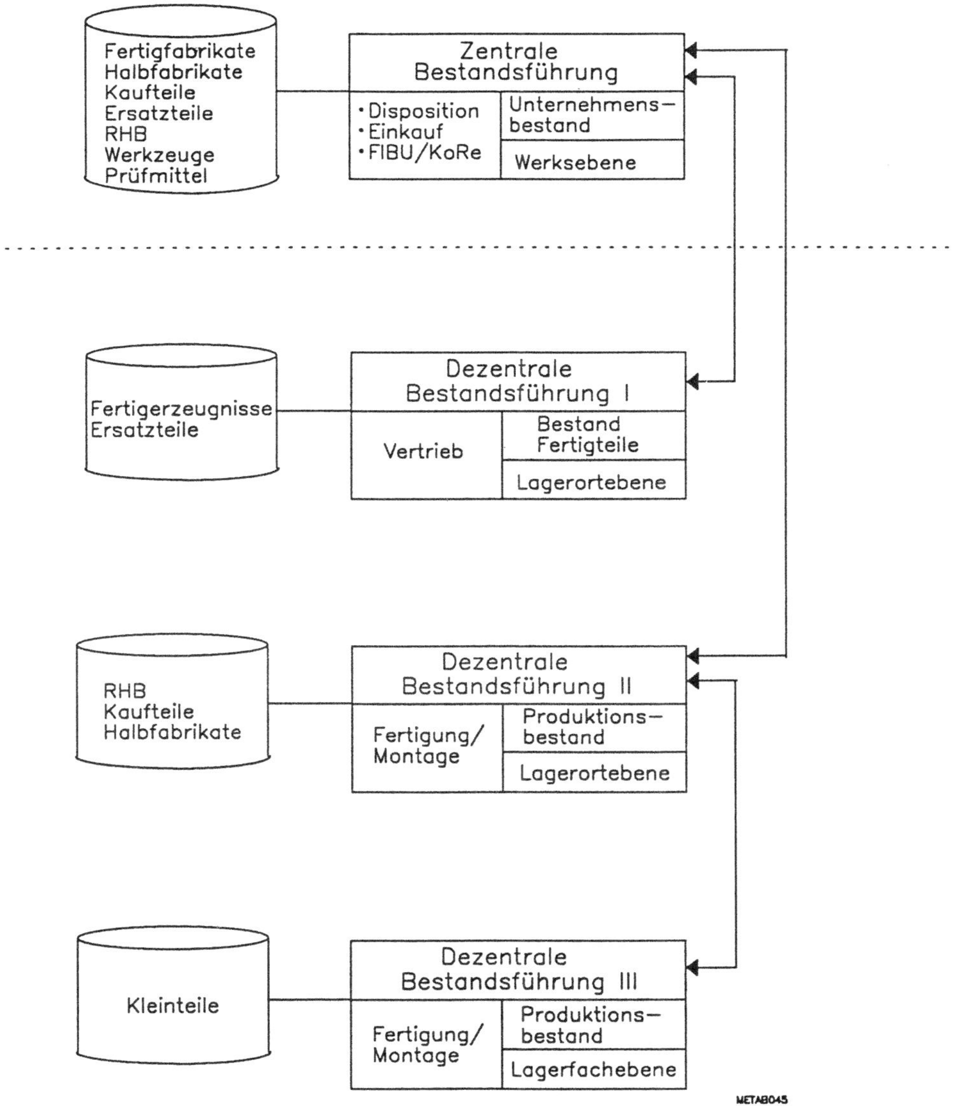

Abb. 1: Verteilte Bestandsführungssysteme in heterogenen Fertigungsumgebungen (Beispiel)

2.2.2 Abgleich von Bestandsbewegungen der Unternehmensebene

Die zentrale Bestandsführung gibt alle Bestandsveränderungen, die von ihr ausgelöst werden, an die Subsysteme weiter. Dabei ist jedoch zu beachten, daß jede Bestandsveränderung entweder nur eines der dezentralen Bestandsführungssysteme oder mehrere dieser Systeme betreffen kann. Die Top-Down-Weitergabe von Bestandsveränderungen erfordert damit eine Aufteilungssystematik, um Bewegungsdaten richtig weiterzuleiten.

Wareneingangserfassung in heterogenen Bestandsführungssystemen

Sofern alle Bestandselemente für die Produktionsabwicklung und Versandabwicklung in dezentralen Bestandsführungssystemen gehalten werden, sind die Wareneingangsbewegungen von fremdbezogenen Materialien die einzigen für die Produktion relevanten Bestandsbewegungen, die von der zentralen Ebene ausgelöst werden. Dies basiert auf der Annahme, daß die Einkaufsfunktion innerhalb der Logistikkette eine zentrale Funktion darstellt.

Um diese Wareneingangsbewegungen realistisch erfassen zu können, genügt es nicht, einen Wareneingang, der im zentralen Bestandsführungssystem verbucht wurde, direkt an das jeweilige dezentrale Bestandsführungssystem weiterzuleiten. Zu diesem Zeitpunkt ist unter Umständen noch keine Verfügbarkeit des Materials gegeben, sei es, weil die Wareneingangserfassung örtlich getrennt ist vom eigentlichen Einlagerungsort, sei es, weil das Material noch die Wareneingangskontrolle durchlaufen muß. Damit darf auch die Wareneingangserfassung im zentralen Bestandsführungssystem nicht dazu führen, daß die Ware im System dispositiv verfügbar ist. Dispositive Verfügbarkeit darf frühestens nach der Qualitätsüberprüfung, sinnvoll aber erst nach Lagerzugang des Materials gegeben sein. Solange gilt der Wareneingang als im Hause befindlich, aber dispositiv gesperrt.

Gerade in PPS-Systemen, die fertigungsnah Materialverfügbarkeitsprüfungen vornehmen und so auf aktuelle Bestände für die Fertigungssteuerung angewiesen sind, darf die Zugangsbuchung am Produktivlagerort erst mit der tatsächlichen Verfügbarkeit des Materials erfolgen. Bei der Zugangsbuchung im Produktivlagerort, die im dezentralen Bestandsführungssystem vorgenommen wird, muß eine Verprobung stattfinden mit der Wareneingangsbuchung des zentralen Bestandsführungssystems. Diese Verprobung läßt sich in der Form durchführen, daß vom zentralen Bestandsführungssystem ein Verprobungssatz über den erfaßten Wareneingang an das dezentrale Bestandsführungssystem weitergegeben wird. Anhand dieses Satzes kann dann eine Plausibilitätsprüfung der Lagerzugangsbuchung erfolgen.

Falls eine dem Wareneingang nachgeschaltete Qualitätsprüfung Ausschußmengen feststellt, so werden diese Ausschußmengen an die zentrale Bestandsführung gemeldet. Die Ausschußmenge muß dort zu einer Reduzierung der Wareneingangsmenge führen und zu einer Rücklieferung an den Lieferanten. Die Reduzierung der Wareneingangsmenge darf dabei nicht nur im zentralen Bestandsführungssystem bekannt sein, sondern muß als Korrektursatz an das dezentrale System weitergegeben werden und dort den entsprechenden Verprobungssatz anpassen.

Auf diese Weise kann nach der Qualitätsprüfung beim Lagerzugang ein exakter inhaltlicher und mengenmäßiger Abgleich zwischen dezentralen Bestandsführungs- und zentralen Bestandsführungssystemen erfolgen.
Der Kreislauf wird geschlossen, indem das dezentrale Bestandsführungssystem den Verprobungssatz per Status als verbucht kennzeichnet und an die zentrale Bestandsführung zurückmeldet. Diese Rückmeldungen können periodisch erfolgen, da für die zentrale Bestandsführung eventuell taggenaue Bewegungsmeldungen ausreichen, während auf der Seite des dezentralen Bestandsführungssystems unter Umständen Online-Bewegungen während eines Mehrschichtbetriebs verbucht werden müssen.

Fazit

Beim Aufbau eines verteilten Bestandsführungssystems in einem Unternehmen können durch eine Vorgehensweise wie oben beschrieben die folgenden Zielsetzungen erfüllt werden:

- Heterogene Fertigungsstrukturen mit unterschiedlichen Anforderungen an dezentrale Bestandsführungssysteme lassen sich mit einer einheitlichen Systematik in das Gesamtsystem einbinden

- Der Abgleich von Bewegungsdaten innerhalb des Gesamtsystems (Ein- und Auslagerungen aus/für Produktion) verläuft einheitlich Bottom-Up, d.h. die dezentralen Bestandsführungssysteme geben Bestandsbewegungen an die zentrale Bestandsführung weiter, wobei hier die Möglichkeit einer Sammlung und Verdichtung der Daten für periodische Weitergabe gegeben ist

- Der Abgleich von Wareneingängen aus Fremdlieferungen erfolgt so, daß eine hohe Aktualität der Bestände auf zentralem und dezentralen Bestandsführungssystemen gegeben ist; weiterhin sind etwaige Buchungskorrekturen durch Qualitätsmängel oder abweichender Stückzahl der gelieferten Ware in die Systematik des Bestandsabgleichs zwischen zentralem und dezentralem Bestandsführungssystem eingebunden.

Abbildung 2 zeigt die beschriebenen Datenflüsse für eine Konfiguration mit zentraler Bestandsführung auf dem Administrativen-/Planungsrechner, einem dedizierten Qualitätssicherungssystem und einer dezentralen Bestandsführung für die Fertigungssteuerungsebene.

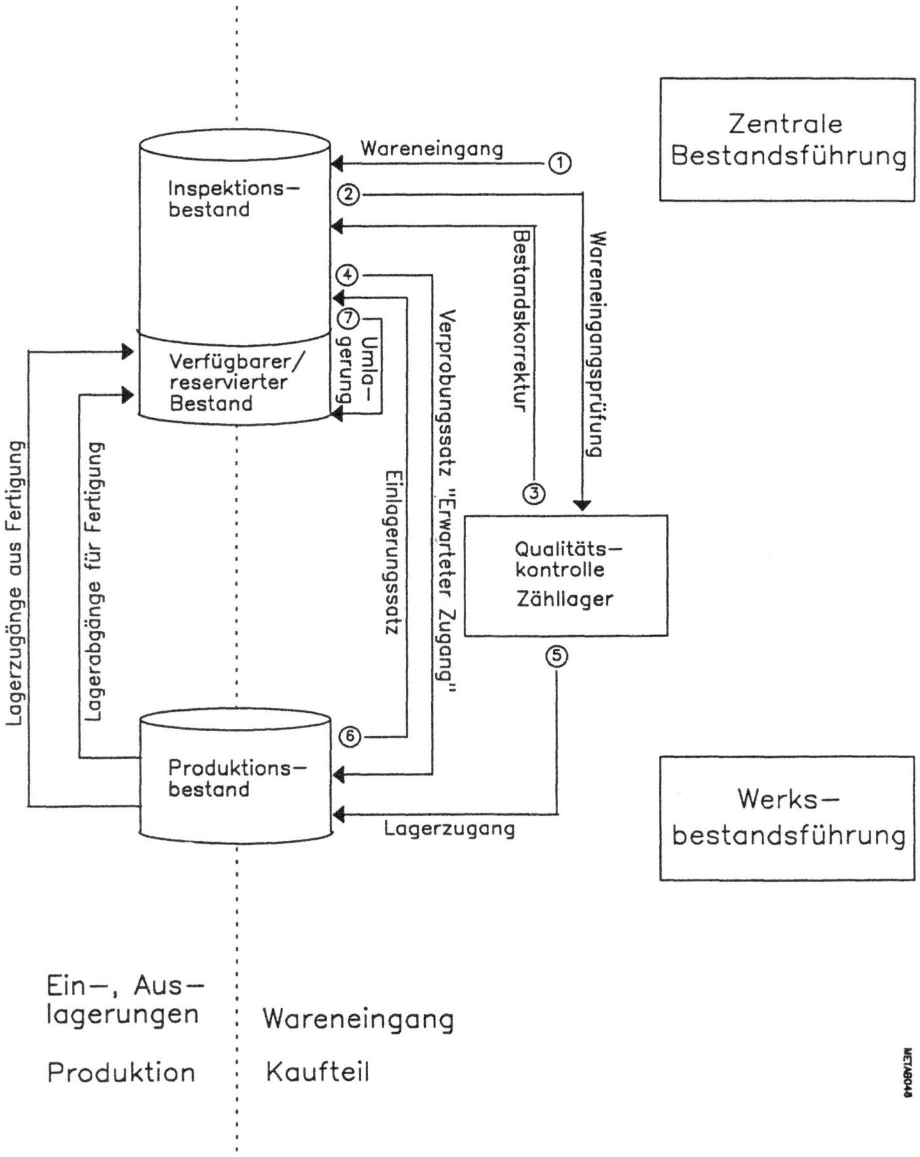

Abb. 2: Datenflüsse in einem verteilten Bestandsführungs-system

3. Integration unterschiedlicher Verfahren der Fertigungsabwicklung in geschlossenen PPS-Systemen

3.1 Abgrenzung der Planungsphilosophie für Teilefertigung und Montage

Für Fertigungsunternehmen mit Kleinserien- und Serienfertigung stellt sich oft das Problem der unterschiedlichen Behandlung von Teilefertigung und Montage der Enderzeugnisse im Planungs- und Steuerungsprozeß. Für die Teilefertigung können auftragsbezogen Fertigungsunterlagen erstellt und damit der Arbeitsvorrat für die Werkstatt gefüllt werden.
Bei der Montage von Enderzeugnissen ist die Vorgehensweise jedoch unterschiedlich. Hier besteht das Interesse, einzelne Montageaufträge zusammenzufassen, wenn sie sich auf Varianten eines bestimmten Enderzeugnistyps beziehen. Planungseinheiten für die Montageplanung sind dann nicht Einzelaufträge, sondern die Gesamtmenge aus mehreren Aufträgen für den gleichen Enderzeugnistyp.

Diese heterogenen Fertigungsstrukturen lassen sich oftmals in einem Standard-PPS-System nicht zufriedenstellend vereinbaren. Die Aggregation von Einzelmontageaufträgen zu neuen Planungs- und Rückmeldeeinheiten ist üblicherweise nur möglich, wenn die Enderzeugnisse identisch sind, nicht jedoch bei unterschiedlichen Varianten eines Enderzeugnisses.

Für diese Problematik ist es daher erforderlich, dedizierte Systeme einzusetzen, die einen Arbeitsvorrat an Montageeinzelaufträgen zu neuen Planungseinheiten zusammenstellen und auch die Zusammenstellung der Fertigungsunterlagen nach diesem neuen Planungsgesichtspunkt vornehmen. Diese Konstellation läßt sich vorteilhaft verbinden mit einer dezentralisierten Fertigungssteuerungsebene.

Abb. 3 veranschaulicht das Dezentralisierungsprinzip, nach dem heterogene Fertigungsstrukturen über eine homogene Produktionsplanungsumgebung durch unterschiedliche dezentrale Koordinierungssystematiken versorgt werden können.

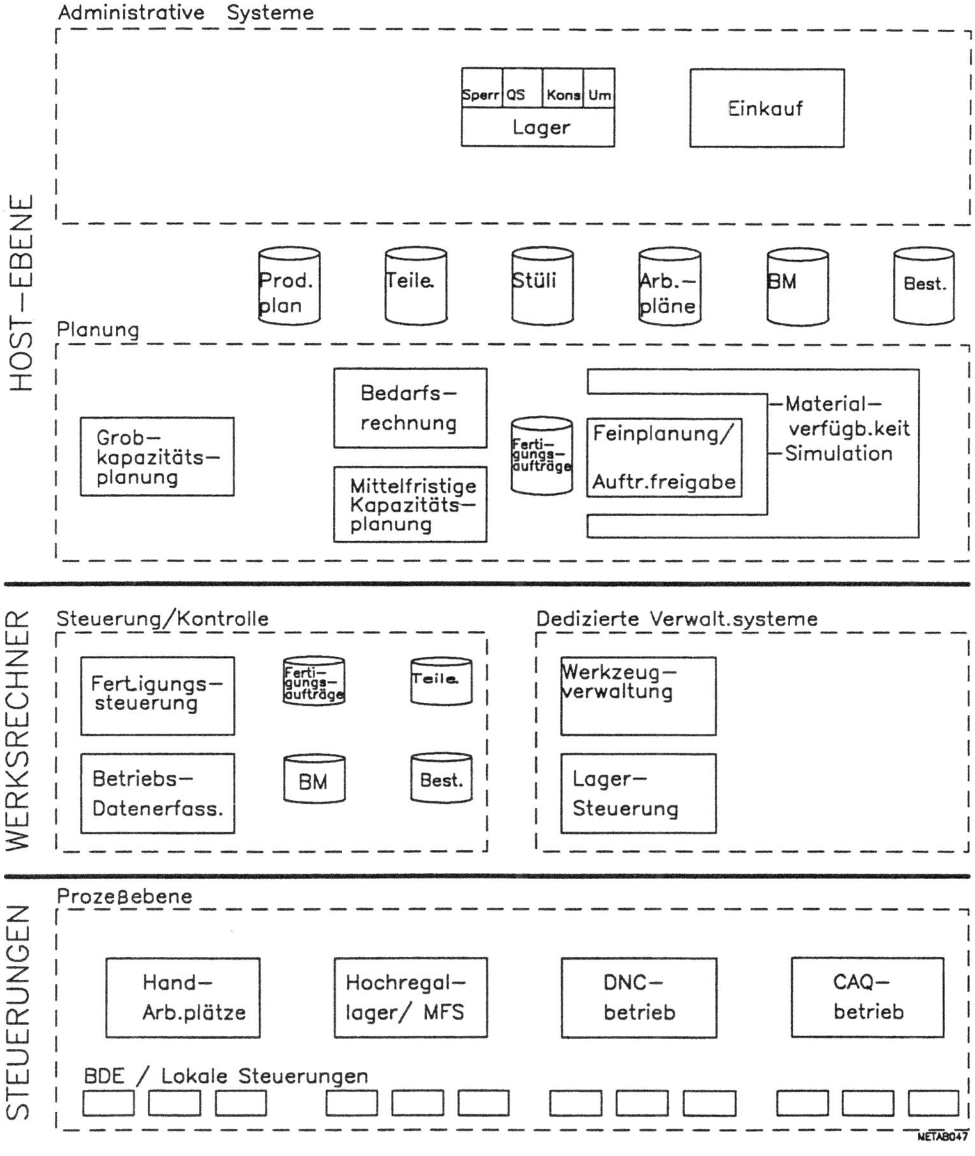

Abb. 3: Planungsebenen in einem geschlossenen Logistikkonzept (Beispiel)

Für die Teilefertigung läßt sich die dezentrale Fertigungssteuerungsebene als verfeinertes Planungsinstrument verstehen, das im wesentlichen die Aufträge aus der Planungsebene unverändert übernimmt. Auch die auftragsbezogenen Rückmeldungen wie Materialentnahmen, Lohnrückmeldungen sowie Material- und Lohnabweichungen können direkt auf die Aufträge verrechnet werden. Die Teilefertigung als einzelauftragsbezogene Fertigungsstruktur entspricht damit exakt dem Datenstrukturschema, das den meisten universellen PPS-Systemen zugrundeliegt.
Bei der Montageabwicklung als Sonderform der auftragsbezogenen Fertigung bringt das PPS-konforme Handling von Einzelaufträgen eine Zergliederung des Montageablaufs, die nicht realitätsgerecht ist. Die Übernahme von Aufträgen aus der Planungsebene für die Weitergabe in den Montageprozeß muß damit eine Systematik unterstützen, die dem Montageablauf entspricht.

3.2 Dezentrale Steuerungssysteme zur Planung von Montageabläufen

Zwischen der Fertigungssteuerungsebene und der Planungsebene übernimmt ein Verteilungsmodul die Zuordnung von Montageeinzelaufträgen zu aggregierten Planungseinheiten. Diese Planungseinheiten sind die Basis sowohl für die Materialbereitstellung als auch die Lohndatenerfassung. Da bei der Montage von Varianten eines bestimmten Enderzeugnistyps der Gleichteileanteil relativ hoch ist, kann die Materialbereitstellung somit gegenüber einer Einzelauftragsbereitstellung vereinfacht werden. Für die Lohndatenerfassung anhand der aggregierten Planungseinheit spricht, daß die Montage von Varianten eines Enderzeugnisses in vielen Fällen die gleichen Arbeitsschritte und damit vergleichbare Montagelohnkosten verursacht. Die Rückmeldung von Lohndaten wird damit ebenfalls gegenüber der Einzelauftragsrückmeldung stark vereinfacht.

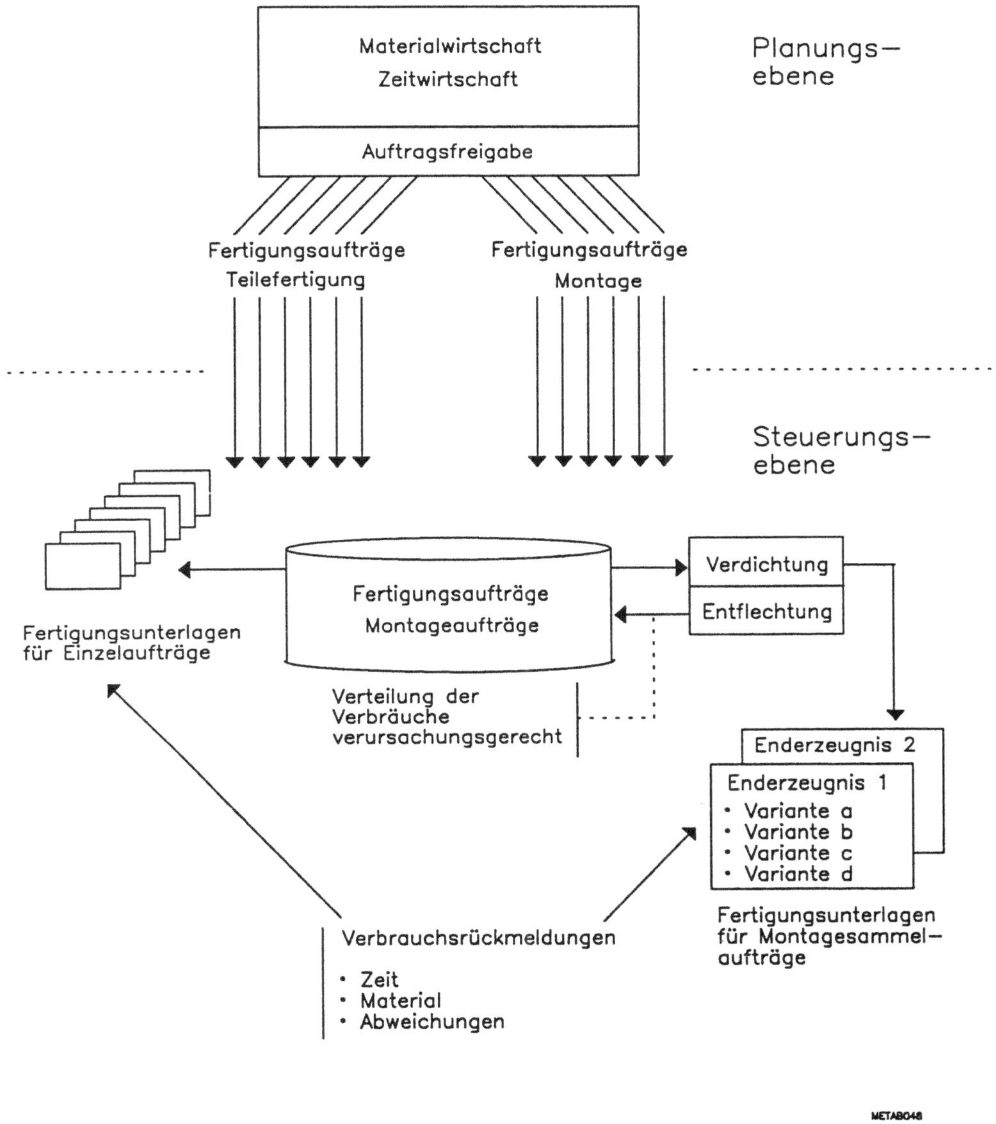

Abb. 4: Datenflüsse für die Fertigungsabwicklung bei Teilefertigung und Montage (Beispiel)

Problematisch wird jedoch die Verrechnung von Material- oder Zeitabweichungen, da aus Gründen der Nachkalkulation diese Kostenabweichungen auf die Einzelmontageaufträge der Planungsebene verursachungsgerecht verteilt werden müssen. Das zwischen die Planungs- und Fertigungssteuerungsebene geschaltete Verteilungssystem muß demnach auch in der Lage sein, aufgelaufene Abweichungen zu entflechten und den Einzelaufträgen zu belasten. Dies kann nach dem "Gießkannenprinzip" über die Einzelauftrags-Teilmengen erfolgen oder genauer über die Auftragsstückliste (für Materialabweichungen). Lohnabweichungen können aufgrund des oben vorausgesetzten gleichartigen Montageablaufs für alle Varianten über die Einzelauftragsmengen verteilt werden.

Abb. 4 zeigt die Datenflüsse für die Fertigungsabwicklung in den Bereichen Teilefertigung und Montage.

4. Zusammenfassung

Die beiden Schwerpunkte des Beitrags, die Integration verteilter Bestandsführungssysteme und die Unterstützung unterschiedlicher Fertigungsteuerungssystematiken, haben gezeigt, daß die Abbildung von heterogenen Fertigungsstrukturen letztendlich eine Dezentralisierung bestimmter Funktionsebenen zur Folge hat. Sowohl die Dezentralisierung von dedizierten Bestandsführungssystemen als auch die Abkopplung von Steuerungsmethoden für Fertigung und Montage haben letztlich ihre Ursache in Fertigungsstrukturen, die vom "Standard" abweichen. Im Bestandsführungsbereich ist dies die Forderung nach höherer Verfügbarkeit für Mehrschichtbetrieb und Ansteuerung von Subsystemen (Hochregallagersteuerung), im Bereich der Dezentralisierung von Steuerungsmethoden ist es die Unterstützung von unterschiedlichen Feinsteuerungsphilosophien für unterschiedliche Fertigungsbereiche.

Die Bildung von selbständigen, miteinander kommunizierenden Planungsebenen mit ebenenspezifischer Funktionalität und ebenenspezifischer Stammdatenhaltung ist somit ein Schlüssel für die Bewältigung heterogener Bereiche auf jeder dieser Planungsebenen.

Der dritte Problemkreis schließlich berührt die Problematik der unterschiedlichen Verfahren der Fertigungsabwicklung. Die Abwicklung von Vorfertigungs- bzw. Teilefertigungsaufträgen erfolgt oftmals nach anderen Steuerungsprinzipien als die Abwicklung von Montageaufträgen. Geschlossene Produktionsplanungs- und -steuerungssysteme werden diesen unterschiedlichen Anforderungen nur schwer gerecht. Auch dieses Problem führt dann zu Eigenentwicklungen bzw. zum Einsatz von dedizierten Steuerungssystemen, die dann wieder das Problem der Integration aufwerfen. **Die unterschiedlichen Anforderungen an die Planungs- und Steuerungssystematik bei Teilefertigung einerseits und Montage von Enderzeugnissen andererseits stellt das zweite Schwerpunktthema dieses Beitrags dar.**

In diesem Beitrag sollen aus den aufgezeigten Problemkreisen die folgenden Schwerpunkte behandelt werden:

- Integration der Bestandsführung in Unternehmen mit heterogenen Fertigungsstrukturen (Problemkreis 2)

- Integration unterschiedlicher Verfahren der Fertigungsabwicklung in geschlossenen PPS-Systemen (Problemkreis 3).

Der Problemkreis 1 (Gewichtung der Einzelfunktionen im PPS-Bereich) kann im Rahmen dieses Beitrags nicht aufgegriffen werden.

VON DER NC-MASCHINE ZUM FLEXIBLEN FERTIGUNGSSYSTEM

Prof. Dr.-Ing. A.-W. Kamp
Automatisierungstechnik
Fachhochschule des Saarlandes
Goebenstraße 40
6600 Saarbrücken

INHALTSVERZEICHNIS

1. Entwicklungsschritte zum FFS

Das Konzept der numerischen Steuerung von Werkzeugmaschinen führte seit Beginn der sechziger Jahre zur Verknüpfung von Fertigungsmitteln und datenverarbeitenden Einrichtungen. Anfangs wurden NC-Maschinen eingesetzt, um Rüst-, Neben- und Hauptzeiten an Werkzeugmaschinen zu verringern. Die Leistungsfähigkeit der NC-Maschinen wurde durch Weiterentwicklung ständig erhöht (Bild 1). Zu den wesentlichen technischen Fortschritten zählen die Erweiterung der NC-Maschine mit Werkzeugspeicher und automatischem Werkzeugwechsel, die Integration von programmierbaren Werkstückwechseleinrichtungen, die adaptive Regelung des Zerspanungsvorgangs (AC), die direkte Kopplung numerischer Steuerungen mit einem Fertigungsrechner (DNC) und der steuerungsinterne Einsatz von freiprogrammierbaren Rechnern (CNC). Die NC-Maschinen entwickelten sich zu sogenannten flexiblen Fertigungszellen, die hochautomatisierte Inseln im Fertigungsbereich darstellen. Aufgrund fehlender technischer und organisatorischer Verbindungen

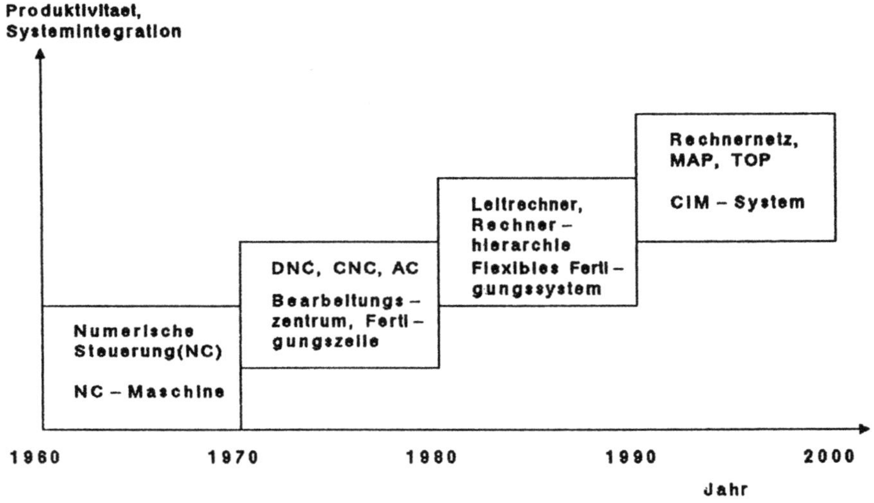

Bild 1: Historische Entwicklung der NC-Techniken

untereinander können isolierte NC-Maschinen in der Regel nur gering ausgelastet werden. Sie tragen dann wenig dazu bei, Auftragsdurchlaufzeiten zu verringern. Das Bestreben, Auftragsliegezeiten zu verkürzen und Maschinennutzungszeiten zu verlängern, führte zum Konzept des flexiblen Fertigungssystems (FFS). Bei ihm sind die Bearbeitungssysteme über Handhabungs-, Transport- und Lagersysteme miteinander verkettet (Bild 2).Ein gemeinsames Steuerungssystem,im allgemeinen ein hierarchisch aufgebautes Rechnersystem, ermöglicht einerseits eine automatische Fertigung und andererseits das Ausführen verschiedener Bearbeitungsaufgaben an unterschiedlichen Werkstücken eines abgegrenzten Teilespektrums. Flexible Fertigungssysteme können erhebliche Produktivitätssteigerungen in der Klein- und Mittelserienfertigung bewirken. Die größere Leistungsfähigkeit, die sie gegenüber NC-Maschinen haben, wird aber nur mit höheren Investitionskosten und folglich steigenden Maschinenstundensätzen erreicht. Daraus ergibt sich der wirtschaftliche Zwang, die Auslastung der Fertigungseinrichtungen

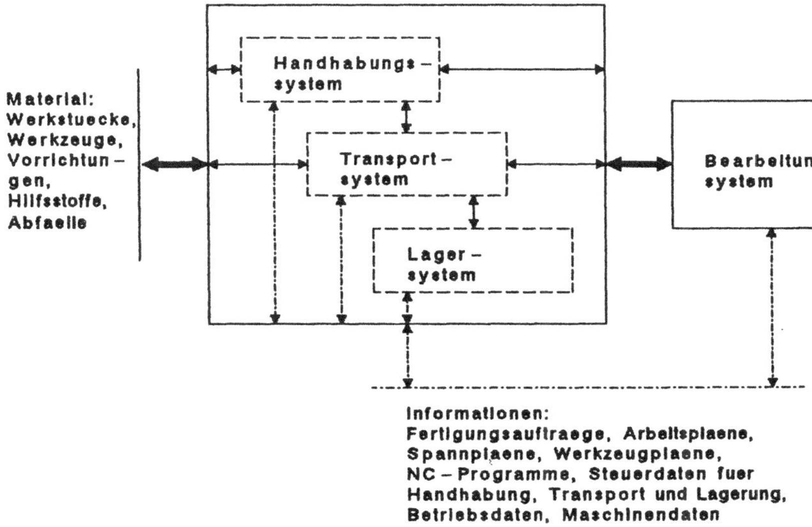

Bild 2: Beziehungen zwischen Komponenten flexibler Fertigungssysteme

weiter zu verbessern. Die historische Entwicklung führte damit zum CIM-Konzept, das alle vorbereitenden, ausführenden und überwachenden Aktivitäten der Fertigung zusammenfaßt und rechnergestützt abwickelt. Dies setzt voraus, daß die innerbetrieblichen DV-Systeme miteinander vernetzt sind und daß Informationen zwischen ihnen mit geeigneten Kommunikationsprotokollen ausgetauscht werden können. Dafür müssen aber zunächst internationale Standards vereinbart werden, wie MAP (Manufacturing Automation Protocol) und TOP (Technical Office Protocol). Bis zur Realisierung durchgängiger CIM-Konzepte, insbesondere in kleinen und mittelständischen Unternehmen, ist noch viel Entwicklungsaufwand zu leisten.

An der Fachhochschule des Saarlandes wird in einigen CIM-Bereichen, wie CNC-Steuerung, Meßsysteme zur Qualitätssicherung, Teilsystemvernetzung mit Ethernet und Feldbus sowie Simulation flexibler Fertigungssysteme angewandte Forschung und Entwicklung betrieben (Bild 3).

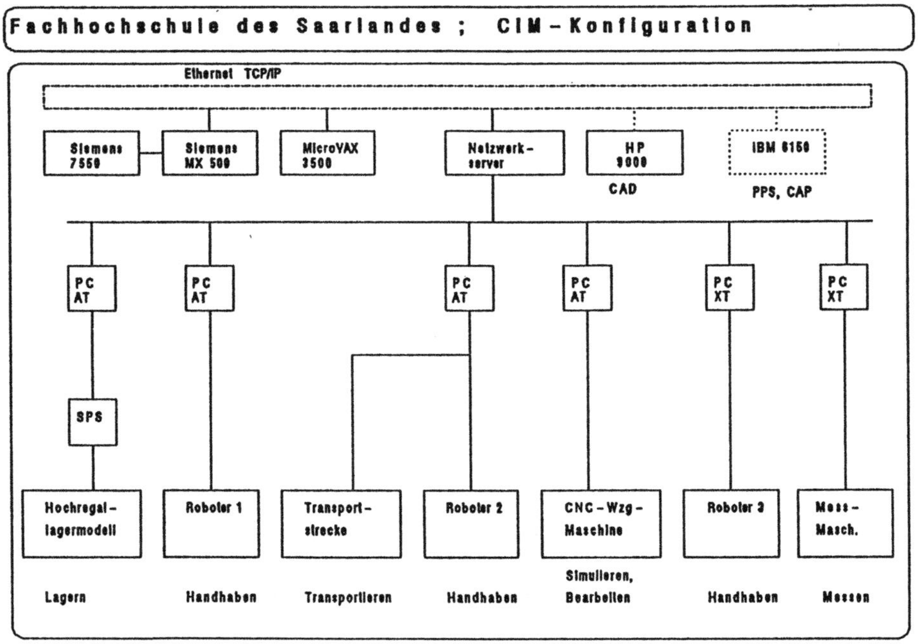

Bild 3: CIM-Konfiguration an der Fachhochschule des Saarlandes

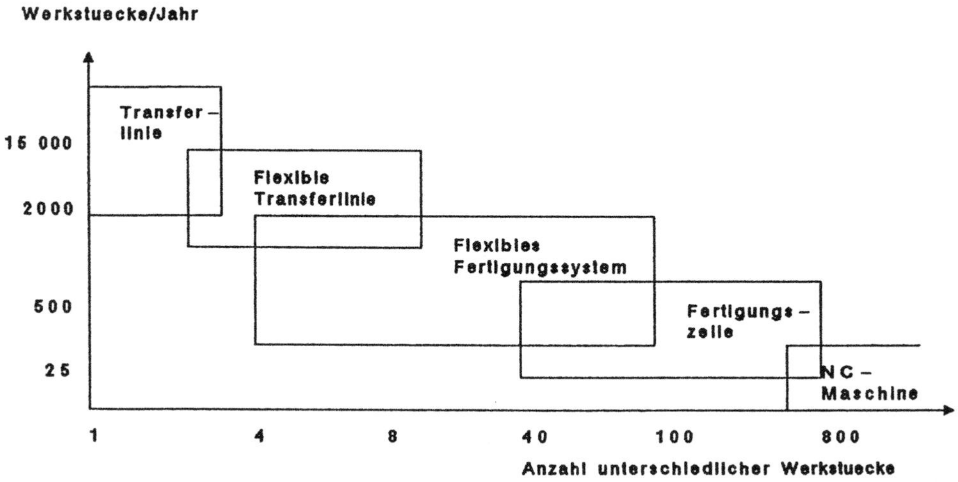

Bild 4: Einsatzbereiche von Fertigungssystemkonzepten

Bild 4 zeigt die Einsatzbereiche verschiedener Fertigungskonzepte. Ihnen gemeinsam sind der Einsatz von NC-Maschinen und die Steuerung von Fertigungsprozessen mit Datenverarbeitungsanlagen. Im Rahmen eines modularen Systemkonzeptes sind die Bereiche der Werkstückbearbeitung und Qualitätskontrolle, des Materialflusses und der übergeordneten Steuerung von mehrstufigen Fertigungsprozessen schrittweise zu automatisieren.

Die amerikanischen Marktforscher Frost & Sullivan sagen hohe Investitionszuwächse europäischer Hersteller in FFS voraus /5/. Bis 1991 werden jährliche Wachstumsraten von 33 Prozent vorhergesagt, ausgehend von einem Volumen von 670 Mio. Dollar im Jahre 1987.

2. Komponenten von FFS

Innerhalb eines flexiblen Fertigungssystems werden Teilsysteme nach Aufgabengebieten gebildet. Der Material- und Informationsfluß stellt die Beziehungen zwischen den Teilsystemen her. Bild 5 zeigt die Einbindung einer NC-Werkzeugmaschine in das übergreifende Bearbeitungs-, Materialfluß- und Informationssytem.

Bearbeitungssystem

Im Bearbeitungssystem sind alle Fertigungseinrichtungen zusammengefaßt, die zum Arbeitsfortschritt am Werkstück beitragen. Dazu gehören die Werkzeugmaschine selbst, sowie die Einrichtungen zur automatischen Werkstück-, Werkzeug-, Meßzeug- und Spannmittelhandhabung. Die Automatisierung dieser Einrichtungen ist weit fortgeschritten. In derzeitigen Entwicklungen werden Lösungen erarbeitet für Probleme wie Überwachung von Werkzeugbruch, Qualitätskontrolle mit automatischer Rückwirkung auf Steuerungsparameter sowie automatische Werkstückhandhabung und Spänebeseitigung.

Materialflußsystem

Das Materialflußsystem umfaßt Handhabungs-, Transport- und Lagersysteme für Werkstücke, Werkzeuge, Spannmittel, Meßzeuge, Abfälle

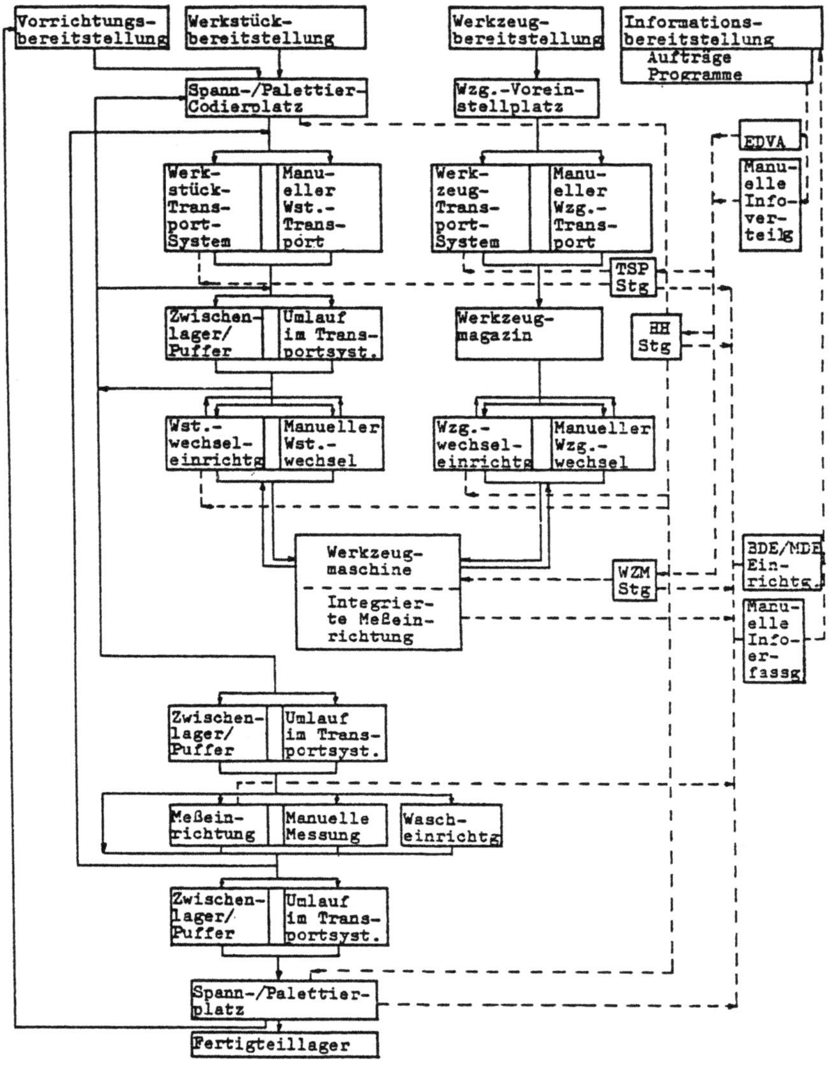

Bild 5: Material- und Informationsfluß in einem flexiblen Fertigungssystem

und Hilfsstoffe. Im Vordergrund steht dabei die Automatisierung des Werkstückflusses. Dazu gehört die Steuerung der Teilsysteme und deren Überwachung. Ein Schwerpunkt liegt heute in der Entwicklung leistungsfähiger freiprogrammierbarer Industrieroboter einschließlich intelligenter taktiler und optischer Sensoren zur

Lageerkennung von Werkstücken sowie in der Entwicklung schneller kinematischer Teilsysteme. In zunehmendem Maße werden für Handhabung und Transport von Werkstücken und Werkzeugen fahrerlose Transportfahrzeuge mit integrierten Industrierobotern angeboten.

Informationssystem

Die Steuerung und Überwachung von flexiblen Fertigungssystemen stellt hohe Ansprüche an die sog. Fertigungssteuerung. Sie umfaßt einen planenden Anteil (Mengenplanung, Terminplanung), einen Anteil zur Steuerung des Fertigungsprozesses (Auftragsveranlassung, NC-Programmverwaltung und -verteilung, Fertigungsführung und Materialflußsteuerung) sowie einen Anteil zur Gerätesteuerung (Abarbeiten von NC-Programmen, Betriebsdatenerfassung/-verarbeitung, Transport- und Handhabungssystemsteuerung).

Eine hochproduktive Fertigung setzt voraus, daß die Planung, Steuerung und Überwachung der Fertigung rechnergestützt erfolgen. Durch den Einsatz geeigneter Hardware und Software muß erreicht werden, daß ein Optimum aus Aufwand und Arbeitsergebnis erzielt wird. In gegenwärtigen Lösungen wird die Fertigungsplanung sowie der planende Anteil der Fertigungssteuerung mit Hilfe eines Betriebsrechners durchgeführt. Er kann off-line oder mit dem Fertigungsablauf zeitlich lose gekoppelt arbeiten. Der steuernde und überwachende Anteil der Fertigungssteuerung läuft auf dem Fertigungsrechner ab. Er arbeitet on-line, d.h. in direkter Kopplung mit den Meß- und Stellgliedern der Prozesse, und zeitlich schritthaltend mit den Prozessen im Echtzeitbetrieb. Die Steuerung der Werkzeugmaschinenfunktionen, d.h. der Weg-, Schalt- und Meßfunktionen, ist Aufgabe der CNC-Steuerung.

3. Programmierung

Die Realisierung der informationsverarbeitenden Systeme stellt den wesentlichen Entwicklungsengpaß im Bereich der Software dar. Zur Steuerung und Überwachung eines komplexen flexiblen

Fertigungssystems werden Verfahren benötigt, die simultan alle innerhalb des System ablaufenden Fertigungs-, Förder- und Lagerprozesse berücksichtigen. Die zum Anlagenbetrieb notwendige Systemsoftware auf den verschiedenen Rechnerebenen wird normalerweise vom Anlagenentwickler geliefert. Dagegen ist der Anwender für die notwendigen Eingangsdaten der Software auf der Fertigungsrechner- und Betriebsrechnerebene verantwortlich. Die NC-Programme zur Steuerung der CNC-Maschine muß der Teileprogrammierer erstellen. Die von ihm auszuführenden Tätigkeiten hängen davon ab, wie die CNC-Maschinen organisatorisch in den innerbetrieblichen Fertigungsfluß eingebunden sind. Dies betrifft in erster Linie die Aufgabenverteilung zwischen Arbeitsvorbereitungs- und Werkstattebene (Bild 6).

	Programmier-ort	Programmier-methode	Datenueber-tragung	Programmie-rung durch
Werk-stattpro-gram-mierung, dezen-tral	maschinen-gebunden	manuell	Handeingabe von Zeichnung	Maschinen-bediener
	maschinennah	manuell	Handeingabe vom Datenblatt	vorwiegend . Vorarbeiter . Meister
		maschinell	off line (ueber Datentraeger) on line (DNC-Betrieb)	
Pro-gram-mierung im Pro-gram-mier-buero, zentral	maschinenfern	manuell	Handeingabe vom Datenblatt	. Program-mierer
		maschinell	off line (ueber Datentraeger)	. Arbeits-planer
		maschinell (Integriertes CAD - System	on line (DNC-Betrieb)	. ev. externes Programmier-buero

Bild 6: Programmiertechniken für NC-Maschinen /3/

Bisher wurden Steuerprogramme für NC-Maschinen überwiegend im Bereich der Arbeitsvorbereitung (AV-Programmierung) erstellt. Die gesteigerte Datenverarbeitungsleistung der CNC-Steuerungen, die Möglichkeit, ergonomisch günstige Benutzeroberflächen zu gestalten, und die Simulationsfähigkeiten moderner Steuerungen verlagerten bereits einen Teil der Programmiertätigkeit an die CNC-

Steuerung. Während in der Vergangenheit im Werkstattbereich NC-Programme lediglich korrigiert und optimiert wurden, ist zu erwarten, daß in Zukunft die Programmerstellung in stärkerem Maße an den CNC-Maschinen durchgeführt wird.

4. Personal

Die von der Konzeption her sehr leistungsfähigen numerisch gesteuerten Fertigungssyteme können ihre Produktivität nur dann voll zur Wirkung bringen, wenn sie von dafür ausgebildetem Personal programmiert, bedient und überwacht werden. Erst eine hohe Mitarbeiterqualifikation gewährleistet den angestrebten wirtschaftlichen Erfolg. Es muß also nicht nur in Maschinen investiert werden, sondern auch in Aus- und Weiterbildungsmaßnahmen der Mitarbeiter.

In dem Maße, wie CNC-Maschinen in komplexe Fertigungssysteme eingebunden werden, können sich anstelle der vielfältigen Tätigkeitsstruktur eines CNC-Maschinenbedieners stärker arbeitsteilig ausgerichtete Arbeitsplätze ergeben. In der Praxis werden vor allem in den Tätigkeitsfeldern Programmieren und Planen sowie im Bereich der Kontrolle dem NC-Maschinenbediener nur noch Teiltätigkeiten zugestanden. Bei flexiblen Fertigungssystemen werden die wesentlichen Programmierarbeiten überwiegend im Arbeitsvorbereitungsbereich durchgeführt, die Kontrolle unterliegt in der Regel einem eigenen Bereich der Fertigung. Bei starker Arbeitsteilung wird auch die Werkzeugvoreinstellung und die Bereitstellung der Werkzeuge aus der Tätigkeitsmenge des NC-Maschinen-Bedieners ausgegliedert.

Untersuchungen an realisierten FFS zeigten unterschiedliche Zuordnungen von Tätigkeiten zu speziellen Arbeitsplätzen. Beispielsweise wurde die etwa gleiche Tätigkeitsgesamtmenge in einem Fall von einem Vorarbeiter, einem Einrichter, zwei Werkstückaufspannern und einem Vorrichtungsumrüster ausgeführt, während sie im anderen Fall auf einen Leitstandführer, sechs NC-Maschinenbediener/-überwacher und vier Werkstückpalettierer verteilt wurde.

In beiden Fällen waren weitere Mitarbeiter in der Werkzeugvoreinstellung und in der Fertigungskontrolle tätig.

Die Auswirkungen der Automatisierung werden also nicht von der Technik festgelegt, sondern von der betrieblichen Organisation. Die Unterschiede in der Eigen- und Fremdeinschätzung der Arbeitsplätze von NC-Maschinenbedienern und FFS-Maschinenbedienern sind in den Bildern 7a und 7b gegenübergestellt.

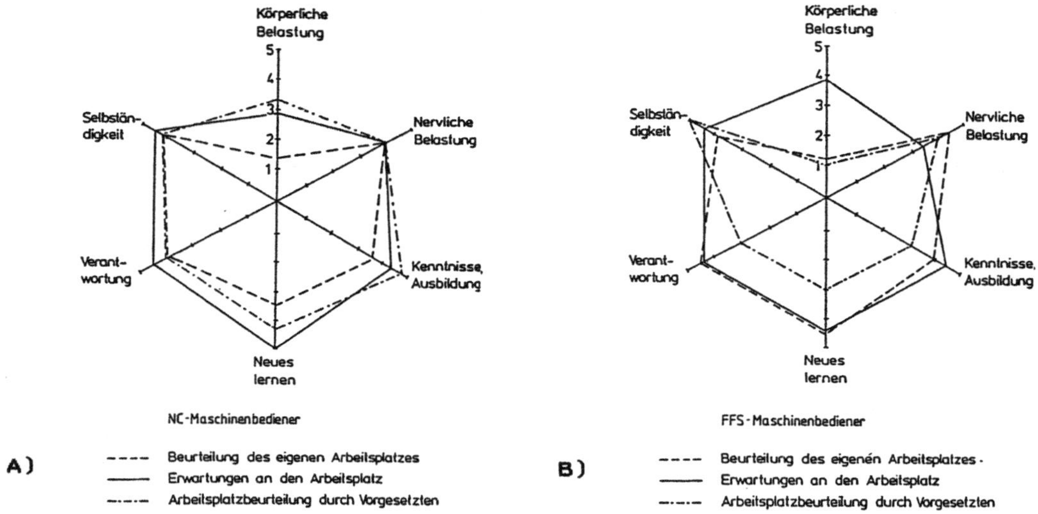

Bild 7: Eigen- und Fremdeinschätzung von NC-Arbeitsplätzen

Die FFS-Maschinenbediener bewerten die Notwendigkeit, Neues zu lernen sehr hoch. Am Arbeitsplatz des NC-Maschinenbedieners sind starke Abweichungen zwischen Erwartung und Beurteilung der Realität nur bei den Kriterien "körperliche Belastung" und "Möglichkeit Neues zu lernen" zu erkennen. In beiden Punkten werden die Erwartungen nicht erfüllt. Erstaunlich gute Übereinstimmung zeigen die Arbeitsplatzbeurteilung durch den Vorgesetzten und die Erwartungen des NC-Maschinenbedieners im Hinblick auf den Arbeitsplatz. Bei dem Arbeitsplatz des FFS-Maschienenbedieners ist die offensichtliche Unterschätzung der Anforderungen durch den Vorgesetzten bemerkenswert. Diese Einschätzung kann sich bezüglich der notwendigen Aus- und Weiterbildungsmaßnahmen negativ auswirken, da in der Regel der unmittelbare Vorgesetze Anstöße für derartige Fortbildungsaktivitäten gibt.

5. Wirtschaftlichkeit

Für den Anwender soll der NC- und FFS-Einsatz eine Stärkung seiner Wettbewerbsfähigkeit bewirken, vor allem durch Senkung von Kosten und Erhöhung von Produktivität und Flexibilität. Allerdings werden kleine und mittelständische Unternehmer sehr viel mehr Probleme bei der NC- oder FFS-Einführung haben als Großunternehmen. Die Probleme resultieren aus der Höhe der Investitionen, der Bildung geeigneter Teilespektren, dem sprunghaften Anstieg der Fertigungskapazität und dem wirtschaftlichen Risiko. Die Risiken ließen sich mindern, wenn dem investionsinteressierten Anwender Systeme als Baukästen angeboten würden, die kostengünstige FFS-Komponenten enthalten, d.h. verkettungsfähige Maschinen, Handhabungsgeräte, Transportelemente und Lagerteilsysteme. Außerdem fehlt die Standardisierung der operativen Steuerungen von FFS, die Übertragbarkeit von Programm-Moduln sowie Software zur dispositiven, dialogorientierten Werkstattsteuerung.

Voraussetzung für eine reibungslose FFS-Einführung sind Erfahrungen mit der NC-Technik. Der Einsatz der NC-Technik befindet sich bei den kleinen und mittelständischen Anwendern jedoch noch im Aufbau. Hemmnisse sind hier vor allem der Organisationsaufwand für vorbereitende Arbeiten, wie z.B. die Programmierung, und eine ungenügende Anzahl ausgebildeter NC-Maschinenbediener. Für mittelständische Anwender ist es wirtschaftlich sinnvoll in ersten Schritten NC-Maschinen und flexible Fertigungszellen einzuführen. Die damit gewonnenen Erfahrungen werden sie in die Lage bringen, auch komplette FFS einzusetzen.

Wenn in der Wirtschaftlichkeitsrechnung nur leicht quantifizierbare Faktoren, wie Personaleinsparung, Erhöhung des Nutungsgrades und Reduzierung des Umlaufkapitals, berücksichtigt werden, läßt sich in vielen Fällen die Wirtschaftlichkeit von FFS kaum nachweisen. Es müssen deshalb darüberhinaus schwer quantifizierbare Faktoren, wie Erhöhung der Lieferbereitschaft, der Termintreue, Beeinflussung von Kosten in vor- und nachgelagerten Bereichen in die Wirtschaftlichkeitsrechnung einbezogen werden.

Die Integration der verschiedenen Automatisierungsansätze im Fertigungsbereich zu kompletten CIM-Systemen steht heute erst am Anfang. Die Entwicklung ist aber nicht aufzuhalten. Nur wer sich früh in die neuen Techniken einarbeitet wird die Erfahrungen haben, um auch im nächsten Jahrzehnt wirtschaftlich produzieren zu können.

Literatur

/1/ Kamp,A.-W.: Interaktive Feinplanung und Steuerung der Produktion in flexiblen Fertigungssystemen, in: Scheer,A.-W. (Hg.): Produktionsplanung und -steuerung im Dialog, Physika-Verlag, Würzburg Wien, 1979

/2/ Autorengemeinschaft (ISI, IAB, IWF, Kamp): Der Einsatz flexibler Fertigungssysteme. Technische, einführungsorganisatorische, wirtschaftliche und arbeitsplatzbezogene Aspekte, Kernforschungszentrum Karlsruhe, KfK-PFT 42, 1982

/3/ Nagel,A./Pohl,Ch.: Weiterbildung für NC-Maschinen-Personal, RKW-Schriftenreihe Mensch und Technik, RKW, Eschborn, 1986

/4/ Blum,U.: Technische und personelle Möglichkeiten und Grenzen der Werkstatt-Programmierung, Werkstatt und Betrieb, 120 (1987), H.4, S.255-258

/5/ N.N.: Fabrikautomatisierung in Europa, hightec, 1988, H.4, S.10

ANFORDERUNGEN DER RECHNERINTEGRIERTEN FERTIGUNG AN PERSONALENTWICKLUNG UND QUALIFIKATION

Prof. Dr.-Ing. habil. Hans-Jörg Bullinger
Fraunhofer Institut für Arbeitswirtschaft und Organisation (IAO)
Nobelstr. 12C
7000 Stuttgart 80

Inhaltsverzeichnis

1 Einleitung

Die Fabrik der Zukunft ist in erster Linie ein wettbewerbsfähiges Unternehmen, denn sonst würde es für diese Fabrik gar keine Zukunft geben. Das Personal in den Betrieben, die Art seines Einsatzes und die Form der Führung sind heute anerkanntermaßen integrale Bestandteile der Wettbewerbsfähigkeit.

Auch wenn derzeit nur die Konturen der Fabrik der Zukunft absehbar sind, scheinen doch drei Dinge recht klar zu sein:

1. Der Einsatz von Rechnern, v.a. in Konzepten der integrierten Fertigung wird zunehmen; das strategische Ziel lautet dabei "Computer Integrated Manufacturing" (CIM).

2. Es wird unbedingt mehr, sehr wohl aber qualifiziertes Personal benötigt werden.

3. Die menschenleere Fertigung wird noch auf lange Zeit ein seltener Ausnahmefall bleiben.

Bevor nun im Folgenden versucht wird, die Voraussetzungen, Erfordernisse und Notwendigkeiten von Personalentwicklung und Qualifikation im Hinblick auf die rechnerintegrierte Fertigung aufzuzeigen, soll die Perspektive von CIM näher umrissen werden: CIM ist bekanntlich kein Produkt, sondern eine organisatorische Leitidee, aus der jeder Betrieb für sich sein spezielles Konzept für seine Fabrik der Zukunft entwickeln muß.

Für die Personalarbeit bedeutet der Einsatz neuer, namentlich integrierter Technologien und Arbeitsorganisation prinzipiell neue Erfahrungen: Technische Umstellung und organisatorische Veränderungen finden permanent in den Unternehmen statt. Personalaufgaben werden nicht an Bedeutung verlieren, denn auch die Fabrik der Zukunft ist ohne die Leistungen des Menschen nicht denkbar. Der wesentliche Unterschied zu früheren Anforderungen an die Personalarbeit liegt jedoch darin, daß größere Einheiten und Betriebsbereiche z. T. flächendeckend, grundsätzlich jedoch abteilungs- und funktionsübergreifend betroffen sind. Die personalpolitischen Planungs-, Abstimmungs- und Anpassungserfordernisse unterliegen deshalb erheblichen quantitativen und qualitativen Veränderungen.

Die Notwendigkeit einer Integration von Personalentwicklung und Weiterbildung in die Innovationsplanung ist mittlerweile Konsens.

Dennoch muß man davon ausgehen, daß es heute und in Zukunft keine detaillierten personalpolitischen Patentrezepte für die Bewältigung des in sich differenzierten technologischen Wandels in den verschiedenen Branchen, Unternehmensstrukturen und Betriebsgrößen gibt. Es müssen jeweils betriebsspezifische Erfordernisse in der Personalarbeit beachtet werden. Innovationen werden stark durch die technische Kommunikation geprägt sein. Daran wird sich auch in Zukunft nichts ändern; dennoch nimmt die Bedeutung personaler Triebkräfte betrieblicher Innovation - Management und Arbeit - und damit die Gestaltungsaufgabe des Personalwesens zu /1/.

1.1 CIM und die Fabrik der Zukunft

Viel Arbeitsfelder sind heute schon "computer-aided". Man gewöhnt sich daran. Augenblicklich ist das "Computer-Integrated-Manufacturing" (CIM) in aller Munde, wenn auch nur in den seltensten Fällen verwirklicht. Es ist noch nicht einmal eine kommunizierfähige begriffliche Basis für "CIM" gefunden. Dieses soll auch hier nicht verfolgt werden. Ich vermute jedoch, daß in ein paar Jahren nur noch wenige Menschen so überzogen wie heute über CAD, CAM und ähnliche Computeranwendungen reden werden. Statt dessen werden wohl die meisten wieder von Konstruieren und von Fertigen reden und es als selbstverständlich empfinden, daß auch diese Bereiche durch Rechner unterstützt werden /2/.

Vor diesem Hintergrund muß auch die Abb. 1 betrachtet werden /3/. Sie gibt die zukünftige Vernetzung verschiedenster Informations- und Kommunikationstechniken in ihrer vollen Reichweite wieder: Nämlich den gesamten computerunterstützten Arbeitsprozeß, beginnend vom Produktentwurf über die Konstruktion, Arbeitsplanung bis zur Steuerung der Maschinen, Transportsysteme, Roboter und Qualitätssicherung im Fertigungsbereich. Dies wirft nicht nur viele Fragen über die tiefergehenden und systematisch vernetzten Arbeitsabläufe auf der technischen Seite der Auftragsabwicklung auf, sondern berührt auch betriebswirtschaftlich-planerische Funktionen.

Die Fabrik der Zukunft wird ganz sicher eine netzwerkartige, komplexe, rechnergesteuerte Fabrik sein, vorausgesetzt, CIM und das herkömmliche Denken in Abteilungsgrenzen - Abteilung kommt von "abteilen" - schließen sich in diesem System nicht aus. Der Kerngedanke von CIM, v. a. aus Sicht der Problemlösung für den Anwender, liegt zunächst mehr auf "Integration" als auf "Computer": Es geht um die (Re-)integration von Prozessen der betrieblichen Leistungserstellung, also um betriebs- und arbeitsorganisatorische Fragen entlang der betrieblichen Dispositions- und Wertschöpfungskette. Der Rechner ist dafür lediglich ein Hilfsmittel. Mitarbeiter aller Funktionen des Betriebes müssen sich für die Nutzung diese Hilfsmittels qualifizieren.

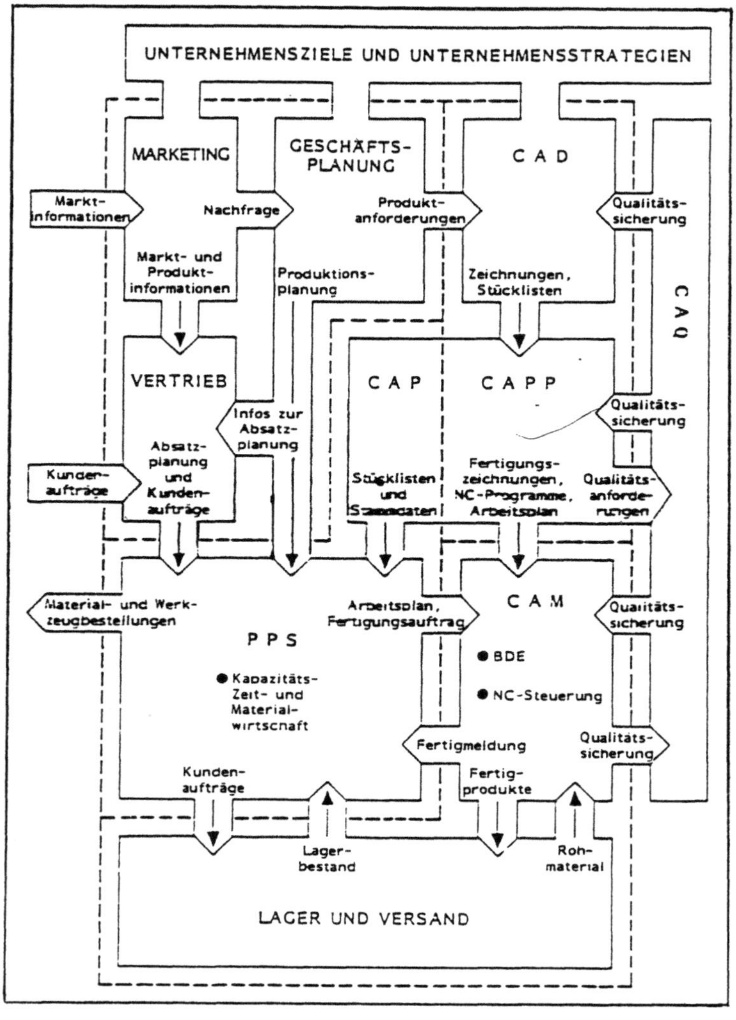

Abb. 1: CIM-Gesamtdarstellung

2 CIM-Konzepte

CIM-Konzepte gehen von integrierten Abläufen der Auftragsabwicklung aus, die auf eine gemeinsame Datenbasis zugreifen, so daß die derzeit nicht seltenen Medienbrüche mit Problemen der Mehrfacherfassung von Daten vermieden werden /4/. Dazu werden Rechnerhierarchien und -netze konzipiert, die verschiedene Bereiche des Rechnereinsatzes verknüpfen.

Das Spezifikum von CIM ist:

1. die funktionsintegrierte und prozeßorientierte Abwicklung aller Vorgänge anstelle arbeitsteiliger Abwicklung auf Basis

2. eines bereichsübergreifenden Informationsverbundes, der eine durchgängige, integrierte Datenbasis für alle Vorgänge der Auftragsabwicklung bzw. Leistungserstellung bereitstellt.

Die Idee von CIM ist also, durch eine hohe raum-zeitliche Verfügbarkeit aller relevanten Informationen für alle Schritte der betriebswirtschaftlichen, logistischen und technologiebestimmten Verfahrenskette derzeit getrennte Abläufe zu beschleunigen, zu verbessern und kostengünstiger zu gestalten. Wie weit ein solches Konzept reicht bzw. im Einzelfall reichen soll, ist eine weitere, nicht ganz triviale Frage. Im Extremfall einer "harten" Voll-Integration ist eine Vernetzung aller der o. g. Einsatzbereiche des Rechners vorzunehmen.

Die Art und Reichweite der Kopplung sowie die resultierende Art und Weise der Nutzung eines derartigen Systems haben natürlich Konsequenzen für die erforderliche Qualifikation des Personals in Planung und Nutzung der Systeme.

CIM ist daher eher als Leitidee für einen langfristigen Prozeß der Organisations- und Technikentwicklung, als ein kurzfristig erreichbarer Zustand anzusehen.

3 Möglichkeiten der rechnerintegrierten Fertigung: Die Personalstruktur

Im Rahmen der Integration müssen auch die Personal- und Qualifikationsstrukturen bereichs- und funktionsübergreifend verändert werden. Bei der Entwicklung und Planung der Personalstruktur für CIM werden in der betrieblichen Praxis vielfältige Mischformen entstehen. Allerdings erweist sich die computerintegrierte Technik als so flexibel einsetzbar und gestaltbar, daß eine vielfältige Organisation der Arbeit möglich und damit die individuellen Qualifikationen auch nutzbar sind. Dazu bedarf es jedoch der gemeinsamen Planung von Technik, Organisation und Personal.

Die traditionelle Personalstruktur in Fertigungsunternehmen der Bundesrepublik Deutschland läßt sich grob in die folgenden Kategorien einteilen /5/:

- Qualifiziertes Fertigungspersonal wie Facharbeiter, Vorarbeiter und Meister,

- Technisches und kaufmännisches Planungs- und Verwaltungspersonal, welches der Fertigung vor- und nachgelagerte Verwaltungstätigkeiten übernimmt,

- Hilfspersonal in Produktion und Büro, welches einfache, bislang der Automatisierung entzogene Tätigkeiten, mit nur geringen Anforderungen an die Qualifikation ausführt.

- Führungspersonal, welches die Unternehmensstrukturen plant, kontrolliert, optimiert und für den reibungslosen Ablauf der betrieblichen Leistungen verantwortlich ist.

Diese Gruppen haben je nach betrieblicher Arbeitsteilung unterschiedliche Aufgaben. Aus der heutigen Vielfalt unterschiedlicher Personal- und Qualifikationsstrukturen lassen sich jedoch zwei extreme Idealtypen herausfiltern, die mit bestimmten betrieblichen Organisationsstrukturen korrelieren. Zwischen diesen Personal- und Organisationsstrukturen ist eine ganze Bandbreite unterschiedlicher Mischformen denkbar /5/:

- Im ersten Betriebstyp herrscht die spezialisierte Facharbeit vor, wie sie z.B. für die kundenauftragsbezogene, handwerklich orientierte Einzel- und Kleinserienfertigung komplexer Produkte im Werkzeugmaschinenbau charakteristisch ist. Die fachliche Qualifikation der direkt produktiven Mitarbeiter ist hier von ausschlaggebender Bedeutung. Die Arbeitsteiligkeit hält sich in engen Grenzen und wird weitgehend dem Fertigungspersonal überlassen. Es gibt nur wenig Personal in vor- und nachgelagerten Bereichen. Betrachtet man Technikeinsatz und Fertigungsorganisation, so erweisen sich diese Betriebe, obwohl auch hier der Einsatz von CNC-gesteuerten Universal- und Mehrzweckmaschinen und/oder Organisationsformen wie Fertigungsinseln auf dem Vormarsch sind, als relativ "automatisierungsresistent" /6/.

- Der zweite Betriebstyp ist durch eine extrem komplexe Arbeitsteilung wie z.B. in der Fließ- und Massenfertigung charakterisiert, wobei das Fertigungspersonal Teilaufgaben mit sehr kurzen Taktzeiten erhält, für die keine besonderen Qualifikationen erforderlich sind /5/. Aufgrund der Transparenz in dieser produktionsprogrammbezogenen Fertigung kann jeder Handgriff im voraus geplant, kontrolliert und bewertet werden. Dies erfordert natürlich einen entsprechend umfangreichen Personalbestand in den vor- und nachgelagerten Bereichen der Fertigung. Dieser Betriebstypus ist abhängig von der Funktionalität seiner ausgeprägten Arbeitsteilung und dem Einsatz moderner Fertigungstechniken wie z.B. Transferstraßen. Das Personal dagegen ist relativ leicht austauschbar. Die Form dieser Arbeitsteilung geht auf die Prinzipien der wissenschaftlichen Betriebsführung von W.F. Taylor zurück.

CIM bzw. der Prozeß der Integration von "Insellösungen" wird diese vorfindlichen Personal- und Organisationsstrukturen erst langfristig verändern.

Die Abb. 2 zeigt drei Automatisierungsstufen, mit denen sich innovative Unternehmen heute und in Zukunft konfrontiert sehen. Diese Stufen sind mit unterschiedlichen Risiken verbunden /2/:

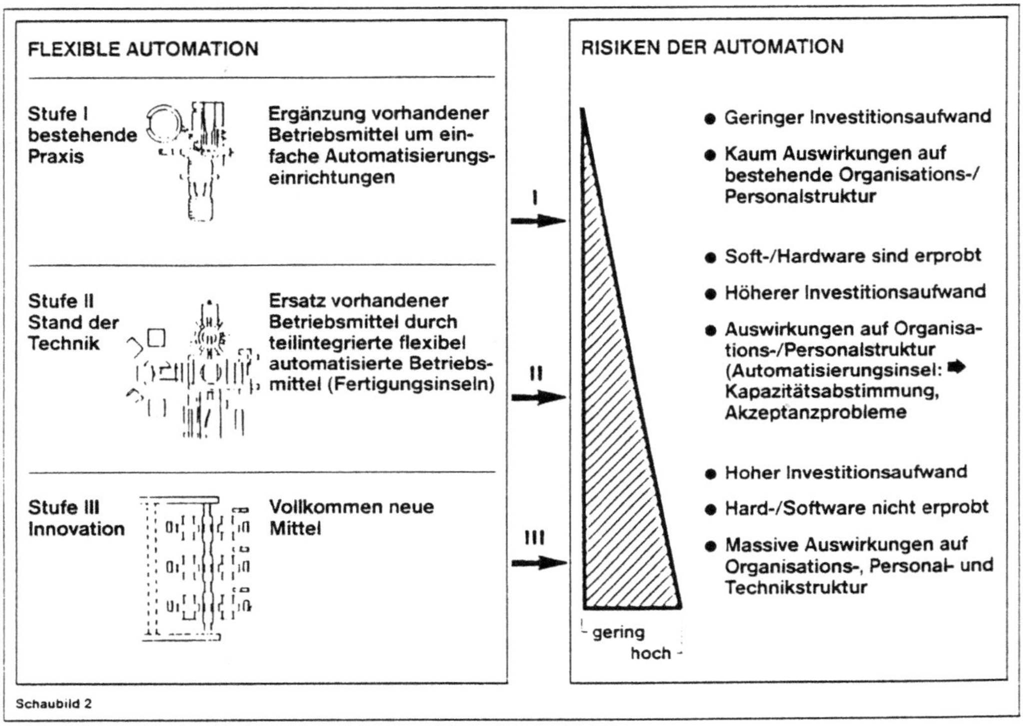

Abb. 2: Risiken der Automation bei unterschiedlichen Innovationsstrategien /2/

<u>Stufe 1:</u> Ergänzung vorhandener Betriebsmittel um einfache Automatisierungseinrichtungen. In vielen mittelständischen Unternehmen wird die Entwicklung in den nächsten Jahren nach diesem Muster ablaufen. Wegen des geringen Investitionsaufwandes in Technik werden kaum entscheidende Auswirkungen auf bestehende

Organisations- und Personalstrukturen zu beobachten sein.

Stufe 2: Ersetzen vorhandener Betriebsmittel durch teilintegrierte, flexibel automatisierte Betriebsmittel. Zu dieser Entwicklungsstufe gehören beispielsweise numerisch gesteuerte Bearbeitungszentren, die mit automatisierten Systemen im Transport zu Fertigungsinseln zusammengefaßt werden können.

Auf diesem Niveau wird inzwischen größtenteils mit erprobter Soft- und Hardware gearbeitet, auch wenn hier Probleme natürlich nicht völlig ausgeschlossen sind. Der Investitionsbedarf ist im Schnitt so hoch, daß bereits deutliche Auswirkungen auf die Organisations- und Personalstruktur registriert werden können. Mit der Einführung solcher Technologien müssen sich Betriebe daher verstärkt auf Probleme in der Kapazitätsbestimmung, der Betriebsmittelverfügbarkeit und auf Akzeptanzprobleme einstellen. Weiterbildung dient als konstruktives Instrument zur Lösung dieser Probleme.

Stufe 3: Einsatz vollständig neuer, programmierbarer Arbeitsmittel auf großer Stufenleiter. Auf dieser Entwicklungsstufe betritt man wirklich Neuland. Extrem hohen Investitionsaufwänden steht eine noch nicht erprobte Hard- und Software gegenüber, deren praktische Anwendung die Organisations-, Personal- und Technikstruktur tiefgreifend beeinflussen und sogar grundlegende Änderungen verursachen dürfte. Dieser Prozeß wird sicherlich nicht sprungartig durchlaufen werden.

Aber alle empirischen Beobachtungen und praktischen Erfahrungen deuten darauf hin, daß mit dem wachsenden Durchdringungsgrad des Technikeinsatzes die Risiken in den einzelnen Organisations- und Personalfeldern zunehmen. Arbeitsgestaltungs- und Qualifizierungsmaßnahmen stellen vor diesem Hintergrund nicht nur wichtige korrektive Größen dar; vielmehr kommt der prospektiven Planung von Arbeitssystemen, einschließlich der notwendigen Weiterbildung, eine entscheidende Bedeutung zu.

4 Die Schlüsselrolle von Qualifikation

Die Schlüsselrolle von Qualifikation kann nun am Beispiel neuer Fertigungstechnologien - am Automatisierungsprozeß von der manuellen Drehmaschine bis zum flexiblen Fertigungssystem -, die zu gravierenden Veränderungen der Arbeitsbelastung, der Arbeitsinhalte, der Arbeitsorganisation und der Qualifikationsanforderungen geführt werden, aufgezeigt werden. Personale Folgen sind u.a. /7/:

- Körperliche Belastungen werden reduziert und durch geistig-mentale Belastungen ersetzt.

- Direkt-produktive Tätigkeiten werden zunehmend automatisiert. Die Qualifikationen der Maschinenbediener werden im Zuge der Automatisierung entwertet. Die Gesamtzahl der Arbeiter für direkt-produktive Tätigkeiten geht zurück.

- Deutlich höhere Qualifikationsanforderungen an den Einzelnen sowie an Fertigungsteams sind andererseits in den Bereichen Wartung, Instandhaltung und Sicherstellung der Verfügbarkeit der Maschinen und Anlagen im Entstehen. In Abb. 3 sind die Veränderungen der Qualifikationsanforderungen im Fortschritt der Automatisierung vom konventionellen Technologieeinsatz bis hin zu flexiblen Fertigungssystemen im Werkzeugmaschinenbereich aufgezeigt:

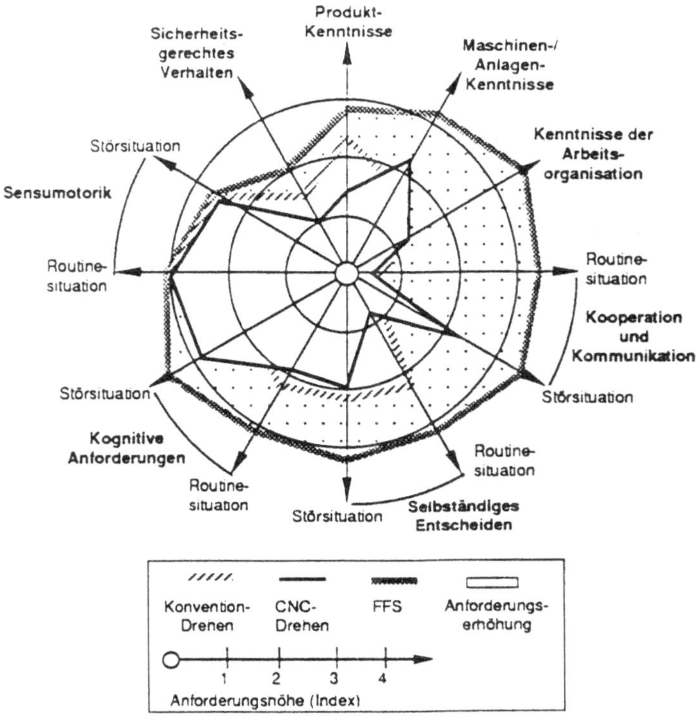

Abb. 3: Veränderung der Qualifikationsanforderungen im WZM-Bereich /8/

Bei fortgeschrittener Automatisierung steht einem erhöhten Produktionsvolumen eine quantitativ reduzierte **Anzahl** von Beschäftigten gegenüber. Mit dieser Entwicklung geht jedoch gleichzeitig eine Aufwertung der Qualifikation und Verantwortung der Mitarbeiter einher: Angesichts steigender Kapitalintensität der Maschinen und Anlagen sind die Unternehmen mehr denn je auf qualifizierte Mitarbeiter angewiesen, deren Einsatzbereitschaft und -fähigkeit maßgeblich die Stillstandszeiten und damit die Nutzungszeiten des eingesetzten Kapitals beeinflußt. Dieser Punkt gewinnt gerade bei der Einführung integrierter Systeme, bei denen erfahrungsgemäß bis zum Erreichen des "Normalbetriebs" über einen längeren Zeitraum Störungen oder Diskontinuitäten auftreten können, an Relevanz.

5 Folgerungen für Personalentwicklung und Qualifikation

Mit der Erkenntnis, daß der Einführungserfolg von CIM maßgeblich durch die Qualifikation der Anwender bestimmt wird (es ist von einem "Engpaßfaktor Personal" die Rede), ergeben sich für das Personalmanagement neue, erweiterte Aufgabenfelder. Von reiner Personalverwaltung muß übergegangen werden zum Aufbau zukünftiger Qualifikationspotentiale.

Die traditionelle Personalplanung und -entwicklung will die für den Prozeß der betrieblichen Leistungserstellung erforderlichen Mitarbeiter in der gewünschten Qualität und Quantität zum richtigen Zeitpunkt zur Verfügung stellen. Diese Zielsetzung erweist sich insbesondere dadurch als Ursache für Schwachstellen im Betrieb, daß sie lediglich auf den technischen Wandel reagiert, indem sie bemüht ist, Personalqualität und -quantität an technische Entwicklungen anzupassen. Ihre reaktive Orientierung läßt sich durch die Wirkungskette "Technik-Arbeitsinhalt-Arbeitsorganisation-Qualifikationsanforderungen-Qualifizierung" kennzeichnen.
Die Mängel traditioneller personalpolitischer Strategie kommen folglich erst dann zum Vorschein, wenn innerhalb der Einführungsphase neuer Technologien erhebliche Stillstandszeiten der Systeme aufgrund von Qualifikationsdefiziten auftreten. Eine erst zu spätem Zeitpunkt <u>nach Einführung von CIM</u> (oder Teilsystemen) stattfindende Personalentwicklung führt durch Zeitrestriktionen und nicht-adressatengerechte Aus- und Weiterbildungsprogramme zur suboptimalen Techniknutzung.

Gefordert wird deshalb eine Personalplanung und -entwicklung, die die Rolle des Krisenmangements abstreift /9/.

Gerade die "Rechner-Integration" als langfristiger Prozeß erfordert planvoll vorausschauende Qualifizierungskonzepte. Sie sollen gewährleisten, daß

- die Mitarbeiter die neuen "Werkzeuge" akzeptieren,

- die Nutzung dieser Hilfsmittel qualitativ die Arbeitsergebnisse optimiert,

- das "Anlaufverhalten" der technisch-organistorischen Systeme verbessert wird.

Qualifizierungskonzepte für CIM müssen den heutigen Stand der Vernetzung mit ihren zahlreichen Varianten und unterschiedlichen Systemkomponenten berücksichtigen. Hier kann folgende Regel gelten: Da Qualifikation um so schneller verfällt, je konkreter und spezieller sie ist, sollte bei dynamischer Systementwicklung eine breite Grundqualifikation der Anwender vorhanden sein, auf der problemlos hersteller- und systemspezifische Schulungen aufbauen können.
Systemspezifische Inhalte einer CIM-Schulung sind am besten über das aufgabenbezogene Durcharbeiten der konkreten CIM-Ablaufketten zu bestimmen und zu vermitteln.
CIM-Schulungen sollten die Benutzer befähigen, mit Änderungen, Störungen und Eilaufträgen umzugehen, die besonders in der kundenauftragsbezogenen Fertigung geradezu zum "Normalbetrieb" gehören. Darüberhinaus sollten die Benutzer in der Lage sein, schwerwiegende Systemstörungen durch manuelle Aufgabenbewältigung auszugleichen.

Bei der Konzeption der CIM-Aus- und Weiterbildung lassen sich zwei Strategien unterscheiden, deren Merkmale der Abb. 4 zu entnehmen sind /10/:

- Die Top-Down-Strategie basiert auf einer bereichsübergreifenden Gesamtbetrachtung sämtlicher CIM-Funktionen, die von einer hierarchischen Strukturierung der Aufgabenstellungen von der oberen Leitungs- bis auf die Werkstattebene ausgeht.

- Die Bottom-Up-Strategie geht von einzelnen Teilbereichen und deren Aufgabengebieten aus und nimmt von da aus eine Erweiterung innerhalb derselben oder auch für übergeordnete Hierarchieebenen vor.

Strategie	Top-Down	Bottom-up
Prinzip	Ausgehend von CIM-Funktionen werden für alle Hierarchieebenen und Funktionsbereiche Aufgabenstellungen definiert	Ausgehend von den Aufgabenstellungen der einzelnen Teilbereiche werden durch fortgesetzte Abstraktion die Aufgabenstellungen für die übergeordneten Funktionsbereiche bestimmt
Vorteile	● Konzentration auf das Wesentliche ist möglich, keine Überflutung mit Detailfragen ● Strukturelle Zusammenhänge sind besser erkennbar	● Konkrete Ausgangsbasis vorhanden ● Begrenzung auf konkrete Teilgebiete möglich
Nachteile	● Hohes Abstraktionsvermögen ist notwendig ● Top ist oft nicht eindeutig zu bestimmen	● Übergeordnete Strukturen werden durch Details überdeckt ● Es enstehen u.U. Abweichungen von den angestrebten Zielen ● Es wird eine breite Basis benötigt, um sicher das Ziel zu erreichen

Abb. 4: Strategien zur Konzeption der CIM-Aus- und Weiterbildung /10/

Für die Konzeption der Aus- und Weiterbildungsmaßnahmen bietet sich eine zielgerichtete Kombination beider Strategien an. Ausschließliche Bottom-Up-Vorgehensweise konzentriert die Konzeption der Aus- und Weiterbildung zu sehr auf Lerninhalte bestehender Automatisierungsinseln. Die CIM-spezifische Problematik erfordert dagegen die Berücksichtigung bereichsübergreifender Funktionen. Von daher ist die Einbeziehung einer Top-Down-Vorgehensweise notwendig.

Literatur:

/1/ Cieplik, U.: Personalplanung bei technologischem Wandel. In: Zink, K.J. (Hrsg.): Personalwirtschaftliche Aspekte neuer Technologien, Berlin 1985, S. 45 - 61.

/2/ Bullinger, H.-J.; Behrens, A.: Berufliche Weiterbildung. Innovation und Qualifikation sind untrennbar. In: Methodik-Journal IV/87, S. 247 - 250.

/3/ Bullinger, H.-J.; Lay, K.; Warschat, J.: Perspektiven aus der Integration von CA-Komponenten. Technische Rundschau, 1987 (22), S. 54 - 60.

/4/ Behrens, A.; Korndörfer, V.: Inhalte technischer Weiterbildung für die Fabrik der Zukunft. In: FhG-Berichte 2/88, S. 40 - 43.

/5/ Dostal, W.: Personal für CIM. In: CIM-Management 1/88, S. 4 - 11.

/6/ Manske, F.; Wobbe-Ohlenburg, W.: Fertigungssteuerung im Maschinenbauunternehmen aus der Sicht von Unternehmensleitung und Werktstattpersonal. In: VDI-Z Bd. 127 (1985) Nr. 11, S. 395 - 402.

/7/ Bullinger, H.-J.: Berufliche Weiterbildung: Investition in die Zukunft. In: Meyer-Dohm, P.; Schütze, H.G. (Hrsg.): Technischer Wandel und Qualifizierung: Die neue Synthese, Schriftenreihe HdA Bd. 90, S. 110 - 118, Frankfurt am Main 1987.

/8/ Sonntag, K. (Hrsg.): Neue Produktionstechniken und qualifizierte Arbeit, Beiträge zur Technik, Arbeitsorganiastion, Qualifikation, Personalplanung und -entwicklung in der computerunterstützten Fertigung von Konstruktion, Köln 1985.

/9/ Staudt, E.: Bestimmungsfaktoren betrieblicher Personalpolitik. In: Emmerich, K.; Staudt, E. (Hrsg.): Betriebliche Personalentwicklung und Arbeitsmarkt, BeitrAB 109, S. 1 - 45, Nürnberg 1987.

/10/ Dt. Inst. für Normung e.V. (Hrsg.): Normung von Schnittstellen für die rechnerintegrierte Produktion (CIM): Standortbestimmung und Handlungsbedarf. Berlin, Köln 1987.

ZUKUNFTSSICHERUNG DURCH REALISIERUNG VON CIM-KOMPONENTEN

Dipl.-Ing., Dipl.-Wirtsch.-Ing.
Martin Benzinger
TRUMPF Systemtechnik GmbH
Johann-Maus-Str. 2
7257 Ditzingen

INHALTSVERZEICHNIS

1. EINLEITUNG

DIE INDUSTRIELLE PRODUKTION UNSERER ZEIT IST GEKENNZEICHNET DURCH IMMER KÜRZER WERDENDE INNOVATIONSZYKLEN, ZUNAHME DER VARIANTENVIELFALT DER PRODUKTE SOWIE STEIGENDE QUALITÄTSANFORDERUNGEN BEI SICH GLEICHZEITIG VERSCHÄRFENDER KOSTENSITUATION. DIE SICHERUNG DER WETTBEWERBSFÄHIGKEIT EINES UNTERNEHMENS MUß SICH DAHER AUF EINE BEANTWORTUNG DER KERNFRAGEN

- WIE KANN DIE PRODUKTIVITÄT GESTEIGERT WERDEN, UM NEBEN EINER REDUZIERUNG DER HERSTELLKOSTEN EINE VERKÜRZUNG DER AUFTRAGSDURCHLAUFZEITEN ZU ERREICHEN ?

- WIE KANN DIE FLEXIBILITÄT ERHÖHT WERDEN, UM AUF MARKTEINFLÜSSE UND KUNDENWÜNSCHE SCHNELLER ZU REAGIEREN ?

- WIE KANN DIE QUALITÄT VERBESSERT UND AUF HOHEM NIVEAU NACHHALTIG GESICHERT WERDEN ?

KONZENTRIEREN.

DIES GILT INSBESONDERE FÜR DEN MITTELSTÄNDISCHEN BETRIEB, DER DAS RÜCKGRAT DER DEUTSCHEN INDUSTRIE BILDET. ALLEIN IM MASCHINENBAU GIBT ES ÜBER 5000 BETRIEBE, DIE EIN EXPORTVOLUMEN VON UNGEFÄHR DM 90 MRD. ERWIRTSCHAFTEN. MEHR ALS 50% DER PRODUKTION DES MASCHINENBAUS WIRD EXPORTIERT. IN DER KONKURRENZFÄHIGKEIT IM WELTMARKT ENTSCHEIDET SICH ALSO DAS WIRTSCHAFTLICHE SCHICKSAL DIESER FIRMEN. DABEI IST DER "INDUSTRIESTANDORT DEUTSCHLAND" DURCH SEHR HOHE KOSTEN GEPRÄGT. DESHALB IST GERADE AUCH IM MITTELSTÄNDISCHEN UNTERNEHMEN RASCHE VERÄNDERUNG, GROßE PRODUKTVIELFALT UND PREISWÜRDIGKEIT DER PRODUKTE DAS GEBOT DER STUNDE.

2. VOM NC- ZUM CIM-KONZEPT

MIT DER VERWIRKLICHUNG DER NUMERISCHEN STEUERUNG VOR NUNMEHR 30 JAHREN TAUCHTE DER GEDANKE DER FLEXIBILITÄT ERSTMALS AUF UND WURDE DER WEG FÜR EINE WIRTSCHAFTLICHE FERTIGUNG AUCH BEI KLEINEN STÜCKZAHLEN AUFGEZEIGT. BEGONNEN WURDE MIT EINER MEHR-ACHSEN-FRÄSMASCHINE, DIE TEILE FÜR DIE AMERIKANISCHE LUFTWAFFE OHNE VORRICHTUNGEN HERSTELLEN SOLLTE. DIE HOHEN INVESTITIONEN IN FESTE WERKZEUGE SOLLTEN REDUZIERT UND EINE SCHNELLE ANPASSUNG AN SICH ÄNDERNDE WAFFENSYSTEME ERMÖGLICHT WERDEN.

DER DURCHBRUCH DER NUMERISCHEN STEUERUNG GELANG JEDOCH ERST IN DEN 70ER JAHREN, NACHDEM MASCHINENKONZEPTE FORMULIERT WAREN, DIE VON GRUND AUF DIE MÖGLICHKEITEN DER NC-TECHNOLOGIE BERÜCKSICHTIGTEN. MIT DEM NC-BEARBEITUNGSZENTRUM WURDE DANN DIE AUTOMATISCHE BEWEGUNG UND FÜHRUNG DES WERKSTÜCKS, SOWIE DIE AUTOMATISCHE WAHL DES WERKZEUGS ÜBERZEUGEND REALISIERT.

BEI DER WEITERENTWICKLUNG DES BEARBEITUNGSZENTRUMS WURDEN WERKSTÜCKSPEICHER VORGESEHEN UND EINRICHTUNGEN GESCHAFFEN, DIE EINEN AUTOMATISCHEN WERKSTÜCKWECHSEL ERMÖGLICHTEN. DER VOLLAUTOMATISCHE BETRIEB ÜBER EINEN LÄNGEREN ZEITRAUM WURDE DURCH DIE SO ENTSTANDENE FLEXIBLE FERTIGUNGSZELLE MÖGLICH. AUCH DIE ENTKOPPLUNG VON MENSCH UND MASCHINE IST MIT DER FLEXIBLEN FERTIGUNGSZELLE WEITGEHEND VOLLZOGEN WORDEN.

DIE VERKNÜPFUNG FLEXIBLER BEARBEITUNGSZELLEN DURCH EIN AUTOMATISIERTES MATERIALFLUßSYSTEM UND DER EINSATZ EINES RECHNERSYSTEMS ZUR VERWALTUNG DER DATEN AUS DER FERTIGUNGSPLANUNG UND -STEUERUNG, SOWIE ZUR WERKSTÜCK- UND WERKZEUGVERWALTUNG FÜHRTE SCHLIEßLICH ZUM FLEXIBLEN FERTIGUNGSSYSTEM. IN SOLCH EINEM MEHRSTUFIGEN KOMPLEXEN PRODUKTIONSSYSTEM KÖNNEN UNTERSCHIEDLICHE WERKSTÜCKE FAST VOLLSTÄNDIG BEARBEITET WERDEN. DIE VERSCHIEDENEN WERKSTÜCKE KÖNNEN DAS SYSTEM AUF VERSCHIEDENEN PFADEN UND DIE EINZELNEN STATIONEN IN FREI WÄHLBARER REIHENFOLGE DURCHLAUFEN.

DIE RECHNERANWENDUNG BLEIBT IN DER LETZTEN STUFE KEINESFALLS BEI DER MASCHINE UND IHRER UNMITTELBAREN PERIPHERIE STEHEN. DIE GESAMTE STRUKTUR EINES BETRIEBES WIRD DURCHDRUNGEN. ES GEHT UM DIE STEUERUNG GANZER FABRIKEN MIT VÖLLIG FLEXIBLER ANPASSUNG AN DEN MARKTBEDARF BEI GLEICHZEITIG MINIMALER BINDUNG VON KAPITAL IN FERTIGEN ERZEUGNISSEN.

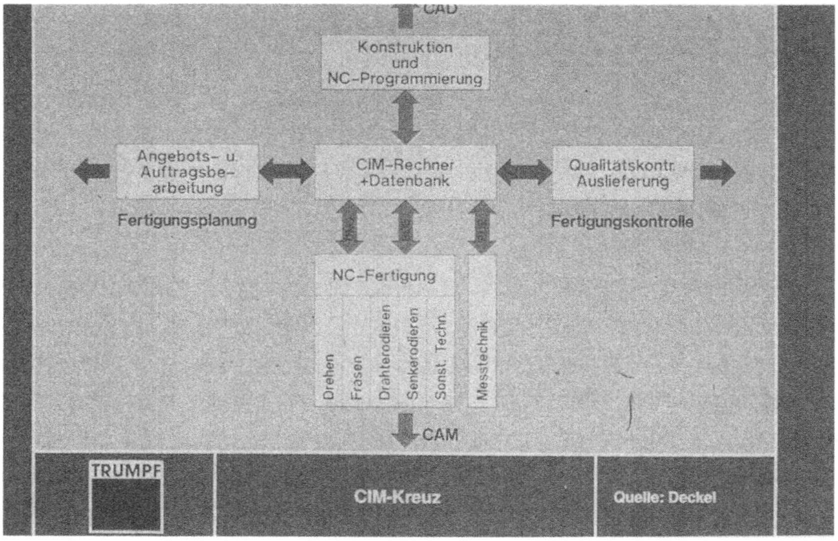

BILD 1: CIM-KREUZ

DIE MODERNE FABRIK WIRD DURCH DAS CIM-KREUZ BESTIMMT, VON DER KONSTRUKTION ZUR FERTIGUNG UND VON DER ANGEBOTSERSTELLUNG ÜBER DIE QUALITÄTSKONTROLLE ZUR AUSLIEFERUNG (BILD 1).

VIELES DAVON IST ZUM GEGENWÄRTIGEN ZEITPUNKT NOCH NICHT DURCHGÄNGIG REALISIERT: DIE ERSTEN SCHRITTE SIND ABER DURCHAUS GETAN.

RECHNERGEFÜHRTE FERTIGUNGSANLAGEN UND DIE VOM COMPUTER REALISIERTE INTEGRATION ALLER BETRIEBLICHEN PROZESSE, ARBEITSINHALTE UND ABLÄUFE ERFÜLLEN DIE FORDERUNGEN NACH MEHR FLEXIBILITÄT, PRODUKTIVITÄT UND QUALITÄT. BEIDE SIND AUCH IN KLEINEM RAHMEN REALISIERBAR.

FÜR DIE EINFÜHRUNG DER RECHNERINTEGRIERTEN FERTIGUNG GIBT ES JEDOCH KEIN ALLGEMEIN GÜLTIGES, UNMITTELBAR EINSETZBARES KONZEPT. SPÄTESTENS BEIM VERSUCH, DIE CIM-IDEE IN DIE PRAXIS UMZUSETZEN, WIRD DIES DEUTLICH. DIE EINFÜHRUNG MUß IN STUFEN ERFOLGEN. IN ERSTER LINIE MUß DIE TECHNOLOGIE BEHERRSCHT WERDEN, D.H., DIE ENTSPRECHENDEN KENNTNISSE IN DER FERTIGUNGSTECHNIK, IN DER PROGRAMMIERUNG UND IN DER ORGANISATION DER FERTIGUNGSSTEUERUNG SIND NOTWENDIG.

3. CIM IM MITTELSTÄNDISCHEN UNTERNEHMEN

IN UNTERNEHMEN KLEINERER UND MITTLERER GRÖßE FINDET SICH HÄUFIG EINE "GEWACHSENE FERTIGUNG". D.H., ES WERDEN UNTERSCHIEDLICHE MASCHINENTYPEN IN UNTERSCHIEDLICHEN AUTOMATISIERUNGSSTUFEN, MIT MASCHINENSPEZIFISCHEN WERKSTÜCKPALETTEN UND MIT UNTERSCHIEDLICHEN STEUERUNGEN EINGESETZT. DIE KAPITALKRAFT REICHT IN DEN MEISTEN FÄLLEN NICHT FÜR DEN AUFBAU EINER VÖLLIG NEUEN FABRIK. EINE KOMPLETTE AUTOMATISIERUNG DER FERTIGUNG WIRD ALSO NICHT SOFORT MÖGLICH SEIN. DIE EINZELNEN ANLAGEN MÜSSEN ZUERST IN BEZUG AUF DIE AUTOMATISIERUNG AUF EINEN EINHEITLICHEN STAND GEBRACHT WERDEN. DANACH MUß ENTSCHIEDEN WERDEN, WELCHE MASCHINEN DIREKT AN DAS TRANSPORTSYSTEM, Z.B. FTS, ANGEGLIEDERT WERDEN KÖNNEN UND WELCHE ANPASSUNGEN DAZU NOTWENDIG SIND.

EIN WEITERES PROBLEM SIND DIE UNTERSCHIEDLICHEN SCHNITTSTELLEN ZUM LEITRECHNERSYSTEN, BEDINGT DURCH DIE VERSCHIEDENEN ANLAGENSTEUERUNGEN.

DIE ERFAHRUNGEN, DIE BEI DER AUSEINANDERSETZUNG MIT DEN GENANNTEN PROBLEMEN ZWANGSLÄUFIG GEWONNEN WERDEN, FLIEßEN JEDOCH RELATIV SCHNELL IN DIE PLANUNG FÜR ZUKÜNFTIGE BESCHAFFUNGEN VON FERTIGUNGSANLAGEN EIN.

DIE VERBESSERUNG ODER NEUORGANISATION DES MATERIALFLUSSES UND DER MATERIALLAGERUNG IST EINE FORDERUNG, DIE SICH FAST ZWANGSLÄUFIG BEI DER PLANUNG DER CIM-STRUKTUR ERGIBT.

DARÜBER HINAUS MÜSSEN NATÜRLICH GEZIELTE MODIFIKATIONEN DER ABLAUFORGANISATION VORGENOMMEN WERDEN. DIE INFORMATIONSVERARBEITUNG MUß MIT EINEM PPS-SYSTEM IN VERBINDUNG MIT ANDEREN CA-TECHNIKEN DEN BEDÜRFNISSEN DER RECHNERGESTEUERTEN FERTIGUNG ANGEPAßT WERDEN.

DIES ERFORDERT IM ALLGEMEINEN EINE MEIST EDV-GESTÜTZTE VERBESSERUNG UND RATIONALISIERUNG DER GESAMTAUFTRAGSABWICKLUNG.

DIE EINFÜHRUNG DER RECHNERINTEGRIERTEN FERTIGUNG IST VERBUNDEN MIT HOHEN INVESTITIONEN UND EINEM GROßEN ZEITLICHEN AUFWAND. DANEBEN ERGEBEN SICH VÖLLIG NEUE ANFORDERUNGEN AN DAS BETRIEBLICHE UMFELD SOLCHER SYSTEME. DIE BETRIEBSORGANISATION UND DIE QUALIFIKATION DER MIT DIESEN SYSTEMEN BESCHÄFTIGTEN MITARBEITER MÜSSEN DEN NEUEN ANFORDERUNGEN ANGEPAßT WERDEN.

DIE ÄNDERUNG IN DER ORGANISATION IST IN EINEM MITTELSTÄNDISCHEN UNTERNEHMEN WOHL LEICHTER DURCHZUFÜHREN ALS IN GROßUNTERNEHMEN MIT MEIST EINGEFAHRENEN KOMPLIZIERTEN STRUKTUREN. ZUMINDEST IST DIE ANPASSUNG ÜBERSCHAUBARER, DIE DEFINITION DER AUFGABEN EINFACHER.

ES IST UNBESTRITTEN, DAß BESONDERS IM SÜDDEUTSCHEN RAUM EIN MANGEL AN FACHKRÄFTEN HERRSCHT. EIN WICHTIGES ANLIEGEN DER UNTERNEHMEN MUß DESHALB HEUTE DIE BERUFSAUSBILDUNG UND DIE WEITERBILDUNG IM BETRIEB SEIN. DABEI IST ES NOTWENDIG, DAß DIE HÖHERQUALIFIZIERUNG ALLE EBENEN DES UNTERNEHMENS UMFAßT. DURCH INNER- UND AUßERBETRIEBLICHE SCHULUNG MUß Z.B. EIN MASCHINENBEDIENER ZUM PROGRAMMIERER AUSGEBILDET WERDEN, WODURCH WIEDERUM EINEM PROGRAMMIERER ERMÖGLICHT WIRD, EINE HÖHERE QUALIFIKATION ZU ERLANGEN.

WIE BEREITS ANGESPROCHEN, IST DIE EINFÜHRUNG DES CIM-GEDANKENS MIT HOHEN INVESTITIONEN VERBUNDEN. HIER STELLT SICH AUTOMATISCH DIE FRAGE NACH DER WIRTSCHAFTLICHKEIT SOLCHER KOMPLEXEN SYSTEME. DIE METHODEN, MIT DENEN BISHER EINZELMASCHINEN ODER EINZELSYSTEME BEWERTET WURDEN, KÖNNEN UND DÜRFEN BEI FLEXIBLEN FERTIGUNGSSYSTEMEN NICHT ANGEWENDET WERDEN. DIE ANLAGEN SIND AUF FLEXIBILITÄT UND SOMIT AUF EINE LANGFRISTIGE NUTZUNG AUSGELEGT, SODAß EINE BEWERTUNG AUSSCHLIEßLICH NACH DER AMORTISATIONSZEIT NICHT MEHR GENÜGT. ES MÜSSEN NEUE BEWERTUNGSVERFAHREN ENTWICKELT WERDEN, DIE NEBEN DEN KOSTEN FÜR INSTALLATION, PERIPHERIE UND SCHULUNG AUCH NICHT QUANTIFIZIERTE EINFLUßGRÖßEN BERÜCKSICHTIGEN.

VORTEILE WIE REDUZIERUNG DER DURCHLAUFZEITEN UND DAMIT FERTIGUNGSKOSTEN, VERRINGERUNG DER LAGERBESTÄNDE AUFGRUND DER VERBESSERTEN TERMINGERECHTEN LIEFERBEREITSCHAFT UND EINE VERBESSERUNG DER QUALITÄT MÜSSEN IN DIE WIRTSCHAFTLICHKEITSRECHNUNG EINFLIEßEN. DER ENTSCHEIDENDE FAKTOR ABER IST DER WETTBEWERBSVORTEIL IM MARKT, DER DURCH DIE RASCHE EINFÜHRUNG NEUER PRODUKTE ERLANGT WERDEN KANN.

4. CIM-KOMPONENTEN IN DER PRAXIS

DIE FRÜHZEITIGE EINFÜHRUNG VON NC-TECHNOLOGIEN UND DV-TECHNISCHE DURCHDRINGUNG DER MATERIAL-, ZEIT- UND KAPAZITÄTSWIRTSCHAFT IN DER FERTIGUNG HAT IN ZAHLREICHEN, AUCH MITTELSTÄNDISCHEN UNTERNEHMEN DEN SCHRITT ZUR REALISIERUNG EINES CIM-KONZEPTS ERLEICHTERT. SO FINDEN SICH HEUTE BETRIEBE, BEI DENEN DER MENSCH ALS AUSLÖSER ODER AUSFÜHRENDER VON ARBEITSSCHRITTEN WEITGEHEND DURCH DEN COMPUTER ERSETZT IST UND WO DIE FAST MENSCHENLEERE FABRIK, INSBESONDERE IN DER ZWEITEN UND DRITTEN SCHICHT WIRKLICHKEIT WURDE (BILD 2).

BILD 2: AUTOMATISIERTE FERTIGUNG IN DER SPANENDEN BEARBEITUNG

EIN BEISPIEL DAFÜR IST EIN UNTERNEHMEN DER WERKZEUGMASCHINENINDUSTRIE, IN DEM CIM-KOMPONENTEN SCHRITT FÜR SCHRITT ZUR ZUKUNFTSSICHERUNG AUFGEBAUT UND INTEGRIERT WERDEN. GLEICHZEITIG UND MIT DEM GLEICHEN ZIEL WERDEN DORT CIM-KOMPONENTEN ENTWICKELT UND FÜR EINEN IMMER BEDEUTENDER WERDENDEN BEREICH DER PRODUKTIONSTECHNIK ANGEBOTEN.

IN DER SPANENDEN FERTIGUNG DIESES UNTERNEHMENS WERDEN RUND 18.000 VERSCHIEDENE TEILE HERGESTELLT. 90% DER EINGESETZTEN MASCHINEN SIND NC-MASCHINEN. GEFERTIGT WIRD IN DREI SCHICHTEN: IN DER DRITTEN SCHICHT ARBEITEN 12 GANZ UNTERSCHIEDLICHE MASCHINENSYSTEME VOM DREHEN UND FRÄSEN BIS ZUM AUßEN- UND INNENRUNDSCHLEIFEN VOLLAUTOMATISCH, WOBEI NUR ZWEI MITARBEITER, DIE WEITGEHEND ÜBERWACHUNGSFUNKTIONEN AUSÜBEN, ANWESEND SIND.

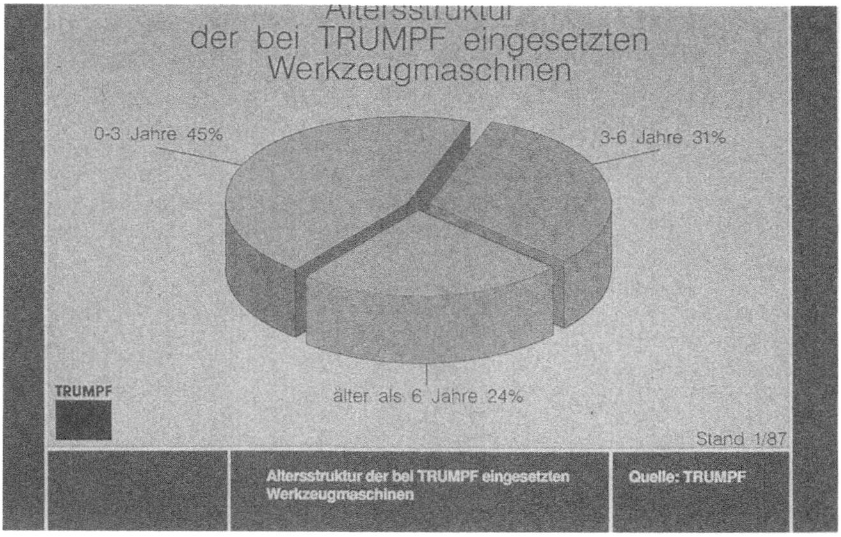

BILD 3: ALTERSSTRUKTUR DER EINGESETZTEN NC-MASCHINEN

DIE EINFÜHRUNG DER FLEXIBLEN FERTIGUNG IM DREISCHICHTBETRIEB ERFORDERTE DIE HINWENDUNG ZUR NC-MASCHINE. DIE ALTERSSTRUKTUR DER EINGESETZTEN WERKZEUGMASCHINEN ZEIGT, DAß FAST DIE HÄLFTE DER ANLAGEN NICHT ÄLTER ALS DREI JAHRE IST (BILD 3). EIN WICHTIGER GRUND FÜR DIESE GÜNSTIGE STRUKTUR IST DAS STARKE WACHSTUM IN DEN VERGANGENEN JAHREN, DAS ZUR MODERNISIERUNG DER FERTIGUNG ZWINGT, DAMIT GLEICHZEITIG DIE WETTBEWERBSFÄHIGKEIT ERHALTEN BLEIBT.

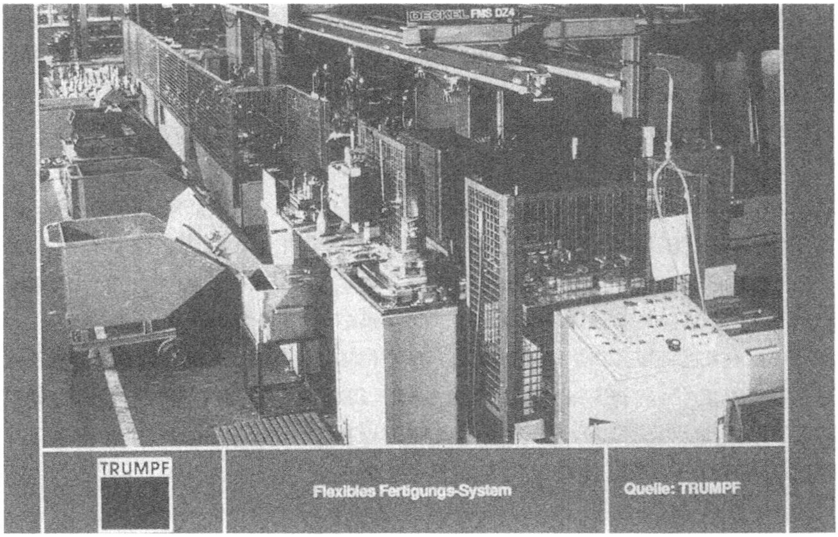

BILD 4: HOCHREGALLAGER, SPANENDE FERTIGUNG

IN DER FERTIGUNGSHALLE, ALSO IN UNMITTELBARER NÄHE DER BEARBEITUNGSZENTREN, BEFINDET SICH EIN HOCHREGALLAGER MIT EINER KAPAZITÄT VON 310 FÄCHERN (BILD 4). DAS LAGERGUT BESTEHT AUS ROHLINGEN UND TEILBEARBEITETEN WERKSTÜCKEN FÜR DIE SPANENDE FERTIGUNG. ES HANDELT SICH HIERBEI SCHON UM AUFTRAGSBEZOGEN EINGELAGERTE TEILE.

DIE VERWEILDAUER BETRÄGT HEUTE INSGESAMT DURCHSCHNITTLICH 10 TAGE PRO TEIL, NACH DER VOLLSTÄNDIGEN REALISIERUNG DES CIM-KONZEPTS SOLL DIE VERWEILZEIT NICHT MEHR ALS 3 TAGE BETRAGEN. DAS HOCHREGALLAGER HAT 2 EINLAGERSTATIONEN UND 2 STATIONEN ZUR AUTOMATISCHEN ÜBERGABE DER PALETTEN AN DIE FAHRERLOSEN TRANSPORTSYSTEME. VOR DEM LAGER BEFINDEN SICH 14 BEREITSTELLUNGSPLÄTZE, AUF DENEN DIE MASCHINENPALETTEN FÜR DIE BEARBEITUNGSZENTREN GERÜSTET UND BEREITGESTELLT WERDEN. DURCH DIESE EINRICHTUNG KONNTE BEI EINIGEN DER FERTIGUNGSZENTREN AUF DIE GROßEN UND TEUREN PALETTENBAHNHÖFE VERZICHTET WERDEN. DIESE FERTIGUNGSZELLEN SIND LEDIGLICH MIT EINEM PALETTENWECHSLER MIT DREI STATIONEN VERSEHEN, AUF DENEN DAS NÄCHSTE ZU BEARBEITENDE WERKSTÜCK VORGELAGERT UND DAS FERTIGE TEIL ZUR ABHOLUNG BEREITGESTELLT WIRD, WÄHREND DIE MASCHINE EIN DRITTES TEIL BEARBEITET. DIE EINGESPARTE FLÄCHE KANN FÜR WEITERE FERTIGUNGSANLAGEN GENUTZT WERDEN.

GLEICHZEITIG ERMÖGLICHT DIE BEREITSTELLSTATION VOR DEM LAGER DIE EINFÜHRUNG VON "STÖRSTRATEGIEN". BEI AUSFALL EINES BEARBEITUNGSZENTRUMS MUß NICHT ERST DER PALETTENBAHNHOF ABGERÄUMT WERDEN, DIE WERKSTÜCKPALETTEN KÖNNEN VON DER BEREITSTELLSTATION VOR DEM LAGER AUS UMGELEITET WERDEN. DAS LAGER IST MIT EINER EIGENEN STEUERUNG VERSEHEN. DIE ANWAHL DER LAGERFÄCHER ERFOLGT ZUR ZEIT NOCH MANUELL. DER ABLAUF DER EIN- UND AUSLAGERUNG IST AUTOMATISIERT. ÜBER EINE SCHNITTSTELLE WIRD DIE LAGERVERWALTUNG IN ZUKUNFT DURCH EINEN ÜBERGEORDNETEN MATERIALFLUßRECHNER ERFOLGEN.

MIT HILFE DES ZENTRALEN LAGERS WURDEN DIE TRANSPORTWEGE UND -ZEITEN WESENTLICH REDUZIERT UND DIE ZWISCHENLAGERUNG NAHE AM FERTIGUNGSORT ERMÖGLICHT.

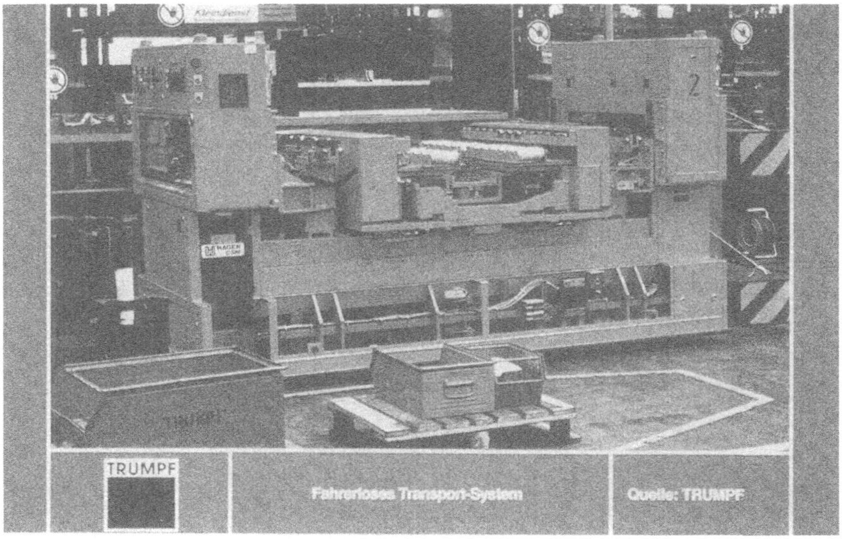

BILD 5: FAHRERLOSES TRANSPORTSYSTEM

DER MATERIALTRANSPORT IN DER FERTIGUNG WIRD VON ZWEI FAHRERLOSEN TRANSPORTSYSTEMEN AUSGEFÜHRT (BILD 5). EINES DER FAHRZEUGE IST SPEZIELL FÜR DIE AUFNAHME DER WERKSTÜCKPALETTEN KONZIPIERT. DA IN DER SPANENDEN FERTIGUNG MASCHINEN VERSCHIEDENER HERSTELLER UND SOMIT UNTERSCHIEDLICHE WERKSTÜCKTRÄGER EINGESETZT WERDEN, WAR DIE AUSWAHL DES FAHRZEUGS NICHT UNPROBLEMATISCH. ES MUßTE SCHLIEßLICH EIN GERÄT ENTWICKELT WERDEN, DAS VIER UNTERSCHIEDLICHE WERKSTÜCKPALETTEN AUFNEHMEN UND SICH DER ÜBERGABEHÖHE DER VERSCHIEDENEN BEARBEITUNGSZENTREN ANPASSEN KONNTE. DIE SONDERAUSFÜHRUNG IST CA. VIERMAL SO TEUER WIE DAS STANDARDFAHRZEUG.

BILD 6: DECKEL-ZENTRUM

EINE DER IM CIM-KONZEPT INTEGRIERTEN ANLAGEN IST EIN FLEXIBLES FERTIGUNGSSYSTEM, DAS AUS ZWEI VERKETTETEN BEARBEITUNGSZENTREN BESTEHT (BILD 6). DIES IST DAS ÄLTESTE INSTALLIERTE FERTIGUNGSSYSTEM - ES IST SEIT 1980 IM EINSATZ. DAS SYSTEM BESTEHT AUS 2 BEARBEITUNGSZENTREN, EINEM PALETTENBAHNHOF FÜR 20 PALETTEN UND ZWEI WASCHSTATIONEN. 70 VERSCHIEDENE WERKSTÜCKE WERDEN IM 3-SCHICHTBETRIEB GEFERTIGT. DIE LOSGRÖßEN BETRAGEN 5 - 50 TEILE, 60 - 80 WERKSTÜCKE WERDEN PRO TAG BEARBEITET. DER FÜR DIESE ANLAGE ZUSTÄNDIGE BEDIENER BETREUT NOCH WEITERE MASCHINEN.

DIE ROHLINGE WERDEN AUF LAGERPALETTEN ANGELIEFERT UND AN EINEM DEM SYSTEM ANGEGLIEDERTEN RÜSTPLATZ AUF DEN WERKSTÜCKTRÄGER GESPANNT. DANACH WIRD DIE WERKSTÜCKPALETTE VOM PALETTENSPEICHER ÜBERNOMMEN. AUF DIESEM FERTIGUNGSSYSTEM KANN EINE INTERNE STÖRSTRATEGIE GEFAHREN WERDEN, INDEM DIE BEARBEITUNG DER WERKSTÜCKE AUTOMATISCH VON DER ZWEITEN MASCHINE ÜBERNOMMEN WIRD ODER INDEM ANDERE WERKSTÜCKE VORGEZOGEN WERDEN. DIE DURCHLAUFZEIT KONNTE DURCH DIE UMSTELLUNG VON KONVENTIONELLER FERTIGUNG AUF DAS BEARBEITUNGSSYSTEM UM 30 - 40% REDUZIERT WERDEN. DER EINFÜHRUNGSAUFWAND BETRUG CIRKA 1 MANNJAHR. ZUR ZEIT WIRD DIE INFORMATIONSTECHNISCHE ANBINDUNG AN DEN LEITRECHNER REALISIERT.

BILD 7: FLEXIBLE SCHLEIFZELLE

DAß NICHT NUR FERTIGUNGSEINRICHTUNGEN ZUR SPANENDEN BEARBEITUNG WIE DREHEN, BOHREN UND FRÄSEN ZU FLEXIBLEN SYSTEMEN AUSGEBAUT WERDEN KÖNNEN, ZEIGT DAS BEISPIEL DER FLEXIBLEN SCHLEIFZELLE (BILD 7).

DIESE ANLAGE WIRD ZUM INNENRUNDSCHLEIFEN VON PRÄZISEN ROTATIONS- UND KUBISCHEN WERKSTÜCKEN EINGESETZT, INSGESAMT KÖNNEN 20 - 30 UNTERSCHIEDLICHE TEILE IN LOSGRÖßEN VON 200 - 300 STÜCK GEFERTIGT WERDEN.

EIN INDUSTRIEROBOTER ÜBERNIMMT DIE UMRÜSTARBEITEN, WIE Z.B. SCHLEIFRADWECHSEL, DIE VOR DER FERTIGUNG EINER NEUEN TEILESERIE NOTWENDIG SIND.

WÄHREND DER BEARBEITUNG EINER SERIE WIRD DER WERKSTÜCKWECHSEL VOM INDUSTRIEROBOTER AUSGEFÜHRT, DER MIT EINEM DOPPELGREIFER, ANPAßBAR AN UNTERSCHIEDLICHE WERKSTÜCKDURCHMESSER, AUSGERÜSTET IST. DIE ENTNOMMENEN WERKSTÜCKE WERDEN AUTOMATISCH AN EINE MEßSTATION ÜBERGEBEN UND, NACH GUTTEIL BZW. AUSSCHUß SORTIERT, ABGELEGT. DIE MEßERGEBNISSE WERDEN ZUSÄTZLICH PROTOKOLLIERT. DAS UMSETZEN DER ABGEARBEITETEN WERKSTÜCKPALETTEN WIRD EBENFALLS VOM INDUSTRIEROBOTER AUSGEFÜHRT.

BEDINGT DURCH DEN DREISCHICHTIGEN EINSATZ DER SCHLEIFZELLE UND AUFGRUND DES HOHEN AUTOMATISIERUNGSGRADES KONNTE DIE DURCHLAUFZEIT DER WERKSTÜCKE REDUZIERT BZW. DIE UMLAUFENDE WARE VERRINGERT WERDEN.

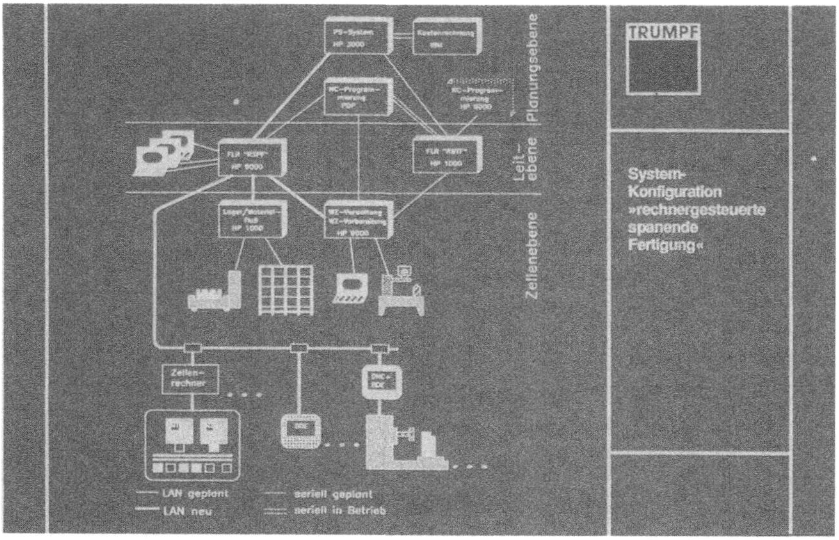

BILD 8: SYSTEMKONFIGURATION "RECHNERGESTEUERTE SPANENDE FERTIGUNG"

DIE MEHRFACH ANGESPROCHENE RECHNERSTEUERUNG DER KOMPLETTEN SPANENDEN FERTIGUNG WIRD MOMENTAN, IN EINZELSCHRITTEN AUFBAUEND, EINGEFÜHRT (BILD 8).
VON DER PLANUNGSEBENE, BESTEHEND AUS DEM PPS-SYSTEM UND DEM RECHNERSYSTEM FÜR DIE PROGRAMMIERUNG, WERDEN DEM LEITRECHNER DER SPANENDEN FERTIGUNG DIE BENÖTIGTEN DATEN, Z.B. FERTIGUNGSPLAN und NC-PROGRAMME, ZUR VERFÜGUNG GESTELLT. DER FERTIGUNGSLEITRECHNER WIEDERUM ÜBERNIMMT DIE KOORDINIERUNG VON DREI BEREICHEN: ZUM EINEN DIE WERKZEUGVERWALTUNG, DIE ÜBER EIN EIGENES RECHNERSYSTEM ABGEWICKELT WIRD - DIE ZUSTANDSDATEN DER WICHTIGSTEN WERKZEUGE KÖNNEN HIER JEDERZEIT ABGERUFEN WERDEN.

DER ZWEITE BEREICH BEINHALTET DIE LAGERVERWALTUNG UND DIE MATERIALFLUßSTEUERUNG, DIE EBENFALLS ÜBER EIN EIGENES RECHNERSYSTEM ABGEWICKELT WIRD.

DER DRITTE UND GRÖßTE BEREICH UMFAßT DIE EINZELNEN MASCHINEN UND SYSTEME DER FERTIGUNG. EINIGE DER ANLAGEN WERDEN VON ZELLENRECHNERN GESTEUERT, DIE WIEDERUM MIT DEM FERTIGUNGSLEITRECHNER VERBUNDEN SIND.

VOM FERTIGUNGSLEITRECHNER WERDEN DIE DATEN DER DREI BEREICHE VERARBEITET UND IN DIE PLANUNGSEBENE ZURÜCKGEMELDET, SOWIE DIE BEREITSTELLUNG DES MATERIALS BZW. DER WERKZEUGE, DER MATERIALFLUß UND DIE MASCHINENBELEGUNG KOORDINIERT.

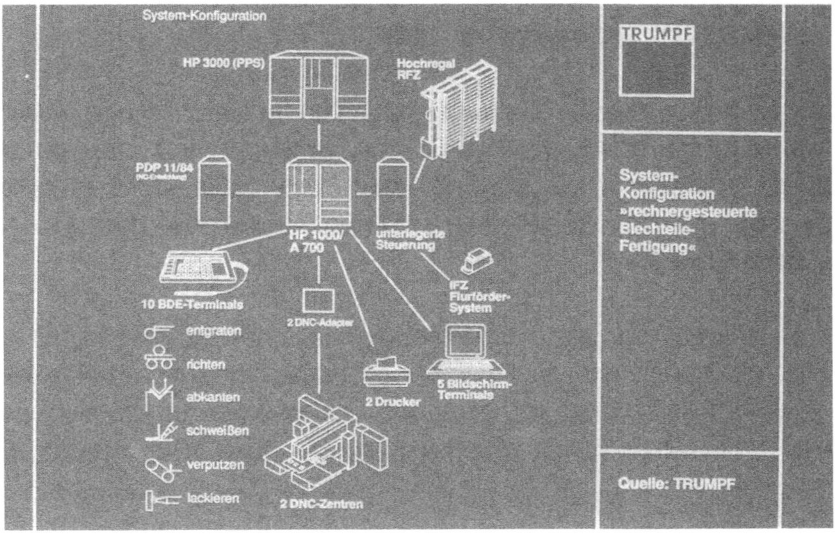

BILD 9: SYSTEMKONFIGURATION "RECHNERGESTEUERTE BLECHTEILEFERTIGUNG"

FÜR DEN BEREICH DER BLECHTEILEFERTIGUNG IST DIE RECHNERGESTEUERTE FERTIGUNG BEREITS REALISIERT WORDEN (BILD 9). IN DER BLECHFERTIGUNG WERDEN U.A. ZWEI VOLLAUTOMATISCHE CNC-BLECHBEARBEITUNGSZENTREN EINGESETZT, DIE MIT AUTOMATISCHEN BE- UND ENTLADEEINRICHTUNGEN AUSGERÜSTET SIND. BEI DEN BEIDEN ANLAGEN HANDELT ES SICH UM MASCHINEN, BEI DENEN DIE STANZTECHNIK MIT DER THERMISCHEN SCHNEIDTECHNIK, ALSO LASER- BZW. PLASMABEARBEITUNG, KOMBINIERT IST.

NEBEN DIESEN BEIDEN SYSTEMEN BESTEHT DIE BLECHFERTIGUNG AUS EINER CNC-STANZ- UND NIBBELMASCHINE SOWIE WEITEREN BEARBEITUNGSSTATIONEN WIE RICHTMASCHINE, ENTGRATMASCHINE, ABKANTPRESSE, ROBOTER-SCHWEIß-PLATZ UND HANDSCHWEIßPLÄTZEN. 40 MITARBEITER ARBEITEN ZUM TEIL IM ZWEISCHICHTBETRIEB, WÄHREND DIE BEIDEN BEARBEITUNGSZENTREN DREI-SCHICHTIG BETRIEBEN WERDEN. 3.500 VERSCHIEDENE WERKSTÜCKE IN LOS-GRÖßEN VON DURCHSCHNITTLICH 30 STÜCK WERDEN GEFERTIGT. DER BLECHUM-SATZ BETRÄGT CA. 1.000 TONNEN PRO JAHR.

UM AUCH IN DIESEM BEREICH EIN ABLAUFORGANISATORISCHES OPTIMUM ZU ER-REICHEN, WIRD EIN LEITRECHNER EINGESETZT. ER SCHAFFT DIE INFORMATIONS-TECHNISCHE VERBINDUNG ZWISCHEN DEM PRODUKTIONSPLANUNGS- UND -STEUERUNGS-SYSTEM SOWIE DEM ENTWICKLUNGSSYSTEM FÜR DIE NC-PROGRAMME UND DEN FERTI-GUNGSEINRICHTUNGEN.

FÜR DIE FERTIGUNG DER BLECHTEILE ÜBERNIMMT DAS LEITSYSTEM TÄGLICH DIE AUFTRÄGE VOM PPS-SYSTEM UND STEUERT IHRE TERMINGERECHTE FREIGABE FÜR JEDE BEARBEITUNGSSTATION. DIE ZUORDNUNG DER AUFTRÄGE ZU DEN MASCHINEN ERFOLGT IN OPTIMALER REIHENFOLGE NACH DEM KRITERIUM MINIMALER RÜSTZEITEN.

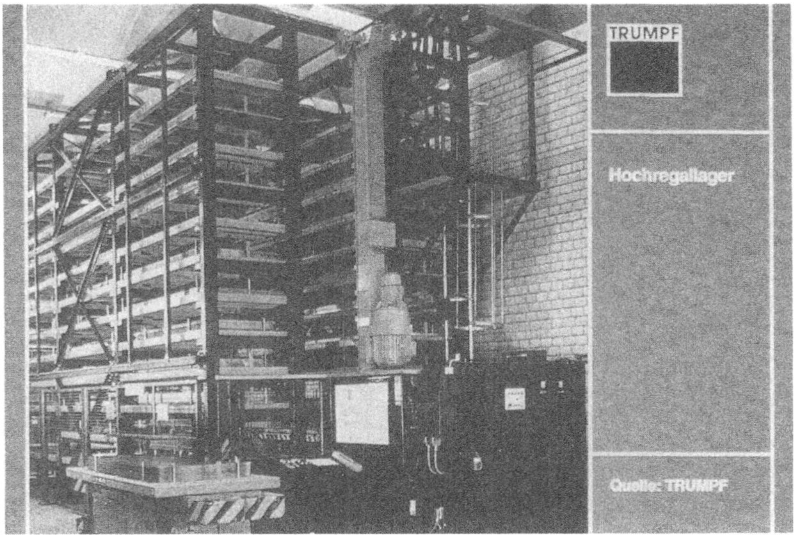

BILD 10: HOCHREGALLAGER BLECHFERTIGUNG

VOM LEITRECHNER WERDEN DIE MATERIALENTNAHMEN AUS DEM HOCHREGALLAGER AUSGELÖST (BILD 10). DIE TRANSPORTZYKLEN WERDEN ÜBER DIE MATERIALFLUßSTEUERUNG GENERIERT UND DIE BESTANDSDATEN DES LAGERS DURCH DEN ZUGEHÖRIGEN VERWALTUNGSRECHNER FORTGESCHRIEBEN. DER TRANSPORT DES MATERIALS ERFOLGT MIT HILFE EINES FAHRERLOSEN TRANSPORTSYSTEMS.

BILD 11: BLECHFERTIGUNG

NACH ABSCHLUß DER VORBEREITENDEN MAßNAHMEN WIRD BEI DEN VOLLAUTOMATISIERTEN TRUMATIC-ZENTREN DIE BEARBEITUNG AUTOMATISCH GESTARTET (BILD 11). DIE BELADUNG DER ANLAGEN SOWIE DIE ENTNAHME DER TEILE ERFOLGT, WIE BEREITS ERWÄHNT, EBENFALLS AUTOMATISCH. BEI DEN ÜBRIGEN ARBEITSSTATIONEN RUFT DER MASCHINENBEDIENER AM BDE-TERMINAL DAS BENÖTIGTE NC-PROGRAMM VOM LEITRECHNER AB.

DIE ABLAUFSTEUERUNG DES FERTIGUNGSLEITSYSTEMS ERFAßT BETRIEBSDATEN WIE BEARBEITUNGSZEIT, GEFERTIGTE MENGE, BEGINN UND ENDE DER AUFTRAGSBEARBEITUNG. AN DEN HERKÖMMLICHEN ARBEITSPLÄTZEN WERDEN DIESE INFORMATIONEN ÜBER BDE-TERMINALS EINGEGEBEN. AUFGRUND DER FERTIGMELDUNGEN FÜR DIE EINZELNEN AUFTRÄGE UND AUFGRUND DER ENTSPRECHENDEN RÜCKMELDUNGEN AN DAS PPS-SYSTEM WIRD DORT DIE AUFTRAGSPLANUNG AKTUALISIERT.

DIE BISHERIGEN PRAKTISCHEN ERFAHRUNGEN MIT DER RECHNERGESTEUERTEN SPANENDEN FERTIGUNG UND DER RECHNERGESTEUERTEN BLECHTEILEFERTIGUNG HABEN DIE PROGNOSTIZIERTEN VORTEILE WIE HÖHERE VERFÜGBARKEIT, VERRINGERUNG DER DURCHLAUFZEIT, HÖHERE TERMINTREUE, GERINGERE MATERIALBESTÄNDE UND BESSERE ANLAGENNUTZUNG BESTÄTIGT.

5. CIM-KOMPONENTEN FÜR DIE MODERNE FERTIGUNG

BLECH HAT ALS KONSTRUKTIONSWERKSTOFF IN DEN VERGANGENEN JAHREN IMMER GRÖßERE BEDEUTUNG ERLANGT. MIT BLECH LASSEN SICH VIELE INDUSTRIELLE WERKSTÜCKE KOSTENGÜNSTIG, LEICHT UND TROTZDEM BEANSPRUCHUNGSGERECHT UND MIT GROßER FLEXIBILITÄT GEGENÜBER ÄNDERUNGEN HERSTELLEN. PARALLEL ZU DIESER ENTWICKLUNG HAT SICH AUCH DIE FERTIGUNG VON BLECHTEILEN ZU EINER MODERNEN TECHNOLOGIE MIT EINSATZ VON BEARBEITUNGSZENTREN, FLEXIBLEN FERTIGUNGSZELLEN UND FERTIGUNGSSYSTEMEN GEWANDELT.

ALS FÜHRENDER ANBIETER SOLCHER ANLAGEN KANN DAS BETRACHTETE UNTERNEHMEN DIE ERFAHRUNGEN AUS DEM EINSATZ DER FLEXIBLEN FERTIGUNG AUF DIE EIGENEN PRODUKTE ÜBERTRAGEN.

BILD 12: TRUMATIC 260 ROTATION

GRUNDBAUSTEINE SIND CNC-STANZ- UND NIBBELMASCHINEN. SIE SIND ZUR ERWEITERUNG DER FLEXIBILITÄT MIT EINER DRITTEN ACHSE, D.H. MIT EINER DREHBAREN WERKZEUGAUFNAHME VERSEHEN, SO DAß FORMWERKZEUGE IN JEDER BELIEBIGEN WINKELLAGE EINGESETZT WERDEN KÖNNEN (BILD 12). ZUSÄTZLICH IST DER ANBAU VON LASER- ODER PLASMASCHNEIDEINRICHTUNGEN MÖGLICH, WODURCH DIE STANZTECHNIK DURCH EIN FLEXIBLES WERKZEUG - FÜR DAS AUSSCHNEIDEN VON KOMPLIZIERTEN KONTUREN OHNE UMRÜSTAUFWAND - ERGÄNZT WIRD.

BILD 13: AUTOMATISCHES WERKZEUGHANDHABUNGSSYSTEM TRUMATOOL

DIE ERWEITERUNG MIT AUTOMATISCHEM WERKZEUGWECHSLER BZW. WERKZEUGHANDHABUNGSSYSTEM FÜR BIS ZU 200 WERKZEUGE SOWIE MIT AUTOMATISCHEN BE- UND ENTLADESYSTEMEN FÜHRT ZUR FLEXIBLEN FERTIGUNGSZELLE (BILD 13).

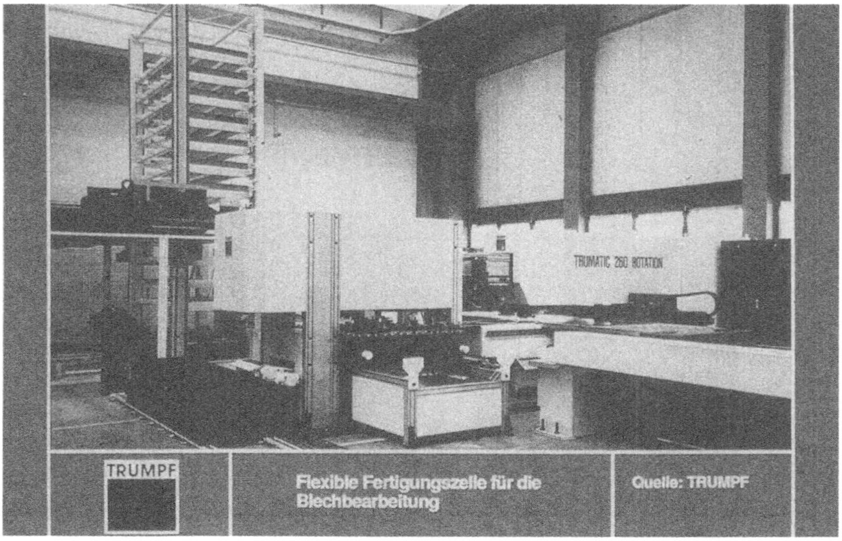

BILD 14: TRUMATIC 260 AUTOMATISIERT MIT TRUMATOOL UND REGALLAGER

DER ANBAU EINES AUTOMATISCHEN REGALLAGERS FÜR DIE LAGERUNG VON BLECHTAFELN DIREKT AN DER MASCHINE ERMÖGLICHT SCHLIEßLICH EINEN MEHRSCHICHTIGEN, MANNARMEN EINSATZ DES BEARBEITUNGSZENTRUMS (BILD 14).

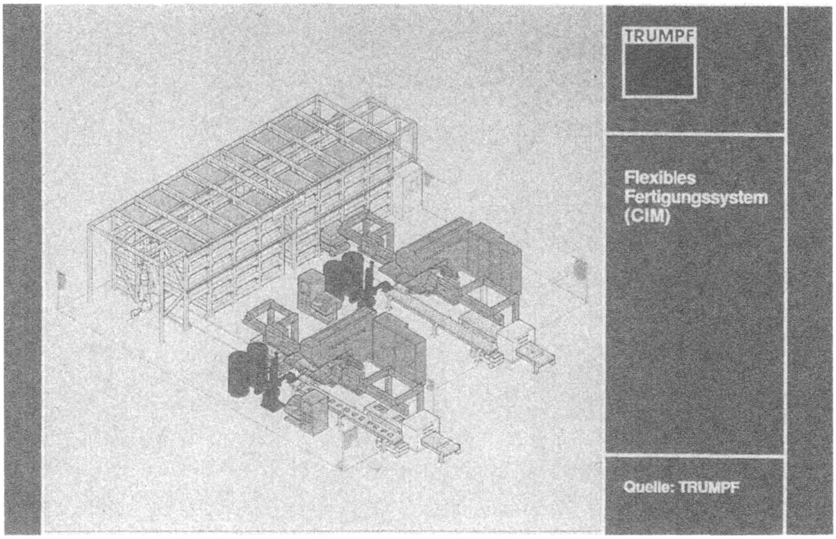

BILD 15: FLEXIBLES FERTIGUNGSSYSTEM, REALISIERT BEI HP / BÖBLINGEN

DIE ANBINDUNG MEHRERER BLECHBEARBEITUNGSZENTREN AN EIN REGALLAGER MIT HILFE FAHRERLOSER TRANSPORTSYSTEME UND DIE INSTALLATION DER LEITTECHNIK FÜHRT SCHLIEßLICH ZUM FLEXIBLEN FERTIGUNGSSYSTEM (BILD 15).

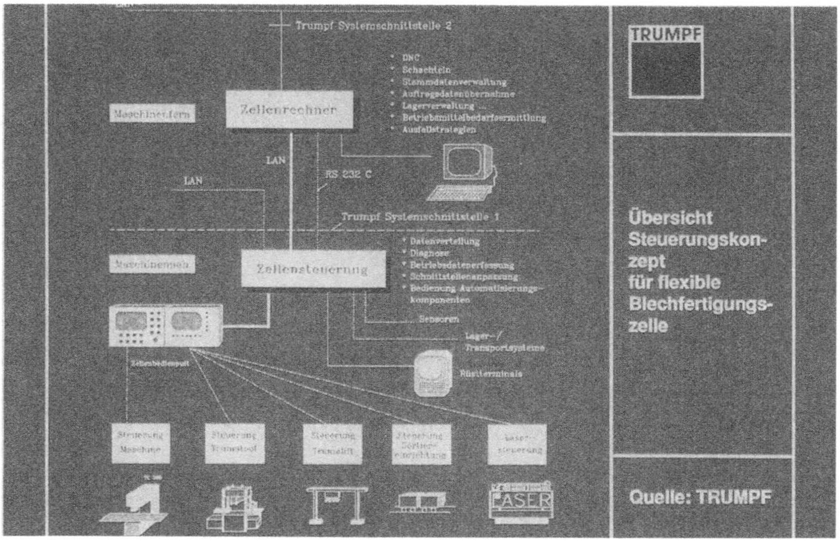

BILD 16: STEUERUNGSKONZEPT FÜR FLEXIBLE FERTIGUNGSZELLE

MODERNE STEUERUNGSSTRUKTUREN ERLAUBEN EINE EINFACHE INTEGRATION DER MASCHINELLEN KOMPONENTEN ZU FLEXIBLEN ZELLEN BZW. SYSTEMEN. DIE EINBINDUNG IN EINE UNTERSCHIEDLICHE FERTIGUNGSUMWELT WIRD DURCH LEICHT HANDHABBARE SCHNITTSTELLEN ERMÖGLICHT (BILD 16).

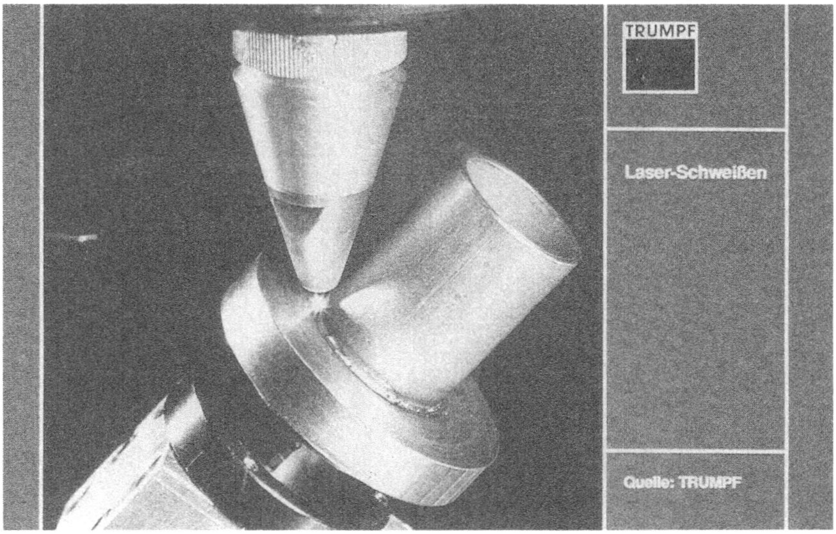

BILD 17:

LASER-SCHWEIßEN

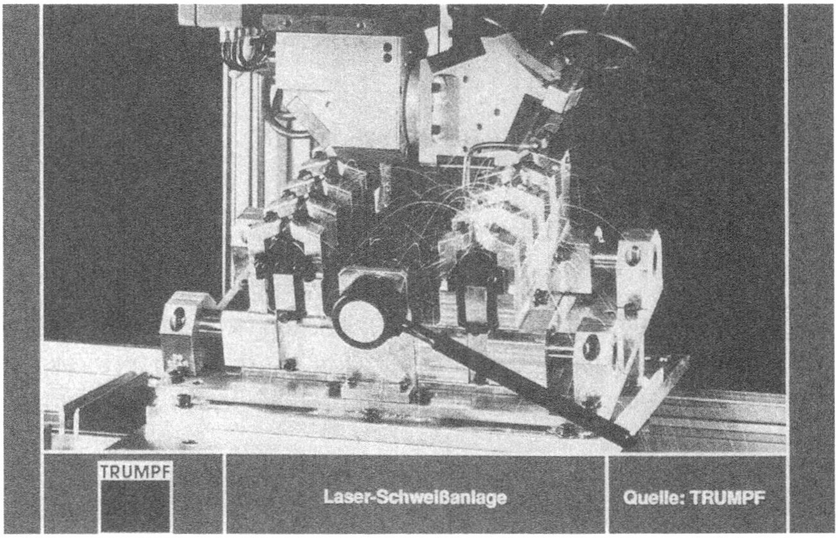

BILD 18:

LASER-SCHWEIßANLAGE

EIN WERKZEUG, DAS IN DEN NÄCHSTEN JAHREN NICHT NUR DIE FLEXIBILITÄT VON STANZ- UND NIBBELMASCHINEN, SONDERN AUCH DIE VON MASCHINEN ZUR SPANENDEN FERTIGUNG BEEINFLUSSEN WIRD, IST DER LASERSTRAHL. ER KANN AUßER ZUM SCHNEIDEN VON WERKSTOFFEN AUCH ZUR OBERFLÄCHENBEHANDLUNG UND ZUM SCHWEIßEN EINGESETZT WERDEN. ES ERGEBEN SICH EINE VIELZAHL VON MÖGLICHKEITEN ZUM KOMBINIERTEN EINSATZ AUF WERKZEUGMASCHINEN, SO DAß KOMPLETTBEARBEITUNGEN, Z.B. SPANENDE BEARBEITUNG UND HÄRTEN, SOWIE EVENTUELL SCHWEIßEN, AUF EINER MASCHINE IN EINER AUFSPANNUNG DURCHGEFÜHRT WERDEN KÖNNEN (BILD 17). DAS FLEXIBLE WERKZEUG LASER BRINGT UNS DER REALISIERUNG DER VOLLSTÄNDIG FLEXIBLEN FERTIGUNGSANLAGE EINEN SCHRITT NÄHER (BILD 18).

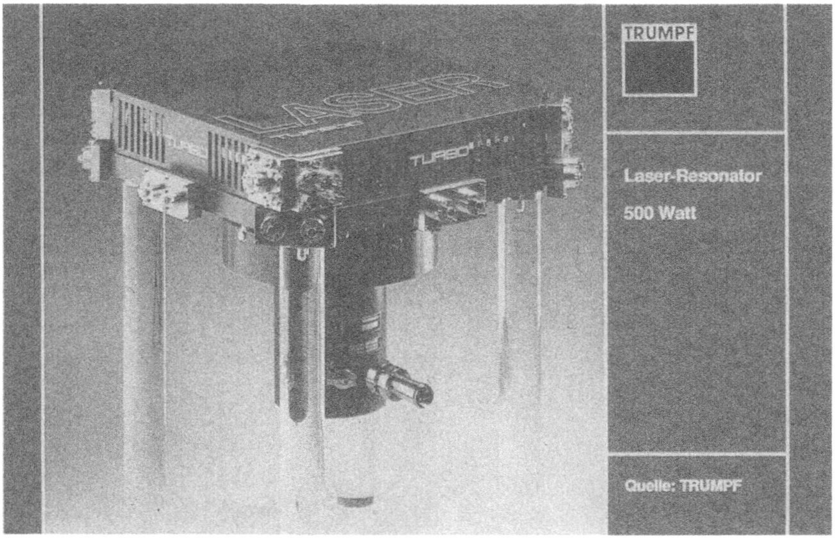

BILD 19: LASER-RESONATOR TRUMPF TLF 750

DIE LASERRESONATOREN DER NEUEN GENERATION SIND DEM EINSATZ IN DER INDUSTRIE GEWACHSEN UND SEHR ZUVERLÄSSIG (BILD 19). DER TREND ZU KLEINBAUENDEN, LEISTUNGSSTARKEN, ABER AUCH BILLIGEREN EINHEITEN IST ERKENNBAR.

SCHLUßBETRACHTUNG

DIE RECHNERGESTEUERTE, FLEXIBLE FERTIGUNG KANN NICHT INNERHALB VON WOCHEN ODER MONATEN UND NICHT OHNE HOHE KOSTEN REALISIERT WERDEN. MIT HILFE DIESER NEUEN TECHNOLOGIE IST ES JEDOCH MÖGLICH, SCHNELL UND FLEXIBEL AUF DIE ANFORDERUNGEN DES KUNDEN ZU REAGIEREN UND GLEICHZEITIG DIE FERTIGUNGSKOSTEN GERING ZU HALTEN. DESHALB IST CIM EINE MÖGLICHKEIT FÜR DIE MITTELSTÄNDISCHE INDUSTRIE, DIE WETTBEWERBSFÄHIGKEIT AUF DEM WELTMARKT ZU ERHALTEN.

DIE WERKZEUGMASCHINENINDUSTRIE WIRD EINE WICHTIGE FÜHRUNGSROLLE BEI DER OPTIMIERUNG DES FERTIGUNGSBEREICHES ÜBERNEHMEN. NUR AUS DEN ERFAHRUNGEN DER FERTIGUNGSTECHNOLOGIE HERAUS KÖNNEN DIE ANREGUNGEN FÜR DIE ORGANISATIONSSTRUKTUR DER PRODUKTION KOMMEN. DIE HARD- UND SOFTWAREHERSTELLER SIND DANN AUFGERUFEN, DIE ENTSPRECHENDEN SYSTEME FÜR DIE UMSETZUNG DER KONZEPTE ZU ENTWICKELN.

DIE AUSEINANDERSETZUNG MIT NEUEN TECHNOLOGIEN UND DEREN INTEGRATION IST DABEI EBENFALLS WICHTIG, UM NICHT HEUTE SCHON DIE VERALTETEN ANLAGEN VON MORGEN ZU PRODUZIEREN.

FÖRDERPROGRAMM FERTIGUNGSTECHNIK - INTENTIONEN, VORAUSSETZUNGEN, ERFAHRUNGEN

- CIM-STRATEGIE IN DER BUNDESREPUBLIK DEUTSCHLAND -

Dr.-Ing. Dietrich Stams
Projektträgerschaft Fertigungstechnik
Kernforschungszentrum Karlsruhe GmbH
Postfach 36 40
D-7500 Karlsruhe 1

INHALTSVERZEICHNIS

1. Einleitung

Das Thema meines Vortrages "Förderprogramm Fertigungstechnik - Intentionen, Voraussetzunge, Erfahrungen - CIM-Strategie in der Bundesrepublik Deutschland" befaßt sich in erster Linie mit europäischen und bundesdeutschen Förderprogrammen im Bereich der Computer Integrierten Fertigung.

Da Konzeption und Durchführung derartiger übernationaler und nationaler Technologie-Förderprogramme sich stets an der Situation der jeweiligen Industriebereiche orientieren müssen, behandle ich zuerst:

Unternehmen auf dem Weg zu einer CIM-Strategie

- Ausgangslage, Problemfelder
- CIM-Potentiale
- Unternehmensstrategie
- Leitsätze für die Einführung von CIM

Auf dieser Grundlage gehe ich dann auf das Thema ein:

D und EG auf dem Weg zu einer CIM-Strategie

- Stand der Entwicklung von CIM in D
- ESPRIT II
- Programm Fertigungstechnik 1988 - 1992
  - Konzeption
  - Schwerpunkte
  - Finanzplanung
  - CIM-Indirekt-spezifische Förderung "CIM-ISP"
  - CIM-Technologie-Transfer "CIM-TT", CIM-Zentren
  - CIM-Normung
  - Verbundprojekte
  - EUREKA-Initiative Flexibel Automatisierte Montagesysteme "FAMOS"

Zum Schluß ziehe ich ein Resümee.

2. Unternehmen auf dem Weg zu einer CIM-Strategie

2.1 Ausgangslage, Problemfelder

In den letzten 10 Jahren hat sich die Situation der fertigungstechnischen Industrie von Grund auf geändert. Die Märkte stagnieren, der Wettbewerb wächst - vor allem durch das Hinzukommen neuer Wettbewerber aus Entwicklungs- und Schwellenländern, aber auch durch die Steigerung der Produktivität. Die Unternehmen haben gegen Exportsubventionen, Importbeschränkungen, instabile Wechselkurse - die die Wettbewerber begünstigen - zu kämpfen. Aus Anbietermärkten sind Nachfragemärkte geworden.
Die Unternehmen müssen versuchen, sich dadurch Wettbewerbsvorteile zu verschaffen, daß sie viel mehr als in der Vergangenheit Kundenwünschen entgegenkommen hinsichtlich kundenspezifischen Lösungen, kurzen Lieferzeiten, Terminbonität, Systemgeschäft und -verantwortung, Wartung, Präsenz vor Ort.

Hinzu kommt, daß die Rahmenbedingungen in Europa wie

- Löhne/Gehälter, Materialkosten
- Humanisierung, Umwelt, Energie
- Soziales Umfeld

die Wettbewerbsposition im Vergleich zu anderen, nicht-europäischen Ländern erschweren.

Zu den oben aufgeführten "externen Problemen" kommen "interne Probleme" hinzu:

- Flexibilität zu gering
- Durchlaufzeit zu lang
- Termintreue unzureichend
- Bestände zu groß
- Anlagennutzung der immer teurer werdenden Anlagen zu niedrig
- Komplexität der Produkte wachsend, Lebenszeit der Produkte sinkend

- Kosten zu hoch, dabei Anteil der indirekten Kosten überproportional wachsend und kaum noch steuerbar
- Ungenügende Nutzung des Wissens und Könnens der Mitarbeiter
- Motivationsprobleme

Die Unternehmen müssen ihre Stärken, Möglichkeiten und Chancen erkennen. Diese sind zu finden

- bei den Mitarbeitern, ihrem Wissen und Können
- bei Organisations-Innovationen
- bei Technologie-Innovationen

Die Unternehmen müssen Strategien entwickeln, ihre Stärken und Chancen zu nutzen, um ihre externen und internen Probleme zu lösen, Abb. 1.

Diejenigen Unternehmen werden im Wettbewerb überleben, denen dies rechtzeitig gelingt!

STANDORT BUNDESREPUBLIK DEUTSCHLAND

– ERGEBNISSE EINER UMFRAGE IN DER DEUTSCHEN METALLINDUSTRIE –

Die Wettbewerbsfähigkeit des Produktionsstandortes Bundesrepublik Deutschland ist nach dem Urteil der deutschen Metallunternehmen im Hinblick auf den Standortfaktor...

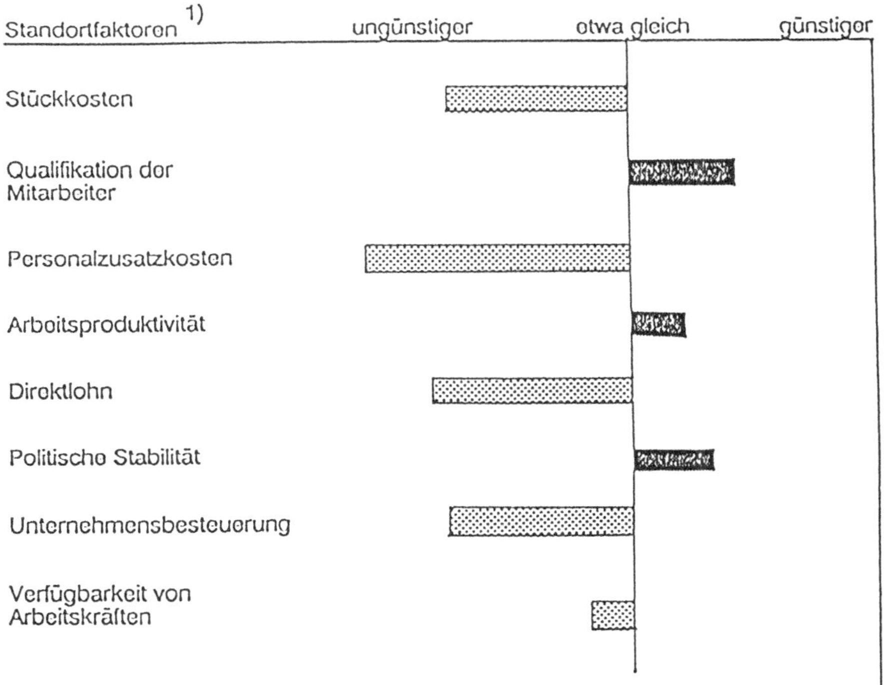

weitere ungünstige Standortfaktoren:
Arbeitszeit/-regelung, Betriebsnutzungszeit, Wechselkurse, behördliche Vorschriften, arbeitsrechtliche Bestimmungen, staatliche Industriepolitik, Energiekosten

weitere günstige Standortfaktoren:
Kundennähe, Infrastruktur

1) In der Reihenfolge ihrer Bedeutung bei Entscheidungen über den langfristigen Produktionsstandort.
Quelle: Ifo-Erhebung zum Thema "Standort Bundesrepublik Deutschland", 1988.
Ifo-Institut für Wirtschaftsforschung, München

KfK 03.11.1988

Abb. 1 Standort Bundesrepublik Deutschland
- Ergebnisse einer Umfrage in der Deutschen Metallindustrie -

2.2 CIM-Potentiale

Die Optimierung des Zusammenspiels Mensch, Technik, Organisation durch Nutzung von informationstechnischen Systemen zur Integration und Rationalisierung der Funktionen ermöglicht

- Kürzere Entwicklungszeiten
- Kürze Auftragsdurchlaufzeiten, bessere Termineinhaltung, erhöhte Arbeitsproduktivität durch Rationalisierung in den direkten und indirekten Bereichen
  - Vertrieb, Kundendienst
  - Konstruktion
  - Einkauf/Material- und Zeitwirtschaft
  - Fertigung
  - Montage
  - Qualitätssicherung
- Senkung der Bestände, Kostenreduktion
- Steigerung der Auslastung kapitalintensiver Produktionsanlagen
- Höhere Produktkomplexität und -qualität
- Flexibilität/Lieferfähigkeit erhöht

2.3 Unternehmensstrategie

Unternehmen, die ihre Problemlage und ihre Stärken und Chancen erkennen und die speziell die "CIM-Potentiale" zumindest erahnen, gehen dazu über, ihre Unternehmensstrategie zu überdenken und neu zu entwickeln. Entscheidend für den Erfolg ist ein **ganzheitlicher Ansatz** in der Art

Ausgangslage analysieren

Externe / Interne Stärken/Schwächen/Probleme

Ziele definieren

Langfristige Ertragssicherung

Konzeption entwickeln

Ganzheitliche Konzeption zur Überwindung der externen und internen Probleme und zur Nutzung der Stärken

- Marketing/Vertrieb:
  Nachfrageorientierung, Marktsegment, Produktspektrum, Kundenspezifische Lösung versus Verringerung der Produktvielfalt, kürzere Auftragsbearbeitungszeit, Kostenreduktion
- Entwicklung/Konstruktion:
  Vergrößerung der Funktionalität, Verringerung der Teilevielfalt, Standards, kürzere Durchlaufzeiten, Kostenreduktion
- Material- und Zeitwirtschaft/Fertigung:
  Hohe Auslastung, niedrige Bestände, kurze Durchlaufzeiten, hohe Termintreue, Flexibilität, Qualität
- CIM

2.4 Leitsätze für die Einführung von CIM

Bei der Einführung von CIM gibt es folgende **grundlegende Erfahrungen** zu beachten:

CIM

- ist die strategische Antwort auf sich verändernde Marktanforderung
- verlangt eine neue betriebliche Gesamtkonzeption (Mensch, Technik, Organisation)
- verlangt Mitgestaltung der Betroffenen
- verlangt Schulung
- muß langsam reifen, in kurz-, mittel- und langfristigen Planungen und Realisierung in Teilschritten
- erfordert Prioritäten und eine Konzeption für die schrittweise Einführung
- dient der langfristigen Zukunftssicherung
- ersetzt nicht Know-how durch Technik, sondern schafft Voraussetzungen, um das Fachwissen der Mitarbeiter wirkungsvoll in den Arbeitsprozeß einzubringen.

3. D und EG auf dem Weg zu einer CIM-Strategie

3.1 Stand der Entwicklung von CIM in D

Für staatliche Maßnahmen zur Förderung einer Technologie ist es wichtig, den Stand der Entwicklung und Einführung dieser Technologie zu kennen.

Bei CIM handelt es sich im wesentlichen um die Integration von Subsystemen. Bei der Frage nach dem Stand von CIM muß man daher zwei Fragen beantworten:

1. Wie weit ist der Einsatz von computergestützten Techniken in Teilbereichen fortgeschritten?
   - man nennt diese computergestützten Teilbereiche auch "CIM-Subsysteme" -

und

2. Wie weit ist die innerbetriebliche Vernetzung vollzogen?
   - man nennt dies auch "Integration von CIM-Subsystemen" -

Eine Antwort auf diese 2 Fragen gibt eine Erhebung des ISF im Auftrag des RKW aus dem Jahre 1986/87 - siehe Abb. 2 und 3.

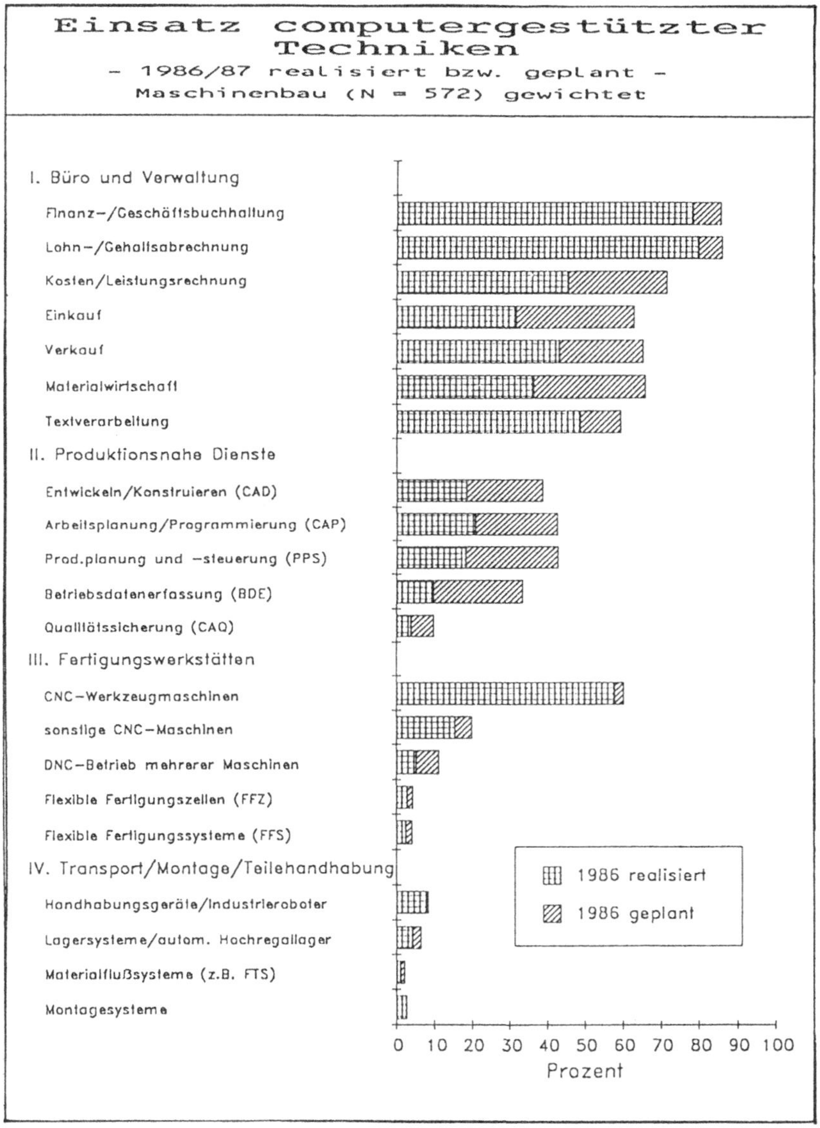

ISF/RKW-A 161 Betriebserhebung
"Computergestützte Vernetzung" 1986/87

KfK 03.11.1988

Abb. 2 D und EG auf dem Weg zu einer Strategie

Stand der Entwicklung von CIM in D

Einsatz von CIM-Subsystemen

Innerbetriebliche Vernetzung (on-line) im Maschinenbau
- 1986 realisiert bzw. geplant -

Maschinenbau (N = 572) - gewichtet
(Angaben in Prozent)

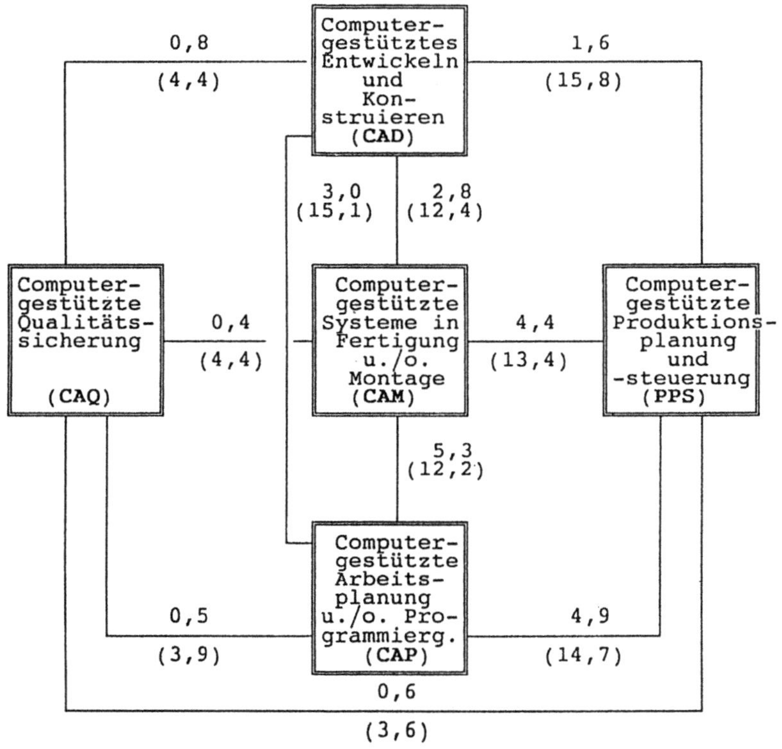

Die Angaben beziehen sich auf die informationstechnische Verknüpfung zwischen jeweils zwei Funktionsbereichen, unabhängig davon, welche anderen Vernetzungen eventuell noch gegeben sind; Prozentsatz der Betriebe mit Planungen in Klammern.

ISF/RKW-A 161 Betriebserhebung
"Computergestützte Vernetzung" 1986/87

03.11.1988

Abb. 3 D und EG auf dem Weg zu einer Strategie
Stand der Entwicklung von CIM in D
Kopplung/Vernetzung von CIM-Subsystemen

3.2 ESPRIT II

ESPRIT II ist die CIM-Strategie der EG und damit Bestandteil der CIM-Strategie in der Bundesrepublik. Für eine vollständige Darstellung von ESPRIT II wäre ein eigener Vortrag erforderlich. Hier nur die wesentlichen Elemente.

Die Abbildungen 4, 5 und 6 zeigen:

- Ziele, Ansatz, erwartete Ergebnisse
- Hauptthemen und ihre Relationen zueinander
- CIM-Konzept

Man erkennt aus Abb. 4, daß es das hauptsächliche Ziel von ESPRIT II ist

- eine Basis für ein breites Marktangebot von CIM-Systemen zu schaffen.

Aus Abb. 5 geht hervor, daß Synergie-Effekte zwischen Mikroelektronik, Integrierten Informationssystemen und Anwendungssystemen angestrebt werden.

Abb. 6 zeigt, als Schwerpunkte von CIM

- Entwurf und Einführung des Produktionssystems
- Produktplanungs- und Analysesysteme
- Produktionsplanungs- und -steuerungssysteme
- Werkstattsysteme mit Robotertechnologie

verbunden über integrierende

- CIM-System-Architektur und -Kommunikation.

Jeder dieser Schwerpunkte hat etwa 3 - 5 Teilbereiche, für die jeweils ein, manchmal auch mehrere Projekte vorgesehen sind.

Das Finanzvolumen für 1989 - 1992 für ESPRIT II insgesamt für die in der Regel 50 % Zuschußfinanzierung beträgt 1.6 Mrd ECU, für CIM sind ca. 0.4 Mrd ECU vorgesehen.

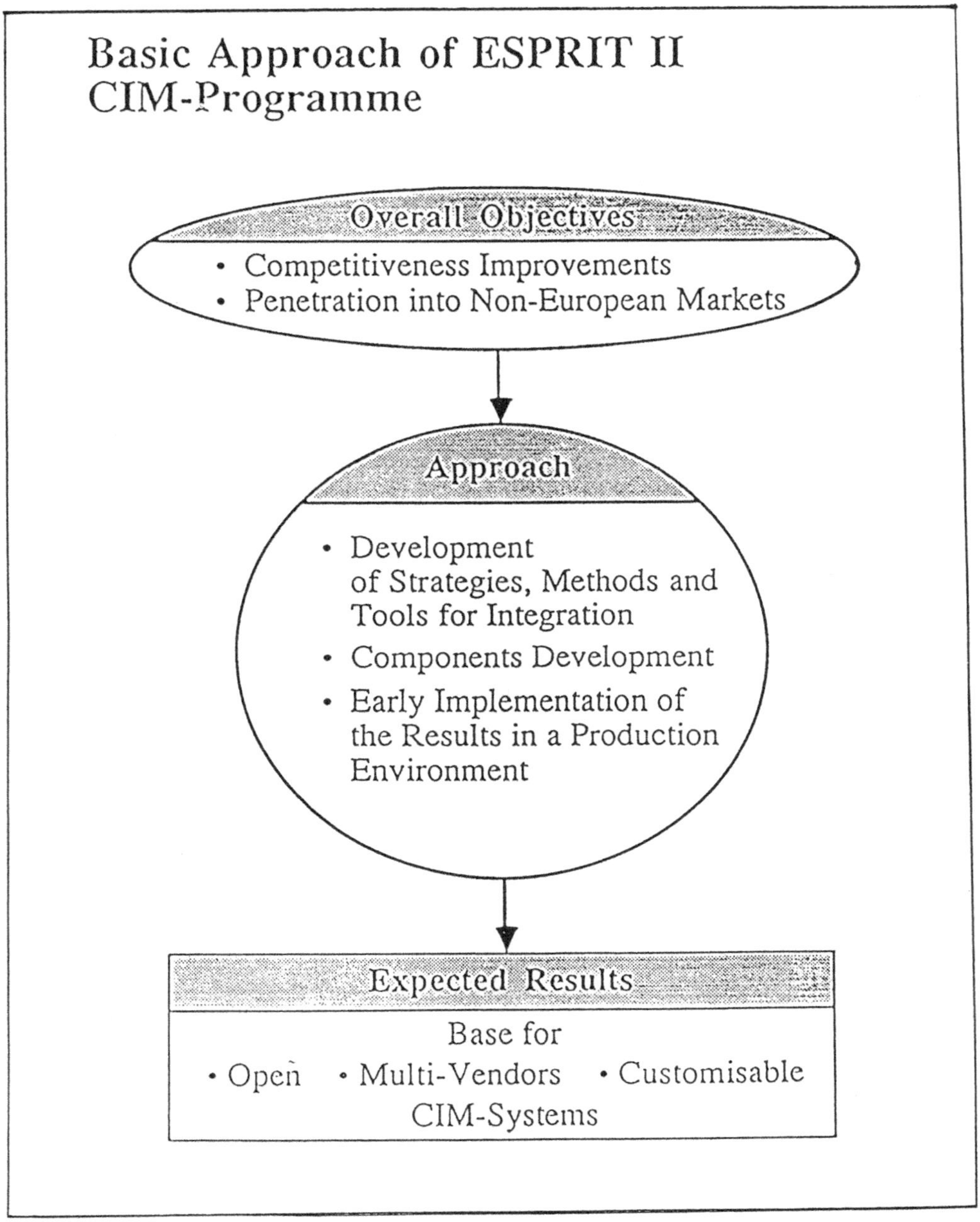

03.11.1988

Abb. 4 D und EG auf dem Weg zu einer Strategie
ESPRIT II
ESPRIT-CIM

Relationships between the main ESPRIT II topics

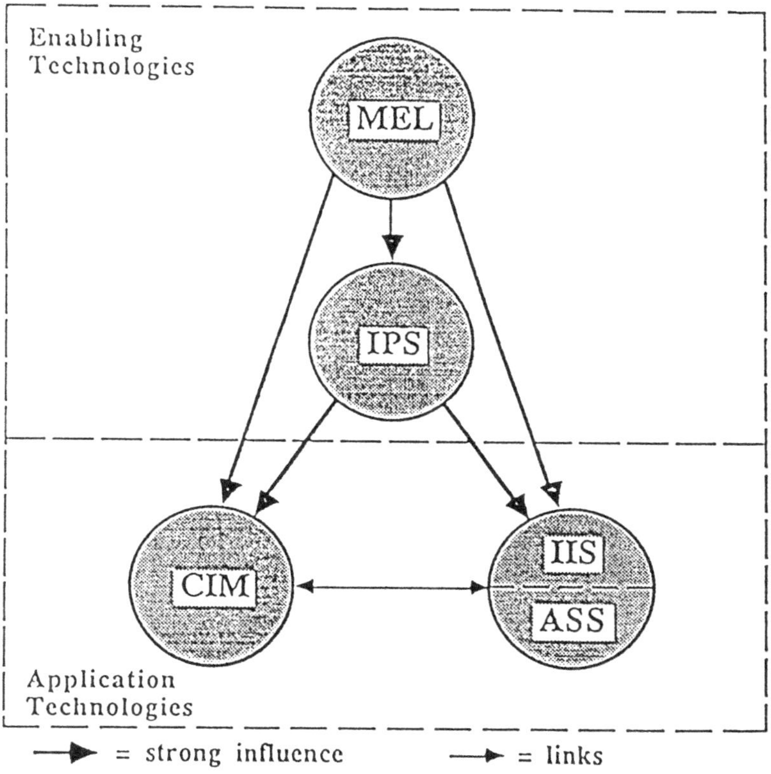

MEL - Microelectronics
IPS - Information Processing Systems
CIM - Computer Integrated Manufacturing
IIS - Integrated Information Systems
ASS - IT Application Support Systems

KfK 03.11.1988

Abb. 5 D und EG auf dem Weg zu einer Strategie

ESPRIT II
ESPRIT-CIM

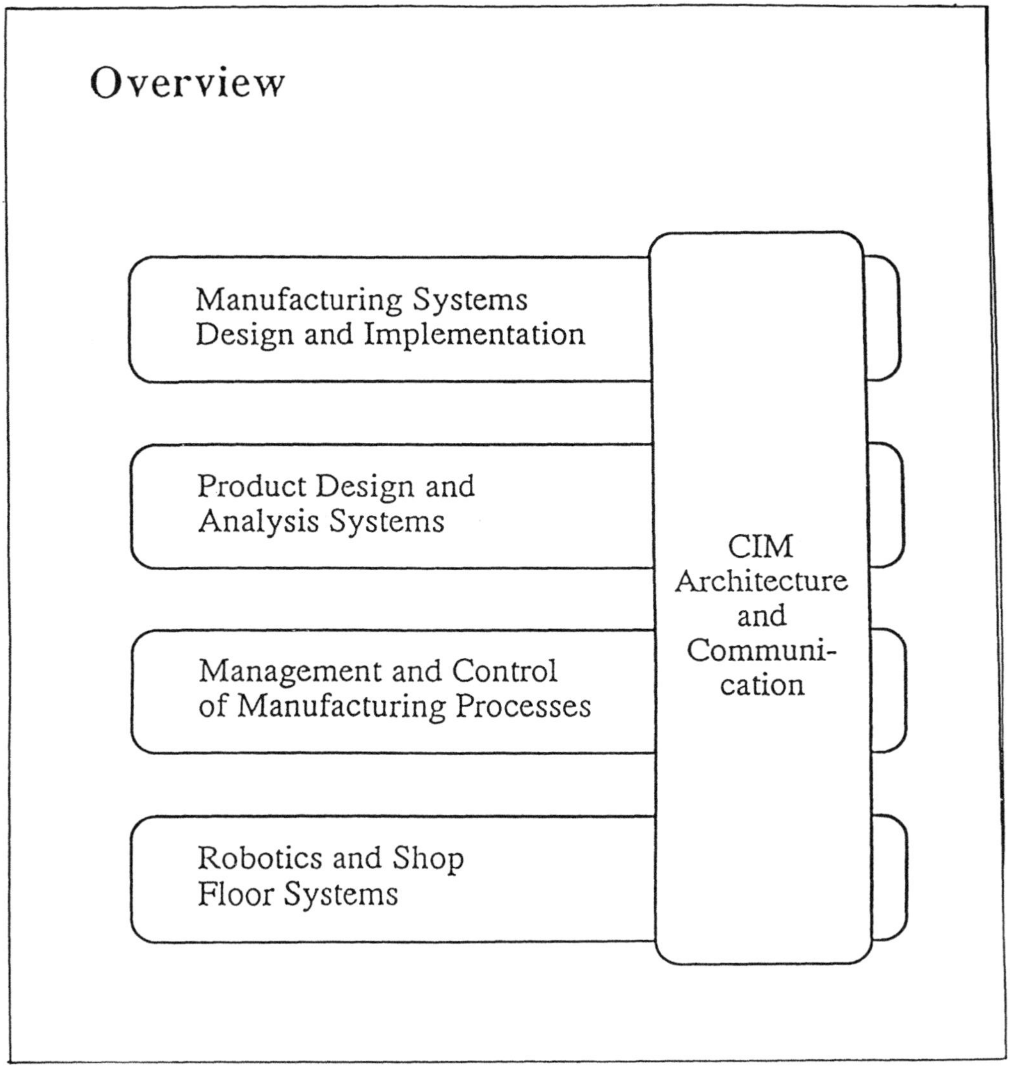

KfK 03.11.1988

Abb. 6 D und EG auf dem Weg zu einer Strategie

ESPRIT II

ESPRIT-CIM

3.3 Programm Fertigungstechnik 1988 - 1992 der Bundesrepublik Deutschland

3.3.1 Konzeption / Schwerpunkte / Finanzplanung

Ziele und Maßnahmen dieses Programms des Bundesministers für Forschung und Technologie lassen sich in Stichworten wie folgt charakterisieren:

Ziel:

Anregung und Beschleunigung eines breit angelegten, den beschriebenen Herausforderungen entsprechenden Innovationsprozesses in der industriellen Fertigung - vor allem auch in Klein- und Mittelunternehmen

Maßnahmen:

- Beschleunigte Entwicklung und Anwendung der rechnerintegrierten Fertigung "CIM"
- Entwicklung neuer Fertigungstechnologien und flexibel automatisierter Montagesysteme
- Technologiefolgenabschätzung

Die Einführung von CIM wird mit und ohne Förderung stattfinden, **aber:**

1. Für Klein- und Mittelunternehmen handelt es sich um ein Thema, das diese aufgrund des Know-hows ihrer Führungs- und Fachkräfte nur schwer selbst bewältigen können und

2. bei diesem sicher 10 Jahre dauernden, das ganz Unternehmen umumfassenden Innovationsprozeß kommt es darauf an
   - rechtzeitig anzufangen
   - sich rechtzeitig zu orientieren, um Fehlentwicklungen zu vermeiden.

Auf diese Probleme der Industrie ist das Programm eingerichtet, indem es folgende Teilaktionen vorsieht:

Rechnerunterstützte Integration der Fertigung (CIM)

- CIM-TT: Breitenwirksamer CIM-Technologietransfer
- CIM-Normung: Wissenschaftliche Grundlagen und Zuarbeit zur CIM-Normung
- CIM-ISP: Indirekt-spezifische Förderung der Anwendung von CIM
- CIM-ESPRIT: Unternehmen hinsichtlich Beteiligung an ESPRIT, Bereich CIM beraten

Die weiteren Schwerpunkte des Programms Fertigungstechnik 1988 - 1992 sind:

Neue Fertigungstechnologien
- Umformende Fertigungsverfahren
- Fertigungsverfahren für Verbundwerkstoffe, Hochleistungskeramik
- Ultrapräzisionstechnik
- Weiterführung und Abschluß von Verbundprojekten aus dem Programm 1984 - 87

Montage
- EUREKA-FAMOS: Flexibel automatisierte Montagesysteme (EUREKA-Projekte)

Technologiefolgenabschätzung
- Begleitforschung zur Arbeitsgestaltung
- Wirkungsanalyse CIM-Förderung

Bei der letztgenannten Wirkungsanalyse wird im Rahmen von Querschnitt- und Längsschnittanalysen und mit dem Kontrollgruppenkonzept untersucht, worin die Wirkung der CIM-Förderung besteht und worin die Unterschiede der Entwicklung zwischen geförderten und nicht-geförderten Unternehmen liegen; z. B. haben Untersuchungen ähnlicher Fördermaßnahmen in den Jahren 1984 - 1987 im Bereich CAD/CAM ergeben, daß geförderte Unternehmen
- die Planung und Vorbereitung des Innovationsprozesses
- die Ausbildung und Schulung des Personals

wesentlich gründlicher und dem Endergebnis dienlicher durchführten als nicht-geförderte Unternehmen.

Die vorgesehene Finanzplanung sieht vor:

Fördermittel gesamt:		502 Mio DM
davon für:	CIM-ISP*	300 Mio DM
	CIM-TT	48 Mio DM
	CIM-Normung	18 Mio DM
	EUREKA-FAMOS	40 Mio DM
	Technologien	96 Mio DM

Zeitliche Aufteilung:

Jahr	1988**	1989	1990	1991	1992
Mio DM	32	125	125	130	90

* befristete Laufzeit: 1. Juli 1988 - 30. Juni 1992

** zusätzlich 85 Mio DM für auslaufende Maßnahmen Programm Fertigungstechnik 1984 - 1987

3.3.2 CIM-ISP - Indirekt-spezifische Förderung von CIM

Unter dem Terminus

"Indirekt-spezifische Förderung"

versteht man im Rahmen des Programms Fertigungstechnik:

indirekt = vereinfachtes Verfahren
= Anspruch auf Förderung bei Erfüllen der Voraussetzungen solange Mittel vorhanden
= mittelstandsfreundlich

spezifisch = fachbezogen auf CIM
= firmenbezogen auf Unternehmen der Zielgruppe "Fertigungstechnische Ausrüster"

Förderung = rechtzeitiger Einstieg in neue Technologien/Organisationsformen/Qualifikationen
= Wettbewerbsfähigkeit der "Lieferanten von Produktivität" "Multiplikatoreffekt"

Zur Gruppe "fertigungstechnische Ausrüster" werden die in Abb. 7 genannten Unternehmen gezählt.

Zur Zielgruppe zählen Unternehmen, die folgende Erzeugnisse produzieren (Umsatzanteil mindestens 25 %):

[A] vollständige Geräte, Maschinen, Einrichtungen

Bau- und Baustoffmaschinen
Bergwerksmaschinen
Druck- und Papiermaschinen
Einrichtungen der Fördertechnik
Einrichtungen für galvano-technische Zwecke
Einrichtungen zum Lackieren und Beschichten
Gießereimaschinen
Holzbearbeitungsmaschinen
Hütten- und Walzwerkeinrichtungen
Industrieöfen und Wärmebehandlungseinrichtungen
Industrieroboter sowie Geräte und Einrichtungen für Montage und Handhabung
Landmaschinen
Maschinen zur Herstellung elektronischer Bauelemente
Maschinen für die Schuh- und Lederindustrie
Maschinen zum Schweißen und Löten
Maschinen zur Verarbeitung von Gummi, Kunststoff, Glas und Keramik
Meß- und Prüfmaschinen
Näh- und Bekleidungsmaschinen
Nahrungsmittel- und Verpackungsmaschinen
Textilmaschinen
Werkzeugmaschinen und Elektrowerkzeuge

[B] Baugruppen oder Aggregate

für die unter [A] genannten Geräte, Maschinen und Einrichtungen
Antriebe
Getriebe und Kupplungen
Komponenten zum Messen, Prüfen, Überwachen, Steuern, Regeln
Produkte des Werkzeug- und Formenbaus

KfK 03.11.1988

Abb. 7 D und EG auf dem Weg zu einer Strategie
Programm Fertigungstechnik 1988 - 1992
CIM - ISP

Antragsberechtigung, Zuwendungsvoraussetzungen, Zuwendung, Förderinhalte, Förderungsgegenstand und förderungsfähige Kosten sind in den Abbildungen 8 - 11 dargestellt:

Aus Abb. 9 geht hervor, was oben schon ausführlich als ganzheitlicher Ansatz eines Unternehmens dargestellt war:

zuerst kommt die ganzheitliche Planung
und erst dann die Anschaffung von Technik

Damit veranlaßt das Förderprogramm die - vor allem in CIM unerfahrenen - Unternehmen zu einer für CIM erfahrungsgemäß "richtigen" Vorgehensweise, welche erst maximale Erfolge ermöglicht und Fehlentwicklungen vermeidet.

Aus Abb. 10 geht hervor, daß wirklich alle Funktionen bei diesem Innovationsprozeß in Betracht zu ziehen sind, wobei es wesentlich darauf ankommt
- ein Gesamtkonzept zu haben,
- aber schrittweise zu integrieren.

Abb. 11 macht deutlich, daß keine Hardware, nur Kopplungskosten in Koppel-Software - allenfalls in Ersatz-Software für nicht kopplungsfähige Software - finanziert werden; und Mitarbeiterschulung!

Wie stark und rasch das Programm bei der Industrie auf Resonanz gestoßen ist, zeigt Abb. 12

Dabei ist zu bedenken, daß zur Zielgruppe Fertigungstechnische Ausrüster ca. 4.000 Unternehmen gehören und von diesen nur ein Teil die Zuwendungsvoraussetzungen "2 Subsysteme" erfüllen.

1. <u>Antragsberechtigung</u>

Unternehmen = rechtlich selbständig
= Sitz/Geschäftsbetrieb in D
= entwickelt, stellt her, vertreibt/ läßt vertreiben
= Zielgruppenprodukte: Fertigungstechnische Ausrüstungen
($\geq$ 25% des Umsatzes)

1 Antrag/Vorhaben pro Unternehmen

Kapitalverflochtene Unternehmen (75%) gelten als 1 Unternehmen

2. <u>Zuwendungsvoraussetzung</u>

Rechnerunterstützte Subsysteme vorhanden:

bei Antragstellung: mindestens 1
nach Ende Phase I : mindestens 2

Projektteam, Projektleiter namentlich benannt

3. <u>Zuwendung</u>

Maximale Zuwendung pro Unternehmen:

300.000,-- DM / 40% der zuwendungsfähigen Kosten

Maximale Laufzeit eines Vorhabens:

3 Jahre

(Phase I und II jeweils max. 2 Jahre)

KfK 03.11.1988

Abb. 8 D und EG auf dem Weg zu einer Strategie
Programm Fertigungstechnik 1988 - 1992
CIM-ISP: Förderungsrichtlinien

Phase I: Planungsphase

- Unternehmensstrategie
  Ausgangslage
    extern/intern
  Ziele
  Konzeption
  CIM-Potentiale
- Analyse der organisatorischen
  personellen
  technischen
  Betriebsgegebenheiten --> CIM
- Entwickeln eines CIM - Konzeptes mit Alternativen
- Erstellen von Pflichtenheften
- Schulung von Mitarbeitern

L a u f z e i t : m a x. 2 J a h r e

Phase II: Realisierungsphase

- Beschaffung und Anpassung von Software zur Vernetzung rechnerunterstützter Subsysteme
- Ersatz für nicht integrationsfähige Software
- Einführung und Erprobung neuer CIM-Strategien und -Techniken
- Schulung von Mitarbeitern

L a u f z e i t : m a x. 2 J a h r e

L a u f z e i t P h a s e I + I I : m a x . 3 J a h r e

KfK 03.11.1988

Abb. 9 D und EG auf dem Weg zu einer Strategie
Programm Fertigungstechnik 1988 - 1992
CIM-ISP: Förderungsinhalt

CIM = informationstechnische Verknüpfung von mindestens 2 rechnerunterstützten Subsystemen in:

a.) **betriebswirtschaftlichen Funktionen**

- Rechnungs- und Finanzwesen
- Angebotserstellung, Auftragsverwaltung
- Material- und Zeitwirtschaft
- Planung/Steuerung von Fertigung, Versand, Kundendienst

b.) **technischen Funktionen**

- Entwicklung und Konstruktion
- Arbeitsplanung, Fertigung und Montage
- Qualitätssicherung
- Materialfluß und Lagerhaltung

CIM = **Zugriff auf eine gemeinsame Datenbasis**

CIM = **schrittweise realisierbar**

03.11.1988

Abb. 10 D und EG auf dem Weg zu einer Strategie

Programm Fertigungstechnik 1988 - 1992

CIM-ISP: Förderungsgegenstand

Kosten des CIM-Vorhabens ohne MWST	Phase I	Phase II
Personalkosten (min. 6 MM, max. 24 MM)	X	X
Ausgaben für Mitarbeiterschulung durch Dritte	X	X
Ausgaben für projektbezogene fachliche Beratung durch Dritte	X	X
Ausgaben für fremdbezogene Software a) für Kopplungen/Vernetzungen b) Ersatz für nicht integrationsfähige SW		X
Ausgaben für FuE-Aufträge an Dritte	X	X

1 MM = 160 "produktive" Stunden am Vorhaben

1 MM = 12.000,-- DM p a u s c h a l für
Ingenieure, Betriebswirte, Techniker, Meister u.ä.

Zuwendungsfähige Kosten/Ausgaben

KfK 03.11.1988

Abb. 11 D und EG auf dem Weg zu einer Strategie

Programm Fertigungstechnik 1988 - 1992

CIM-ISP: Förderungsfähige Kosten

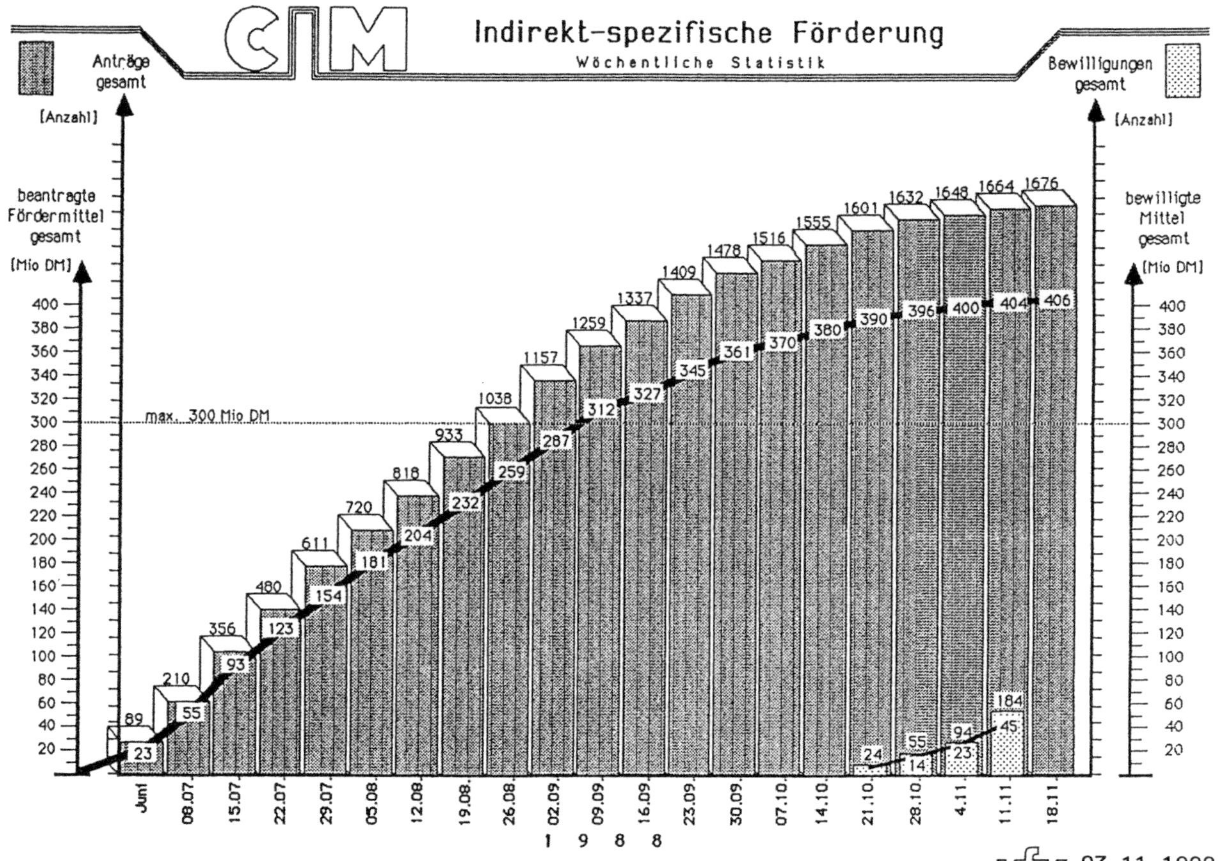

KfK 03.11.1988

Abb. 12

D und EG auf dem Weg zu einer Strategie
Programm Fertigungstechnik 1988 - 1992
CIM - ISP : Antragseingang

3.3.3 CIM-Technologie-Transfer "CIM-TT", CIM-Zentren

Mit der indirekt-spezifischen Förderung von CIM werden von den ca. 40.000 Fertigungstechnik herstellenden und anwendenden Unternehmen in der Bundesrepublik nur die als Multiplikatoren wirkenden etwa 4.000 fertigungstechnischen Ausrüster angesprochen. Von diesen haben nur etwa die Hälfte Interesse oder erfüllen die Voraussetzungen, an dieser Fördermaßnahme teilzunehmen. Von diesen restlichen 2.000 antragsberechtigten und interessierten Unternehmen können wegen der begrenzten Finanzmittel nur ca. 1.500 gefördert werden. (300 Mio DM Gesamtvolumen / im Durchschnitt 200 TDM in Anspruch genommene Fördermittel je Unternehmen.)

Um die angestrebte Breitenwirkung zu verstärken, verfolgt die CIM-TT-Aktion die Ziele

- allen ca. 40.000 fertigungstechnischen Unternehmen quer über die Bundesrepublik eine Orientiertungsberatung anzubieten
- den geförderten Unternehmen zu helfen, ihre Projekte richtig zu planen und durchzuführen
- das in der Bundesrepublik vorhandene "CIM-Know-how" zu erschließen.

In dieses Konzept wurden die 30 Forschungsinstitute der Wissenschaftliche Gesellschaft Produktionstechnik (WGP) und der Hochschulgruppe Arbeits- und Wirtschaftswissenschaften (HAB) sowie die 130 Firmen, die im Gemeinschaftsausschuß CIM (GACIM) des VDI mitarbeiten, eingebunden. An 16 Standorten werden zur Zeit CIM-TT-Zentren aufgebaut, die von den Instituten der WGP und HAB getragen und durch den Projektträger Fertigungstechnik koordiniert werden.
Eine enge Zusammenarbeit mit VDI-GACIM wird zur Zeit organisiert.

Abb. 13 zeigt das regionale Netz von CIM-TT-Zentren

Information und Hilfestellung

CIM

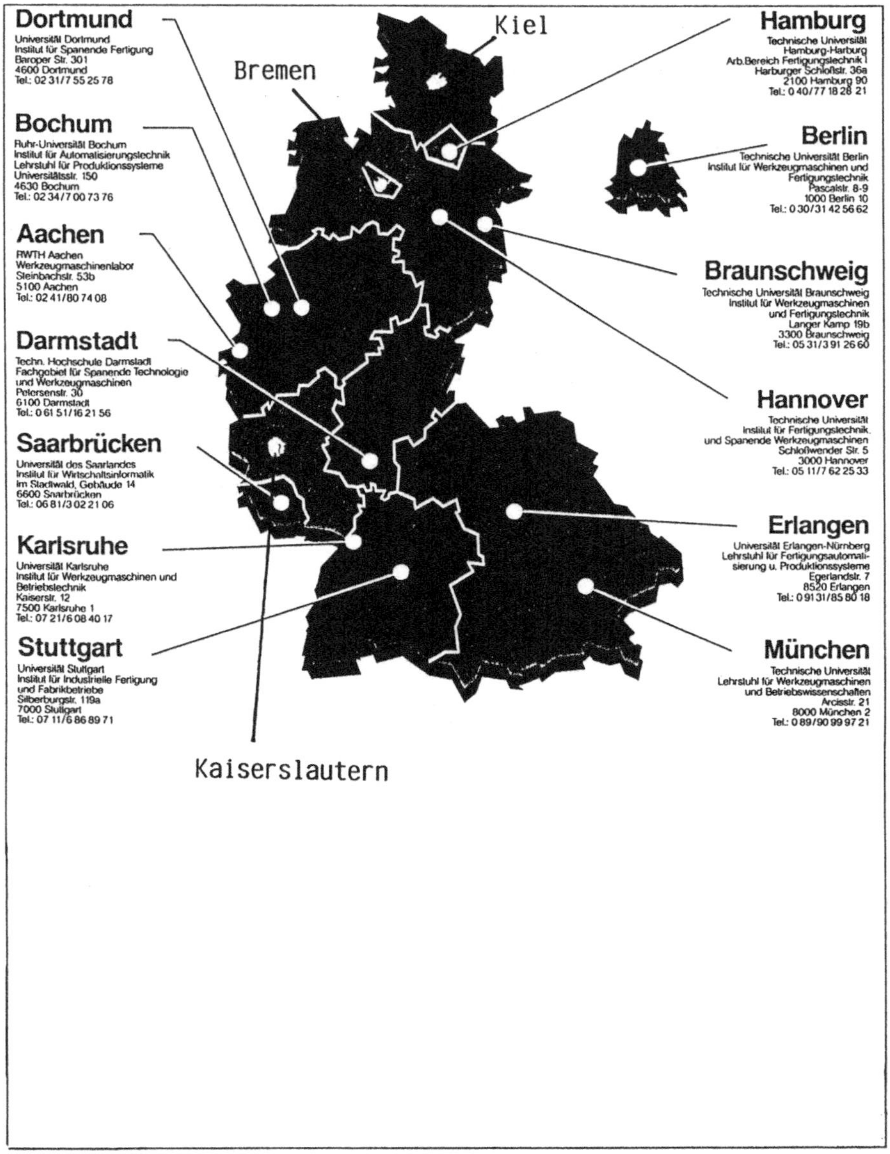

KfK 03.11.1988

Abb. 13 D und EG auf dem Weg zu einer Strategie
Programm Fertigungstechnik 1988 - 1992
CIM-TT, CIM-Zentren

Die Ziele der CIM-TT-Zentren sind die folgenden:

- Motivation von KMU, sich mit dem Innovationspotential der rechnerintegrierten Fertigung zu befassen
- Information über den Stand der CIM-Technik und Entwicklungstendenzen
- Erläuterung der Zusammenhänge zwischen CIM-Konzepten und betrieblicher Infrastruktur
- Förderung des Erfahrungsaustausches zwischen CIM-Anwendern
- Angebot von Demonstrationen an den CIM-Komponenten des Transferzentrums
- Vermittlung kompetenter Ansprechpartner für spezielle Problemstellungen
- Aufbau eines Informationsmarktes über einschlägig auf dem Markt tätige Firmen
- Herstellung von Kontakten zu CIM-Technologie-Transferzentren anderer Hochschulen.

Ausdrücklich nicht wahrgenommen wird die intensive Betreuung von Einzelprojekten, die in der Planungs- und Realisierungsphase kommerziellen Anbietern vorbehalten bleiben müssen.

Die Tätigkeit der CIM-TT-Zentren besteht aus

- Information zum Stand der Technik
- Durchführung von Seminaren
- Demonstration exemplarischer CIM-Lösungen
- Orientierungsberatung
- Organisation von Erfahrungsaustausch

Für die zu behandelnde Thematik wird von den CIM-TT-Zentren gemeinsam ein Fundus an Textbausteinen, Grafiken, Filmen, etc. erarbeitet und ständig auf dem neuesten Stand gehalten. Es handelt sich um die Themen

1. CIM-Definition und CIM-Grundbausteine
2. CIM-Strategie als Teil der Unternehmensstrategie
3. Analyse und Neuordnung der Fabrik
4. Vorgehen bei CIM-Planung und -Einführung

5. Personalentwicklung und Qualifikation
6. Netze, Kommunikation
7. Nahtstellen
8. Datenbanken für CIM
9. Simulation in CIM
10. CAD-zentrierte Kopplung von CIM-Bausteinen
11. PPS-zentrierte Kopplung von CIM-Bausteinen
12. CAQ-zentrierte Kopplung von CIM-Bausteinen
13. CIM-Fertigungsinseln
14. Montageplanung in CIM
15. CIM in der Unikatfertigung
16. Wissensbasierte Technologieplanung in CIM
17. BDE- und MDE-Systeme/Betriebsmittelplanung

Aus den zu diesen Themen erstellten Unterlagen werden die jeweiligen Übersichts- oder Spezialseminare für die verschiedenen Zielgruppen (Management, Fach-Ingenieure, -Kaufleute, Facharbeiter, Betriebsräte, ...) zusammengestellt

- und zwar sowohl die Vorträge
- als auch die Dokumentationen

Diese 17 Themen werden gemeinsam erarbeitet. Hierbei hat jedes CIM-TT-Zentrum die Federführung für ein Thema übernommen, und einige interessierte weitere Zentren arbeiten aktiv mit.
Der Projektträger Fertigungstechnik hat die Aufgabe, diese Arbeiten zu koordinieren und für eine umfassende interdisziplinäre Gestaltung zu sorgen.

Diese Organisation ist in der Abb. 14 dargestellt.

CIM-TT-Querschnittsthema		Aachen	Berlin	Bochum	Braunschweig	Bremen	Darmstadt	Dortmund	Erlangen	Hamburg	Hannover	Kaiserslautern	Karlsruhe	Kiel	München	Saarbrücken	Stuttgart
1. CIM-Definition und CIM-Grundbausteine	Ku	X		X				F									
2. CIM-Strategie als Teil der Unternehmensstrategie	Brö	X					X				X					F	
3. Analyse und Neuordnung der Fabrik	Wg		X				X	X		X	F						X
4. Vorgehen bei CIM-Planung und -Einführung	Wg	X					F						X			X	
5. Personalentwicklung und Qualifikation	Me	X	X	X													F*
6. Netze, Kommunikationstechnik	Ar	X	X	X	X				X	X*2	X						F
7. Nahtstellen	Sz	X		X	X				X			X	F				
8. Datenbanken für CIM	Ku	X	F		X						X				X		
9. Simulation in CIM	Ws	F		X			X	X	X				X				
10. CAD/CAM-zentrierte Kopplung von CIM-Bausteinen	He		X				X		X	X		X			F	X	X
11. PPS-zentrierte Kopplung von CIM-Bausteinen	Bey	X	X		X					F					X	X	X
12. CAQ-zentrierte Kopplung von CIM-Bausteinen	Ku				F				X		X						X
13. CIM-Fertigungsinseln	Sz		X	F				X				X	X		X	X	
14. Montageplanung in CIM	Me	X	X						F				X		X		
15. CIM in der Unikalfertigung	Sz																
16. Wissensbasierte Technologieplanung in CIM	Ar					F						F					
17. BDE-Systeme - Betriebsmittelplanung											*1 Prof. Bullinger				*2 Prof. Rall		
Stand: 12.08.1988		Sb	Ro	Sz	Ar	Sz	He	Ws	He	Bey	Ar	Ar	Ku	Un	He	Me	Ku
		X = Beitrag							F = Federführung								

03.11.1988

Abb. 14

D und EG auf dem Weg zu einer Strategie
Programm Fertigungstechnik 1988 - 1992
CIM-TT-Querschnittsthemen

Die Kurzbuchstaben in Abb. 14 deuten auf den jeweils verantwortlichen Sachbearbeiter des Projektträgers hin.
Aufgabe des Projektträgers ist es dann auch, die Ergebnisse der 8 Erfahrungsaustauschkreise des VDI-GACIM in die Arbeit der CIM-TT-Zentren einzubringen.
In diesen 8 "Erfa-Kreisen" wirken wie oben erwähnt mehr als 130 Industrie-Unternehmen mit, die bereits Erfahrungen mit CIM haben, diese auswerten und in Form von Leitfäden zusammenstellen wollen.

3.3.4 CIM-Normung

Wesentliche Voraussetzung für die breite Entwicklung einer Technologie, die von zahlreichen Herstellern von Systemkomponenten und ganzen Systemen auf der einen und zahlreichen Anwendern auf der anderen Seite getragen wird, ist heutzutage die **"entwicklungsbegleitende" Standardisierung und Normung.**

Aus diesem Grund wurde ein FuE-Projekt

> **"Wissenschaftliche Grundlagen und Zuarbeit zur Schnittstellen-Normung in CIM"**

gemeinsam mit dem DIN konzipiert und inzwischen gestartet.

Abbildung 15 zeigt die organisatorische Struktur der Normung im Bereich CIM in D und Abbildung 16 die Organisation der CIM-Arbeitsgruppe, die das o. g. Projekt durchführt.

Abbildung 17 zeigt als Beispiel die Organisation eines der 4 Teilprojekte.

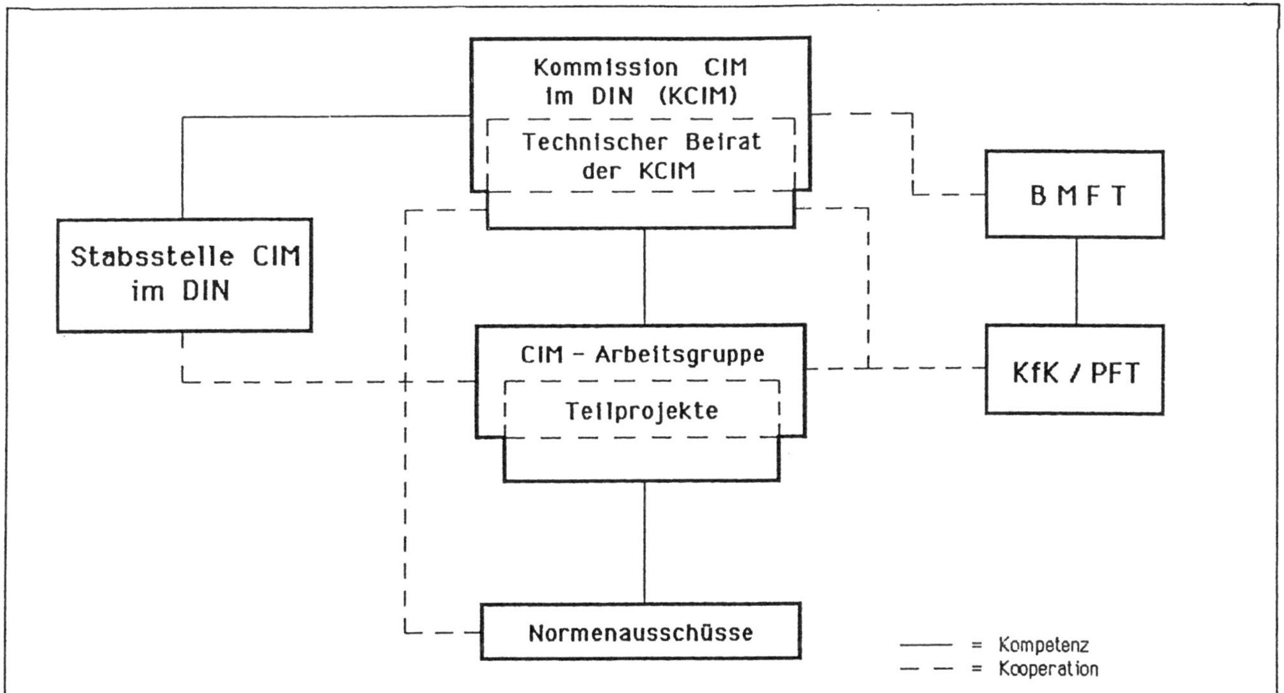

Quelle: DIN (KCIM)

KfK 03.11.1988

Abb. 15

D und EG auf dem Weg zu einer Strategie
Programm Fertigungstechnik 1988 - 1992
CIM-Normung
Organisatorische Struktur in D

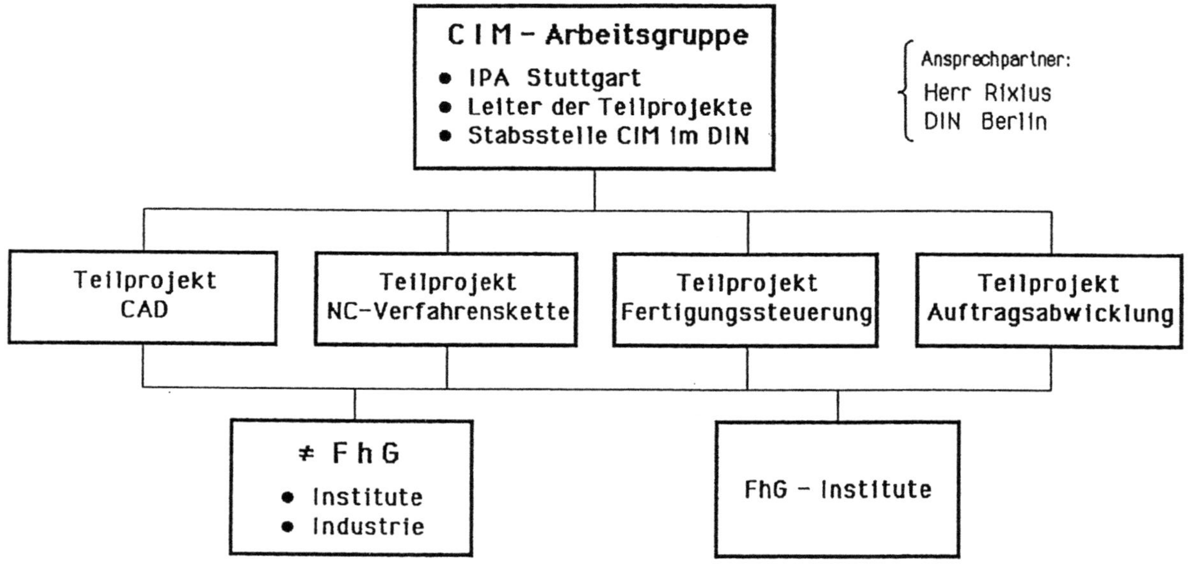

Quelle: IPA Stuttgart

03.11.1988

Abb. 16 D und EG auf dem Weg zu einer Strategie
Programm Fertigungstechnik 1988 - 1992
CIM-Normung
Organisation CIM-Arbeitsgruppe

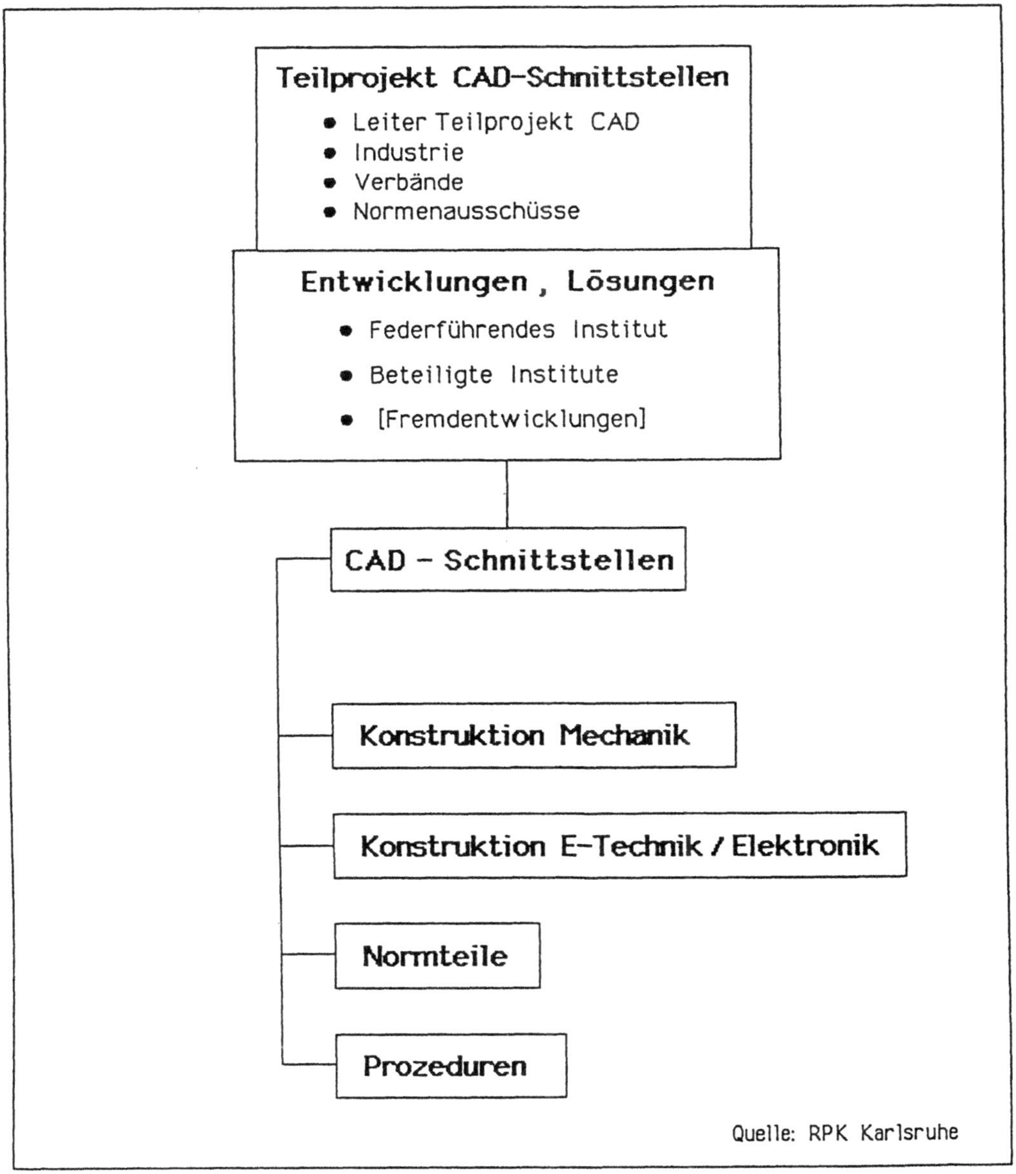

KfK 03.11.1988

Abb. 17 D und EG auf dem Weg zu einer Strategie
Programm Fertigungstechnik 1988 - 1992
CIM-Normung
Organisation Teilprojekt (Beispiel CAD)

Die eigentliche Normungsarbeit ist Sache der bestehenden Institutionen. Das FuE-Projekt soll diese Normungsarbeit durch geeignete wissenschaftliche Zuarbeit unterstützen und beschleunigen.
Träger dieser wissenschaftlichen Arbeit sind die auf diesem Gebiet tätigen Forschungsinstitute. 50 % der Arbeit soll von Fraunhofer-Instituten, IPA (Federführung) Stuttgart, IPK Berlin, ITW Dortmund, IITB Karlsruhe, IPT Aachen, geleistet werden, die anderen 50 % gehen per Unterauftrag an verschiedene Universitätsinstitute und andere Institute.

3.3.5 Verbundprojekte

Verbundprojekte sind zu 50 % geförderte risikoreiche, zukunftsorientierte, arbeitsteilige Gemeinschaftsprojekte von

- Industrie und Forschung
- Ausrüster- und Anwender-Industrie
- Groß- und Klein-Unternehmen

in besonders wichtigen, aussichtsreichen Bereichen.

Einige Bereiche hängen eng mit der Thematik CIM zusammen, so zum Beispiel die Bereiche 1, 2, 3, 4, 6 und 7 der nachfolgenden Liste.

Aktualisierte Übersicht über laufende (L), beendete (B) oder in Aussicht gestellte (I) Verbundprojekte

1. Fortschrittliche Handhabungstechnik

1.1	Komponenten für fortschrittliche Roboter- und Handhabungssystem	(L)
1.2	Fortschrittliche Robotersteuerungstechnik	(L)
1.3	Intelligente Sensorsysteme für die Handhabungstechnik	(L)

2. Montagetechnologie

2.1.1 Konzeption und Auslegung von Montageanlagen (L)
2.1.2 Planung des Ablaufs der Produktmontage (L)

Internationale EUREKA/FAMOS-Projekte
- siehe hierzu auch Kapitel 3.3.6 -

MOCIM - Planung einer CIM-Montagefabrik für Roboter-Komponenten (Definitionsphase) (B)
MOCIM - Planung einer CIM-Montagefabrik für Roboter-Komponenten (Hauptphase) (I)
HIFAS - Konzipierung und Einführung der flexiblen Montageautomatisierung für die CIM-orientierte Klein- und Mittelserienmontage (Definitionsphase) (L)
IDAP - Integrierte Produkt- und Montageplanung (Definitionsphase) (L)
SEMOS - Planung, Realisierung und Integration sensorgestützter Montagesysteme mit Industrierobotern (Definitionsphase) (I)
PRISMA - Reduktion der Montagkosten und -zeiten im Werkzeugmaschinenbau (Definitionsphase) (L)

3. Flexible Fertigung

3.1 Werkstattorientierte Programmierverfahren (B)
3.2 Rüstzeitverkürzung (L)
3.3 -
3.4 Integrierte Fertigung von Teilefamilien (L)
3.5 Flexible Automatisierung des Spritzgießens (L)
3.6 Anlagen zum Fügen von Großteilen (Profile und Platten) (B)

4. Sicherung des Fertigungsprozesses

4.1	Sicherung des spanabhebenden Bearbeitungsprozesses	(L)
4.2	Modellgestützte Fehlerfrüherkennung in der spanenden Fertigung	(L)
4.3	Qualitätssicherung in flexiblen Fertigungssystemen	(L)

5. Schlüsseltechnologien

5.1	Material- und Verfahrensentwicklung für neue optische Abbildungssysteme	(L)
5.2	Hochgeschwindigkeitsfräsen	(L)
5.3	Fertigungstechnologie Kleben	(L)
5.4	Massivumformen	) Fachgespräche
5.5	Blechumformen	) zur Definition
5.6	Ultrapräzisionsfertigung	) der Projekte

6. Computerunterstützte Planung in ausgewählten Bereichen

6.1	Deutsch-Norwegisches Kooperationsprojekt: Advanced Production System (APS)	(B)
6.2	Kostenermittlungs- und -vergleichsverfahren (Relativkosten)	(B)
6.3	Rechnerunterstützte Werkzeugkonstruktion und -fertigung für den Formenbau	(B)

7. Normung von CIM-Schnittstellen

7.1	Spezifikation von CIM-Normungsvorhaben	(L)
7.2	Wissenschaftliche Grundlagen und Zuarbeit zur CIM-Schnittstellen-Normung	(L)

Die meisten Verbundprojekte wurden bereits im Programm 1984 - 87 begonnen und laufen bis 1990 aus; nur die Projekte des Bereichs 2, internationale EUREKA-FAMOS-Projekte (siehe nächster Abschnitt) und der Bereiche 5 und 7 (siehe oben) sind neu und laufen bis 1992 oder länger.

Der Grund für diese Veränderungen liegt darin, daß künftig alle Bereiche, in denen die Informationstechnologie eine wesentliche Rolle spielt, im Rahmen von ESPRIT behandelt werden sollen.

Über die Verbundprojekte erscheinen umfassende Dokumentationen - bzw. einige sind bereits erschienen - die bei dem Projektträger Fertigungstechnik bezogen werden können.

Der Rahmen dieses Vortrages erlaubt es leider nicht, tiefer auf die einzelnen Verbundprojekte einzugehen; nur dem EUREKA-Projekt FAMOS, in dem CIM eine wesentliche Rolle spielt, sollen wegen der Möglichkeit von Kooperationen mit schweizer Unternehmen und Forschungsinstituten einige Ausführungen gewidmet werden.

3.3.6 Das EUREKA-Projekt FAMOS - Flexibel Automatisierte Montagesysteme

Ausgehend von einer deutsch-französischen Initiative wurde im Jahr 1986 von 7 Ländern (AU, D, E, F, I, S, UK) das EUREKA-Projekt FAMOS (EU 72) gestartet. Es hatte das Ziel, das Thema der flexibel automatisierten Montage aufzuarbeiten und dadurch die Grundlage und Voraussetzungen für EUREKA-Projekte in diesem Bereich zu schaffen.
Die Ergebnisse sind im Bericht KfK-PFT 135 niedergelegt. (Dieser Bericht kann bezogen werden bei: Kernforschungszentrum Karlsruhe GmbH, Projektträgerschaft Fertigungstechnik, Postfach 36 40, D-7500 Karlsruhe 1.)

Eine umfassende Darstellung von FAMOS würde den Rahmen dieses Vortrages sprengen; nachstehend soll dennoch das Wichtigste aufgezeigt werden und zwar aus zwei Gründen:

1. FAMOS enthält wesentliche Elemente von CIM; FAMOS ist ohne CIM nicht möglich.
2. FAMOS ist für die europäische Industrie sehr wichtig.

Worin besteht das Problem, was ist die Herausforderung?

- Abwanderung von montageintensiven Produktionen aus Europa (Feinmechanik, Uhren, Büromaschinen, Konsumgüter aller Art)
- Zukunftstendenz:
  Verlust der Wettbewerbsfähigkeit in zahlreichen Produktionsbereichen
- Gründe:
  - Zu hohe Kosten in der Montage
    (Der Anteil der Montagekosten an den Gesamtkosten liegt in vielen Bereichen bei bis zu 40 % und hat daher großen Einfluß auf die Gesamtkosten)
  - Zu geringe Nutzung moderner Technologien in der Montage

Die Ergebnisse der detaillierten Untersuchung der 7 seit 1986 in FAMOS mitarbeitenden Länder hinsichtlich der Montagekostenanteile an den gesamten Herstellkosten sind in Abbildung 18 dargestellt:

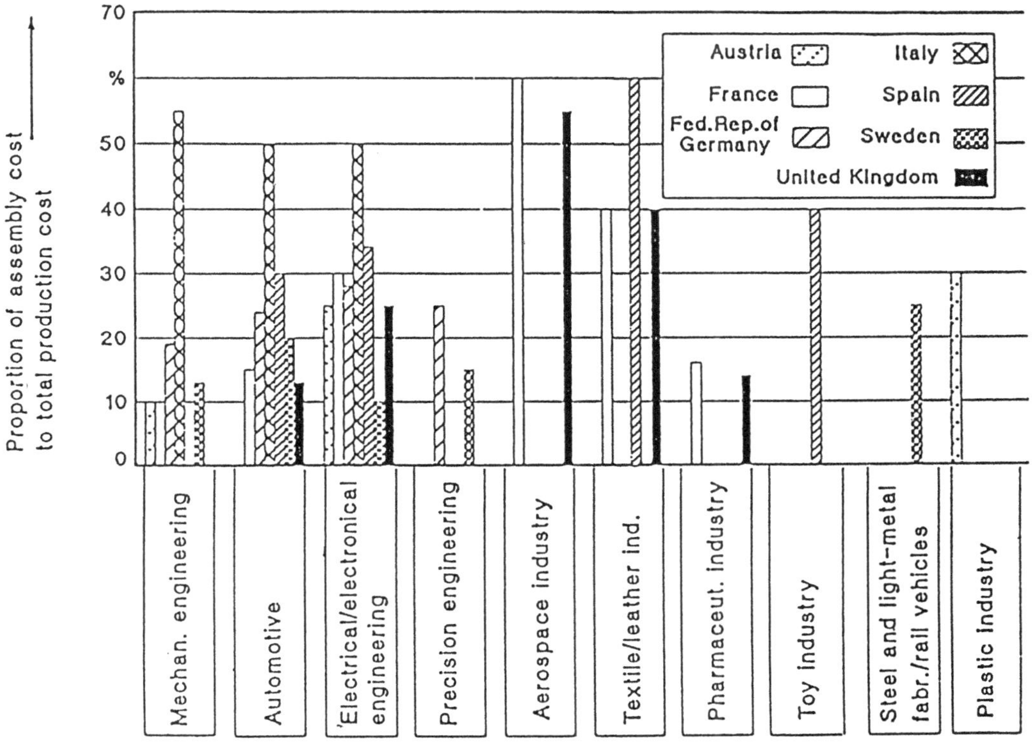

Abb. 18

Assembly Costs in Proportion to Product Costs

Die Untersuchung bestätigte gleichzeitig, daß bislang nur sehr wenig in die technologische Weiterentwicklung und Rationalisierung der Montage investiert wurde.

Die systematische Analyse der technologischen Möglichkeiten für die flexible Automatisierung der Montage führte zum "FAMOS-Referenz-Modell" - siehe Abbildung 19.

Die drei technologischen Ebenen des Referenz-Modells sind
- die Montage-Planungs-Ebene
- die Montage-System-Ebene
- und die Montage-Prozeß-Ebene

Die vier dazu vertikalen technologischen Blöcke sind
- Produktions-Steuerungs-Module für die System- und Geräte-Steuerung
- Produktions-Planungs-Module für das Montagesystem, den Materialfluß, die Programmierung des Systems und der Geräte
- Entwicklungs- und Konstruktions-Module für die herzustellenden Produkte und für das hierfür benötigte flexibel automatisierte Montagesystem, die Montageprozesse, Sensorik und Effektoren
- Qualitätssicherungs-Module für den Planungs-, Steuerungs- und Montageprozeß

Es ist deutlich, daß CIM die technologische Grundlage des FAMOS-Referenz-Modells ist.

Dieses FAMOS-Referenz-Modell wurde sehr differenziert gemeinsam mit Industrie und Forschung ausgearbeitet, um vollständige Ansätze für konkrete FuE-Projekte zur Lösung bestimmter Montageaufgaben zu ermöglichen.

Weiterhin untersuchten die 7 beteiligten Länder, in welchem ihrer Industriebereiche technologisch und volkswirtschaftlich das größte Innovationspotential liegt, um ihren Regierungen, ihrer Industrie und Forschung Anhaltspunkte zu geben, in welchen Bereichen FAMOS Projekte mit besonderer Priorität durchgeführt werden sollten. Die Ergebnisse sind in Abbildung 20 zusammengestellt:

Abb. 19 The "FAMOS" – Reference – Model

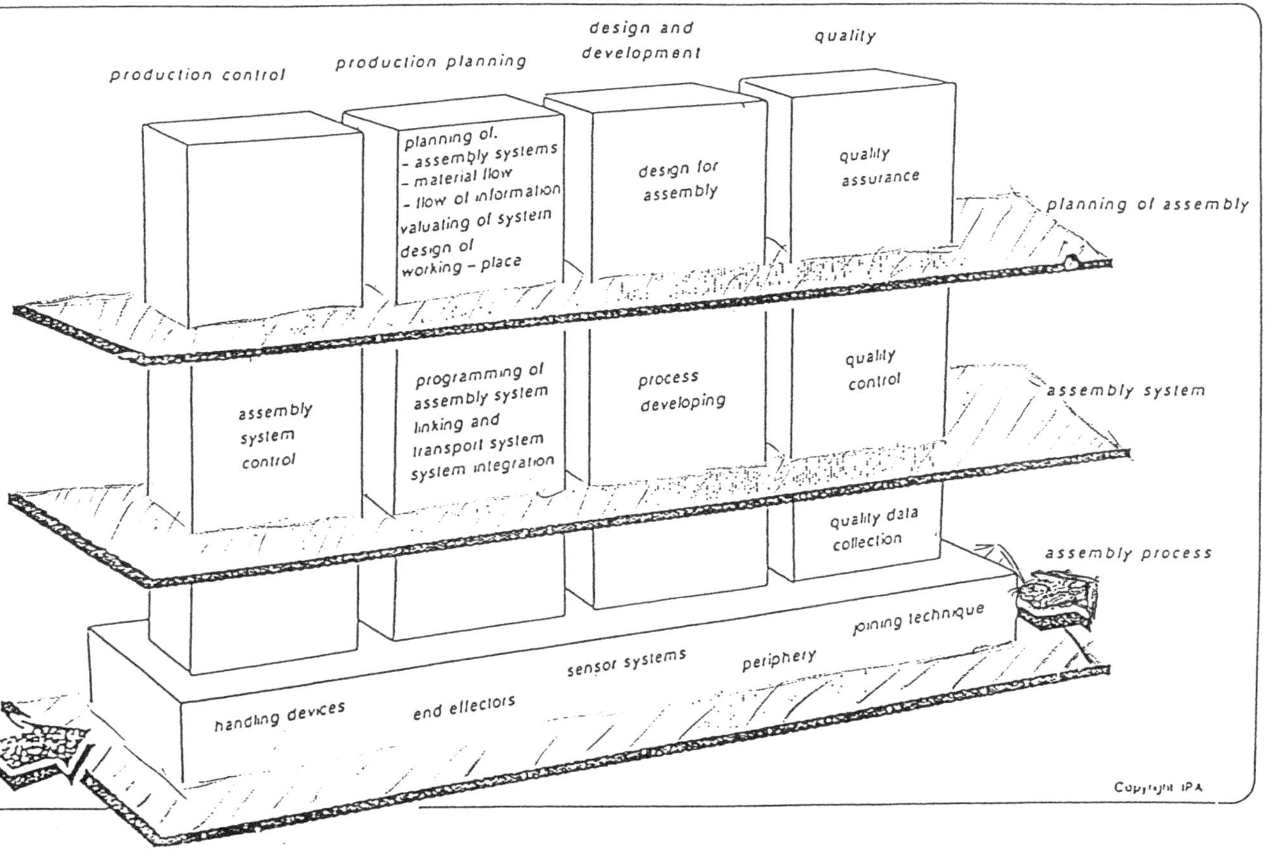

	Austria	France	Fed.Rep.of Germany	Italy	Spain	Sweden	United Kingdom
Mechanical engineering	●	●	●			●	●
Automotive industry	1)	●	●	●	●	●	●
Electrical a. electronic engineering	●	●	●	●	●	●	●
Precision engineering		●	●			●	●
Iron and sheet metal fabrication			●				
Steel- and light-metal-fabrication/rail vehicles	1)		●			●	
Aerospace		●			●		●
Food				●	●		
Textile/leather		●	●	●	●		●
Musical instruments/toy industry			●		●		
Footwear		●		●	●		
Wood and furniture		●		●			
Pharmaceutical							●
Plastics	●						
Office equipment/EDP			●	●		●	●

1) Covered by mechanical engineering

Abb. 20 Key Assembly orientated Industries

Auf dieser Grundlage wurde für die weitere Vorgehensweise folgende Strategie aufgestellt:

- Montage verbessern mit den Zielen
  - höhere Flexibilität
  - niedrigere Kosten
  - schnellerer Materialfluß
  - weniger Umlaufmaterial
  - hohe Qualität
- Industriesektoren identifizieren, bei denen die Montage wichtig ist
- Technologien identifizieren und nutzbar machen, die für die Anwendung in der Montage wichtig sind
- Projekte suchen, initiieren und voranbringen, die in wichtigen europäischen Industriesektoren den Abwanderungstrend umzukehren helfen
- Die EUREKA-Kooperation für FAMOS erschließen mit der Zielsetzung
  - verteilter Risiken
  - verteilter Fördermittel und Ressourcen
  - gemeinsamen Nutzens
  - verkürzter Entwicklungszeiten
- Zur Entwicklung einer gemeinsamen europäischen Industrie beitragen

Nach Abschluß der Voruntersuchung vereinbarten die Regierungen der beteiligten Länder, diese Kooperation fortzusetzen. Die Gesamtinitiative wird von einer gemeinsamen EUREKA-FAMOS-Working-Group "FAMOS-WG" getragen, in der jedes Land mit einem National Coordinator "NC", einem National Project Leader "NPL" und einem Ressource Team vertreten ist. Diese FAMOS WG hat folgende Ziele:

- Die Bedeutung der Technologie der flexibel automatisierten Montage deutlich machen
- Potentielle europäische Partner zusammenbringen
- Kooperative Verbindungen entwickeln
- Projekte initiieren, die den europäischen Notwendigkeiten entsprechen

- FAMOS Projekte unterstützen, eine effektive Zusammenarbeit und Planung entwickeln und den EUREKA-Status erhalten
- Internationale Workshops organisieren, die dazu dienen, Problemfelder aufzuarbeiten und damit Grundlagen für Projekte zu schaffen.
- Kontakte zu den Regierungen pflegen, um gemeinsam unterstützende Maßnahmen der beteiligten Länder zu initiieren. (Gesetzliche Vorschriften zu harmonisieren, Normung zu fördern, Finanzhilfen zu geben.)

Die notwendigen Charakteristika der mit hoher Priorität zu initiierenden und zu unterstützenden FAMOS-Projekte sind aus deutscher Sicht folgende:

- Innovativ **und** realistisch
- Breitenwirksam
- Europäische Kooperation notwendig
- Von der Industrie vorangetrieben
- Beiträge der europäischen Partner gleichgewichtig
- Wesentliche FAMOS Aspekte abdeckend
  - Technologien
  - Industriesektoren
  - FAMOS-Länder
  - Anwendung, Ausrüstung, Forschung
  - Groß-, Mittel- und Kleinunternehmen

Die anderen Länder haben ähnliche Charakteristika, so daß die Vorabklärung, welche Projekte gegebenenfalls staatliche Fördermittel aus den Budgets der einzelnen Länder erhalten sollen, in der Regel rasch möglich ist und in der Regel zu einer einheitlichen Meinung führt.

Inzwischen haben sich acht weitere EUREKA-Länder der FAMOS-Initiative angeschlossen: CH, DK, L, B, P, NL, N, IRL.

Der erreichte Stand von FAMOS läßt sich wie folgt kennzeichnen:

- 15 beteiligte Länder
- 16 Projekte mit EUREKA-Status

- Ca. 50 Projektvorschläge in Vorbereitung
- Prioritäre Aufgaben der FAMOS Länder
  - Die neu hinzugekommenen Länder wollen ebenfalls ihre montage-relevanten Industriesektoren identifizieren
  - In der politischen und fachlichen Öffentlichkeit Aufgeschlossenheit, Wissen, Sensibilität für FAMOS erzeugen
  - Geeignetes Kommunikationsnetzwerk zwischen den NC's und NPL's schaffen
  - Mögliche unterstützende Maßnahmen der Regierungen feststellen, bewerten, vorschlagen
  - Zusammenarbeit stärken
  - Den "FAMOS-Impuls" erhalten

Die FAMOS Initiative hat höchstens erst 1/4 ihres Weges zurückgelegt:

- Es werden zu den bestehenden Projekten sicher mindestens ebensoviele dazu kommen
- Die möglichen technologischen Ansätze werden noch nicht ausgeschöpft
- Die Durchführung der Projekte und der Transfer der erarbeiteten Lösungen in eine breite industrielle Nutzung steht noch aus
- Die Erschließung europäischer Ressourcen und möglicher Synergieeffekte liegt noch in der Zukunft ebenso wie die
- Erreichung des Zieles: "Umkehr der Tendenz der Abwanderung industrieller Produktion"!

4. Resümee

Ich komme zurück auf die eingangs gezeigte Abbildung 1 über Standortvor- und -nachteile der Bundesrepublik Deutschland. Sie zeigt eigentlich nur Nachteile bis auf die Faktoren

- Qualifikation des Personals
- Produktivität der menschlichen Arbeit und
- Politische Stabilität

Hieraus wird deutlich, daß **CIM die große Chance** der Zukunft ist.

Denn CIM beinhaltet ein enormes Innovationspotential. Dieses ist aber nur zu erschließen mit hochqualifizierten Ingenieuren, Arbeits- und Betriebswirtschaftlern, Kaufleuten und last but not least Facharbeitern!
Und das ist der Standortvorteil der Bundesrepbulik Deutschland.

Integration von Bild, Text und Graphik-Anwendungen in der technischen Dokumentation

Dipl.-Informatiker Gunter Klumpp
Gebrüder Kömmerling Kunststoffwerke G.m.b.H., 6780 Pirmasens

INHALTSVERZEICHNIS

1. Das Unternehmen

Die Firma Kömmerling wurde 1897 gegründet.
Aus einem einfachen Handelsbetrieb, der die damals aufblühende Schuhindustrie versorgte, wurde schon im Jahre 1902 eine "Kömmerling Chemische Fabrik", die selbst Klebstoffe herstellte.
1952 entdeckte Kömmerling den Kunststoff, erste Extruder wurden gekauft.
Mittlerweile gilt das Familien-Unternehmen als größter Hersteller von Kunststoff-Fensterprofilen.
Weitere KOE-Produkte sind

- Industrie-Profile, Rolladen, Dichtstoffe und Reinigungsmittel, Industrie-Klebstoffe, PVC-Hartschaumplatten und PVC-Hartplatten.

Kömmerling beschäftigt z.Zt. weltweit ca. 2000 Mitarbeiter.

2. Ausgangssituation

Wer im Unternehmen nach den Gesamtkosten für Druckerzeugnisse fragt, sticht in ein empfindliches Problemfeld. Kaum jemand weiß, was auf diesem Gebiet an den verschiedenen Stellen im Unternehmen für kleine Druckschriften, Formulare, eilige Präsentationsfolien oder ganze Periodika an Geld ausgegeben wird. Der größte Anteil bleibt oft in den Abteilungskosten verborgen.

Diese Kosten scheinen z.Zt. unüberschaubar, unkalkulierbar, unkontrollierbar.

Es ist ein merkwürdiges Phänomen, daß parallel zum Einzug der elektronischen Kommunikation in die Büros die Mengen an bedrucktem Papier nicht etwa weniger, sondern mehr werden. Das hat aber seine nüchternen Gründe im steigenden Bedarf nicht allein an Informationen, sondern an **verständlich aufbereiteten** Informationen. Und diese sind über den Bildschirm nicht zu kommunizieren, solange die technischen Voraussetzungen noch nicht ausreichen.
Wir bevorzugen in unserer täglichen Arbeit die jederzeit verfügbare und graphisch gut aufbereitete Information, die durch die Form das Verständnis des Inhalts fördert. Und diese formale - und parallel dazu die inhaltliche - Gestaltung der Information unterliegt steigenden Ansprüchen.

Das KOE-Informationssystem, das sämtliche Anforderungen von der Planung bis zur Auslieferung abzudecken hat, bedient sich sowohl der konventionellen DV (SAP-R/2-System), der graphischen DV als auch der Bürokommunikation und zeigt heute schon seine große Bedeutung bei der Realisierung eines CIM (Computer Integrated Manufacturing) Konzeptes.

Neben der hohen Anforderung an PPS, CAD und Vertriebssystem hat die Erstellung der technischen Dokumentation und Vertriebspublikationen einen hohen Stellenwert in unserem integrierten Informationssystem eingenommen.

3. Grundgedanken eines zentralrechnergestützten CAP-Konzeptes sind:

- Erstellung aller Quelldateien, seien es Texte, Graphiken oder Bilder, unternehmensweit am Arbeitsplatz des Autors. Jedes Zeichen wird nur einmal eingegeben.

- Elektronische Zusammenführung der verschiedenen Quelldateien am CAP-Arbeitsplatz, an dem die Qualitätsrichtlinien unseres Unternehmens und die graphischen Kenntnisse beim Umbruch zum Tragen kommen. Umbruch am Bildschirm.

- Ausdruck des fertigen Dokumentes am Ort des Bedarfs, also zentral oder dezentral.

- Elektronische Ablage und Wartung der Quelldateien im Zugriff des Autors.

- Elektronische Ablage der Layout-Datei im Zugriff der Redaktion.

Redaktionen können sich dort einrichten, wo sie am meisten gebraucht werden. Die Druckauflage bestimmen die Verbraucher vor Ort. Damit lassen sich Transportkosten, die Lagerkosten und Verschrottungskosten bei Neuauflagen zusätzlich reduzieren.

4. Die CAP-Konzeption in der Praxis

(CAP heißt Computer Aided Publishing, computerunterstützes Publizieren)

Die Integration von Texten und Bildern zur elektronisch erzeugten Druckvorlage ist ein technologisch gelöstes Problem. Eine vielfältige Softwareunterstützung erlaubt die Uebernahme von graphischen und kommerziellen Datenbeständen aus vielen Subsystemen. Besondere Bedeutung kommt jedoch beim Kompositionsprozeß eines Druckseitenlayouts der flächenhaften

Gestaltung einer Seite zu. Konventionelle Ansätze der Dokumentauszeichnung in Form von Markierungsbefehlen erweisen sich als umso schwieriger handhabbar, je mehr der Aufbau einer Dokumentseite von der rein textlichen Untergliederung nach Spalten und Absätzen abweicht.

Zentrale Bedeutung hat das Programm **GUFI** (Generalised User Friendly Interface) der Firma BTB-Stuttgart.
Das Programm GUFI bietet für diese Aufgabenstellung auf der Basis bewährter IBM-Standardprodukte (u.a. GDDM, GDDM/XPHICS, DCF) im Großrechnerbereich unter dem Betriebssystem VM eine Lösung in Form einer graphisch-interaktiven Unterstützung zur Seitengestaltung am hochauflösenden Ganzseitenbildschirm IBM 3270 PC/GX und Workstation IBM 5080. Mit einfachen Menue-gesteuerten Eingabe-Operationen mit Hilfe der Maus oder eines Tabletts (die Tastatur wird nur zum Schreiben von Texten benutzt) ist es möglich, eine Druckseite unter Sichtbarmachung der Seitenaufteilung zusammenzustellen.

Als Element einer Seite werden dabei unterschieden Textzeilen, Textblöcke, Tabellen, variable Bilder sowie Linien und Rechtecke.

Für **Texte** ist die volle Unterstützung der Proportionalschriften für die Drucker IBM 4250 und IBM 38xx durch Menue-Auswahl für Schriftgröße (-grad), -stärke und -schnitt sowie Schriftfamilie gegeben (z.B. Helvetica 12, Punkt kursiv fett). Die spezifizierte Schrift bestimmt unmittelbar die korrekte Darstellung der eingegebenen Textzeile hinsichtlich ihres Platzbedarfs; zur besseren Lesbarkeit am Bildschirm wird jedoch eine möglichst schlanke Ersatzdarstellung verwendet.

Textblöcke werden bei Kömmerling in der Regel mit den Basis-Textsystemen - PCTEXT4 oder /370 Text erstellt und an die Basis-Textsoftware DCF übergeben. Darüber hinaus können alle Funktionen hier genutzt werden. Für die Darstellung des Platzbedarfs eines Textblockes wird eine Vorformatierung durchgeführt.

Mit der Funktion **Variable** werden Variable definiert, die bei einem Extraktionslauf mit Werten aus vorhandenen Datenbeständen gefüllt werden sollen (Vertriebsdaten).

KÖMMERLING

F 30 - F 39 **Combidur AV**

AV-System

Kämpferprofile	Farbe	Liefer-form	Preis DM/m		Verpackungseinheit Bund m	Stück	Kassette m	Stück
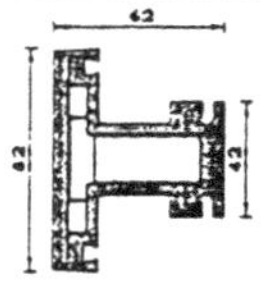	654 weiß	1	24,90		12	2	336	56
	021 mooreiche	1	27,62		12	2	336	56
	023 mahagoni	1	27,62		12	2	336	56
	031 eiche rustikal	1	27,62		12	2	336	56
	071 eiche klassik	1	27,62		12	2	336	56
F30-15- 3002	223 mahag. / weiß	1	25,85		12	2	336	56
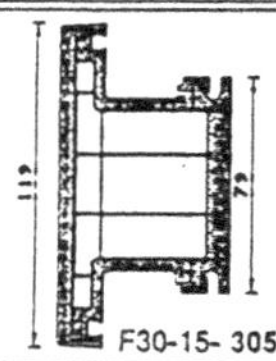	654 weiß	1	33,90		12	2	180	30
	021 mooreiche	1	38,84		12	2	180	30
	023 mahagoni	1	38,84		12	2	180	30
	031 eiche rustikal	1	38,84		12	2	180	30
	071 eiche klassik	1	38,84		12	2	180	30
F30-15- 3051	223 mahag. / weiß	1	36,54		12	2	180	30

Unter dem Begriff **Bilder** werden alle Datenbestände verstanden, die in der Form sog. Page Segmente vorliegen, also aus CAD-Systemen (CADAM und Micro-CADAM) übernommenen Zeichnungen, unter GDDM/PGF erstellte Präsentationsgraphiken, mittels Scanner erfaßte Images oder durch weitere geplante Graphiksoftware wie DrawMaster, die ebenfalls über eine Schnittstelle zu GDDM verfügt, erzeugte Rasterdaten.

KÖMMERLING

Systemgeber für Kunststoff-Fenster

Januar 1988

Sehr geehrter Geschäftsfreund,

wir haben die in der Praxis bewährten Profil-Poster neu aufgelegt.

Die Poster wurden in Reihenfolge und Systematik analog der aktuellen Broschüre Profil-Übersicht, die wir Ihnen in der Anlage nochmals übergeben, hergestellt.

Die Einzelblätter haben das Format 44 x 40 cm.

Die Profile sind im Maßstab 1:1 abgebildet.

In der nebenstehenden verkleinerten Abbildung sehen Sie als Beispiel die Rahmenprofile Combidur VK aus der Profil-Übersicht Seite 4.

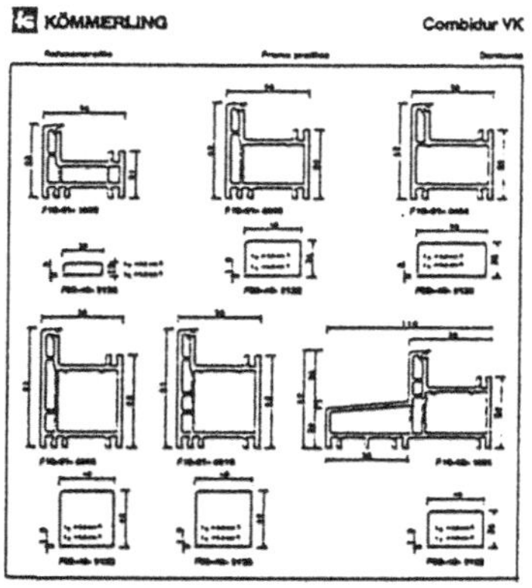

Mit anhängender Bestellkarte, auf der die möglichen System- und Bestell-Varianten ersichtlich sind, können Sie die für Ihre Verwendung erforderlichen Poster direkt bei uns bestellen.

Wir sind sicher, daß die neue Auflage der Profil-Poster Ihr Interesse finden wird, und erwarten gerne Ihre Bestellung.

Mit freundlichen Grüßen

Gebrüder Kömmerling
Kunststoffwerke GmbH
Marketing/Werbung/VKF

Hans-Joachim Breipohl

Heinz Wagner

Gebrüder Kömmerling Kunststoffwerke GmbH, Postfach 2165, D-6780 Pirmasens, Tel. 06331.88-0, Telefax 0633?.33-475 o Druckausgabe

Die Ausgabe des interaktiven Programms dient als Eingabedatenstrom für die Standard-Textsoftware DCF; damit ist die IBM-Rasterpunktarchitektur (4250, 3812, 3820) gewährleistet.

Die fertig erstellte Seite wird selbstverständlich am Bildschirm in einer dem Druck entsprechenden Form angezeigt.

Je nach Qualitätsanforderung und Mengenvolumen wird individuell entschieden, ob der Ausdruck über einen 3812 oder 4250 erfolgt. Im Falle Erosionsdrucker 4250 wird für die hauseigene Druckerei der Negativfilm erstellt.

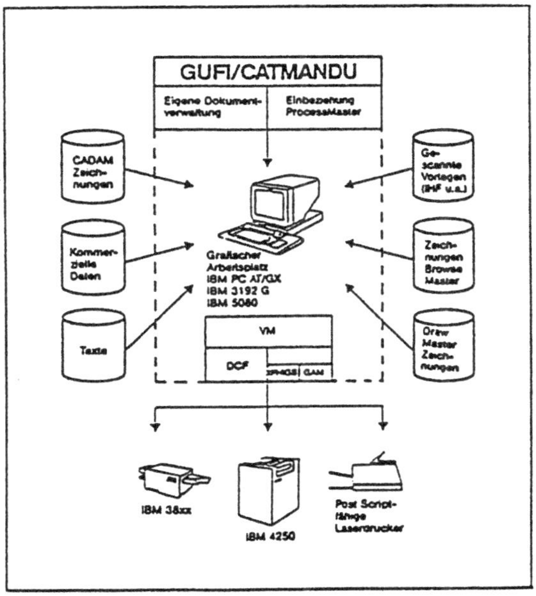

5. Anwendungen

Die CAP-Konzeption wird eingesetzt bzw. ist geplant für folgende Anwendungen:

- Preislisten
- Technische Merkblätter (Chemie)
- Technische Handbücher
- Produkt-Informationen
- Baudokumentationen
- Profilübersichten
- Kunden-Informationen
- Anzeigen
- Telefonbücher
- interne Formulare
- Präsentationsfolien
- Hauszeitschriften

3. Physikalische Zusammenhänge

Beeinflussbare Faktoren für das Raumklima und die Feuchtigkeitsbelastung sind Relative Luftfeuchtigkeit, Raumtemperatur und Wärmeisolierung der Außenwände.

a) Relative Luftfeuchtigkeit

Je wärmer die Luft ist, umso mehr Feuchtigkeit kann sie aufnehmen.

Beispiel: Das Luftvolumen eines Raumes mit 50 Kubikmeter kann max. 865 Gramm Wasser speichern. Dann beträgt die relative Luftfeuchtigkeit 100%. Die Luft ist gesättigt.
Ein Blick auf die Tabelle über die möglichen Feuchtigkeitsproduktionen in Wohnräumen zeigt, wie schnell dieser Zustand erreicht werden kann.

Umgekehrt gilt: Je kühler die Luft, umso weniger Feuchtigkeit kann sie aufnehmen. Folgendes Bild soll dies verdeutlichen.

Abb. 1

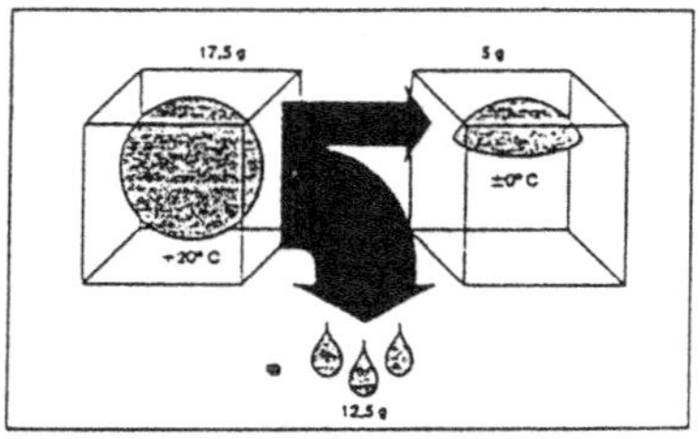

In einem Kubikmeter Luft von 20 Grad können bis zu 17 Gramm Wasser enthalten sein. Die gleiche Luftmenge kann bei Null Grad jedoch nur noch 5 Gramm Wasser aufnehmen. Kühlt nun ein mit Wasserdampf gesättigter Kubikmeter Luft (relative Feuchtigkeit 100 Prozent) von 20 auf Null Grad ab, dann fallen 12 Gramm Wasser als Tropfen aus.

- "Kühle" Luft ist immer "trockene" Luft.
Gerade bei Laien hört man in diesem Zusammenhang immer wieder folgendes Argument:
"Wenn im Spätherbst mit Temperaturen um 0 Grad und sehr hohen Luftfeuchtigkeiten (Nebel, ungefähr 90 - 100% relative Luftfeuchtigkeit) die Fenster geöffnet werden, dann holen wir uns doch die Feuchtigkeit ins Haus!!" Diese Vorstellung ist falsch!

Richtig ist: Bei 0 Grad Außentemperatur und 90% relativer Luftfeuchtigkeit enthält die Luft ca. 4 Gramm Wasser pro Kubikmeter. Wird sie auf Raumtemperatur von + 20 Grad erwärmt, sinkt die relative Luftfeuchtigkeit ab, da 20 Grad warme Luft maximal 16 Gramm Wasser pro Kubikmeter aufnehmen kann. Das hat zur Folge, daß mit 4 Gramm Wasser pro Kubikmeter die Luft jetzt nur noch zu 25% gesättigt ist, also extrem trocken!! Das einfachste und wirkungsvollste Mittel, übermäßige Luftfeuchte abzuführen ist eine wirkungsvolle Durchlüftung.

b) Raumtemperatur

Generell kann festgestellt werden, daß die Tauwasserbildung an Außenwänden von Räumen kein neues Problem im Bauwesen darstellt. Zu Zeiten geringerer Energiekosten wurden diese Erscheinungen regelrecht weggeheizt.
Raumtemperaturen von 20 - 23 Grad waren nicht selten. Die Aufklärung über Möglichkeiten der Energieeinsparung hat leider dazu geführt, daß die Raumtemperaturen unter 20 Grad gesenkt wurden, nach der weit verbreiteten Faustformel:
1 Grad Temperaturabsenkung = 6% weniger Heizöl

Die Spareuphorie wurde durch die Devise "Zieht euch warm an" oft bauphysikalisch unverantwortlich übertrieben. Im Altbau kommt dann noch eine häufig unzureichende Wärmeisolierung hinzu (hoher k-Wert), was eine niedrige raumseitige Oberflächentemperatur impliziert. Im Taupunktdiagramm sind diese Zusammenhänge dargestellt:

6. Erfahrungen

Bei der täglichen Praxis in der Anwendung der beschriebenen Softwarekomponenten sind immer wieder Schnittstellenprobleme aufgetreten, die es gilt zu beseitigen (z.B. die Verträglichkeit zwischen PC TEXT 4, /370 TEXT und DCF).
Das neue technologische Verfahren (CAP) läßt sich besonders gut im Erstellen interner Formulare einseiten (50% Zeiteinsparung).
Weitere prädestinierte Einsatzschwerpunkte sind Profilüberübersichten, techn. Merkblätter, Produktinformationen und Preislisten. Die Textverarbeitung wurde einem Wandel unterzogen, der sich im gesamten Hause zunehmend durch Kreativität und Produktivität auszeichnet.

° Nutzen

Die Erstellung von Druckvorlagen ist trotz moderner Photosatzmaschinen auch heute noch ein langwieriger und komplizierter Arbeitsvorgang. Die beschriebenen Produkte ermöglichen jetzt die Umgehung von photochemischen Prozessen sowie von Schneide-Klebearbeiten und erlauben die Erstellung einer Druckvorlage oder eines kopierfähigen Nebenoriginals.
Die Kosten für Satz- und Film-Kosten (extern) werden markant reduziert.
Der Korrekturzyklus wird entscheidend verkürzt. Die Durchlaufzeiten von der "IDEE" bis zum Druck werden wesentlich verkürzt.

7. Ausblick

Mit den aufgezeigten Möglichkeiten ist für den CAP-Bereich ein Schritt in die Zukunft getan worden. Nun gilt es die Konzeption auszubauen, wobei DTP (PC) eine weitere Variante bei der Bewältigung unserer Alltagsprobleme sein könnte.

Der Bildverarbeitung (Scannen von Bildern) messen wir in Zukunft besondere Bedeutung bei. Um die komplexen SW-Produkte zu implementieren und anzuwenden, ist **"Ausbildung"** unabdingbare Voraussetzung.

Das Unternehmen wird seine Aktivitäten international ausweiten und somit zwangsläufig, z.B. in Hinsicht der Sprachenvielfalt seine CAP-Konzeption wesentlich erweitern müssen.

Das CIM-Technologie-Transfer-Zentrum Saarbrücken - Partner auf dem Weg zu CIM

Dipl.-Wirtsch.-Ing. Peter Karl
Universität des Saarlandes
Institut für Wirtschaftsinformatik (IWi)
- CIM-Technologie-Transfer-Zentrum -
Im Stadtwald, Gebäude 14
6600 Saarbrücken 11

Inhaltsverzeichnis

1 Aufgaben des CIM-Technologie-Transfer-Zentrums Saarbrücken

Eine der aus den Mitteln des BMFT-Förderprogramms "Fertigungstechnik 1988 - 1992" finanzierten Maßnahmen ist der sogenannte "Breitenwirksame CIM-Technologie-Transfer". Intention hierbei ist, industriellen Anwendern das Sach- und Erfahrungswissen namhafter deutscher Forschungsinstitute im Bereich CIM beschleunigt zur Verfügung zu stellen. Primäre Zielgruppe des Technologie-

Transfer-Angebotes sind Klein- und Mittelbetriebe, da diese zwar gute Voraussetzungen für die CIM-Realisierung haben (z. B. hohe organisatorische Flexibilität, Einsatz von Standard-Softwareprodukten), ihnen jedoch meist das nötige Fachwissen über die Chancen und Risiken von CIM sowie das Vorgehen bei der CIM-Planung und -Einführung fehlt.

Im Rahmen der genannten Maßnahme wurde an insgesamt 15 Hochschulinstituten und einem Fachhochschulinstitut, räumlich verteilt über die ganze Bundesrepublik, der Aufbau von CIM-Technologie-Transfer-Zentren (CIM-TTZ) gefördert. Das Institut für Wirtschaftsinformatik (IWi) der Universität des Saarlandes unter der Leitung von Prof. Dr. A.-W. Scheer vertritt dabei als einziges das Fachgebiet der Betriebswirtschaftslehre. Alle anderen CIM-TT-Partner sind im ingenieurwissenschaftlichen Bereich angesiedelt.

Die von den CIM-TT-Zentren wahrzunehmenden Aufgaben reichen von der Konzeption und Durchführung zielgruppenspezifischer Seminare zu Themen aus dem Bereich der rechnerintegrierten Produktion über die Organisation von Veranstaltungen zum Erfahrungsaustausch über CIM bis hin zur Demonstration beispielhafter CIM-Realisierungen anhand der an den Instituten aufgebauten CIM-Demonstrationsobjekte.

Im folgenden werden das Seminarangebot und die Demonstrationsmöglichkeiten des CIM-TTZ Saarbrücken vorgestellt.

2 Querschnittsthema, Seminarangebot

Um in relativ kurzer Zeit einen großen Fundus an Schulungsunterlagen erstellen zu können, wurden in Zusammenarbeit mit dem Projektträger, dem Kernforschungszentrum Karlsruhe (KfK), insgesamt 17 sogenannte Querschnittsthemen definiert, die den Themenbereich "CIM" umfassend abdecken (siehe hierzu auch den Beitrag von Herrn Dr. Stams). Diese Querschnittsthemen wurden arbeitsteilig von den verschiedenen CIM-TT-Partnern ausgearbeitet. Dabei übernahm jeweils ein Institut die Federführung für ein Thema. Der Intention folgend, die Themen möglichst auf eine breite Grundlage zu stellen, wirkten bei der Erarbeitung neben den Federführern, den zuarbeitenden CIM-TT-Partnern und dem Projektträger auch externe Hochschulinstitute, Verbände und Institutionen sowie Mitarbeiter aus Industrieunternehmungen mit. Die Beiträge wurden unter Zuhilfenahme einheitlicher Hard- und Softwaresysteme erstellt, so daß jetzt an jedem Standort sowohl Papier- als auch Diskettenversionen aller Themen vorliegen. Aus dieser Stoffsammlung werden für die einzelnen Seminarveranstaltungen zielgruppenorientiert individuelle Seminarunterlagen zusammengestellt. Die Querschnittsthemen werden, um neueren Entwicklungen Rechnung tragen zu können, ständig aktualisiert.

Das Institut für Wirtschaftsinformatik bearbeitet federführend das Querschnittsthema "CIM-Strategie als Teil der Unternehmensstrategie". CIM wird darin nicht nur unter dem Gesichtspunkt der technischen Integration von EDV-Systemen verstanden, sondern als eine für die Unternehmung wesentliche strategische Basisentscheidung, die nur mittel- und langfristig umgesetzt werden kann und die vor allem in diesem zeitlichen Horizont die Wettbewerbsfähigkeit einer Unternehmung entscheidend beeinflußt. Neben Handlungsvorschlägen zur Erstellung einer unternehmensweiten CIM-Konzeption und Aussagen zur technischen Integration von CIM-Komponenten werden auch betriebswirtschaftlich-organisatorische sowie personelle Konsequenzen der CIM-Einführung behandelt. Beispiele von CIM-Realisierungen runden die Darstellung ab.

Das am CIM-TTZ Saarbrücken angebotene Seminarprogramm deckt natürlich nicht nur den Inhalt des eigenen Querschnittsthemas ab. Vielmehr werden Veranstaltungen zu allen CIM-relevanten Themenkreisen stattfinden. Im ersten Halbjahr ´89 werden 4 Seminare angeboten:

- Computer Integrated Manufacturing (CIM) - Bausteine und Einführungsstrategien
- Produktionsplanung und -steuerung (PPS) als zentraler Baustein in CIM-Systemen
- EDV-Integrationsmittel zur CIM-Realisierung
- Der elektronische Leitstand in einer CIM-Umgebung.

Die Intention, neben technischen Fragen auch betriebswirtschaftlich-organisatorische Aspekte zu beleuchten, wird bei allen Seminaren beibehalten. Die genannten Veranstaltungen dauern jeweils einen Tag. Die Teilnehmerzahl ist begrenzt, um ausreichend Gelegenheit für Diskussionen, Vorführungen und Übungen zu lassen. Außerdem ist es so möglich, die Seminare individuell an die Informationsbedürfnisse der Teilnehmer anzupassen. Dieses Konzept hat sich im vergangenen Jahr bereits bewährt. Die bisher durchgeführten Seminare fanden regen Zuspruch und wurden von den Teilnehmern sehr positiv bewertet. Herausgestellt wurde dabei vor allem die Eignung der Seminare als umfassende Einführung in den Themenbereich CIM sowie die objektive und neutrale Art der Informationsvermittlung.

In Zukunft werden die bisher angebotenen Einführungsseminare um weitere Themen ergänzt. Außerdem werden Vertiefungsseminare mit einer Zeitdauer von 2 bis 3 Tagen sowie Workshops, die als Plattform für einen intensiven Informationsaustausch zwischen Anwendern, Anbietern, Wissenschaft und Forschung sowie Beratern gedacht sind, durchgeführt.

3 Demonstrationsmöglichkeiten

Zur Unterstützung und Ergänzung der Seminarveranstaltungen wurde auch am CIM-TTZ Saarbrücken ein CIM-Demonstrationsobjekt aufgebaut. Seine Konfigurationsskizze ist in Abbildung 1 dargestellt. Im folgenden wird näher auf den integrierten Auftragsdurchlauf sowie beispielhaft auf einige Kopplungen eingegangen.

3.1 Auftragsdurchlauf

Im CIM-Technologie-Transfer-Zentrum Saarbrücken wird der Auftragsdurchlauf durch ein CIM-orientiertes Unternehmen dargestellt, wobei verschiedene in der

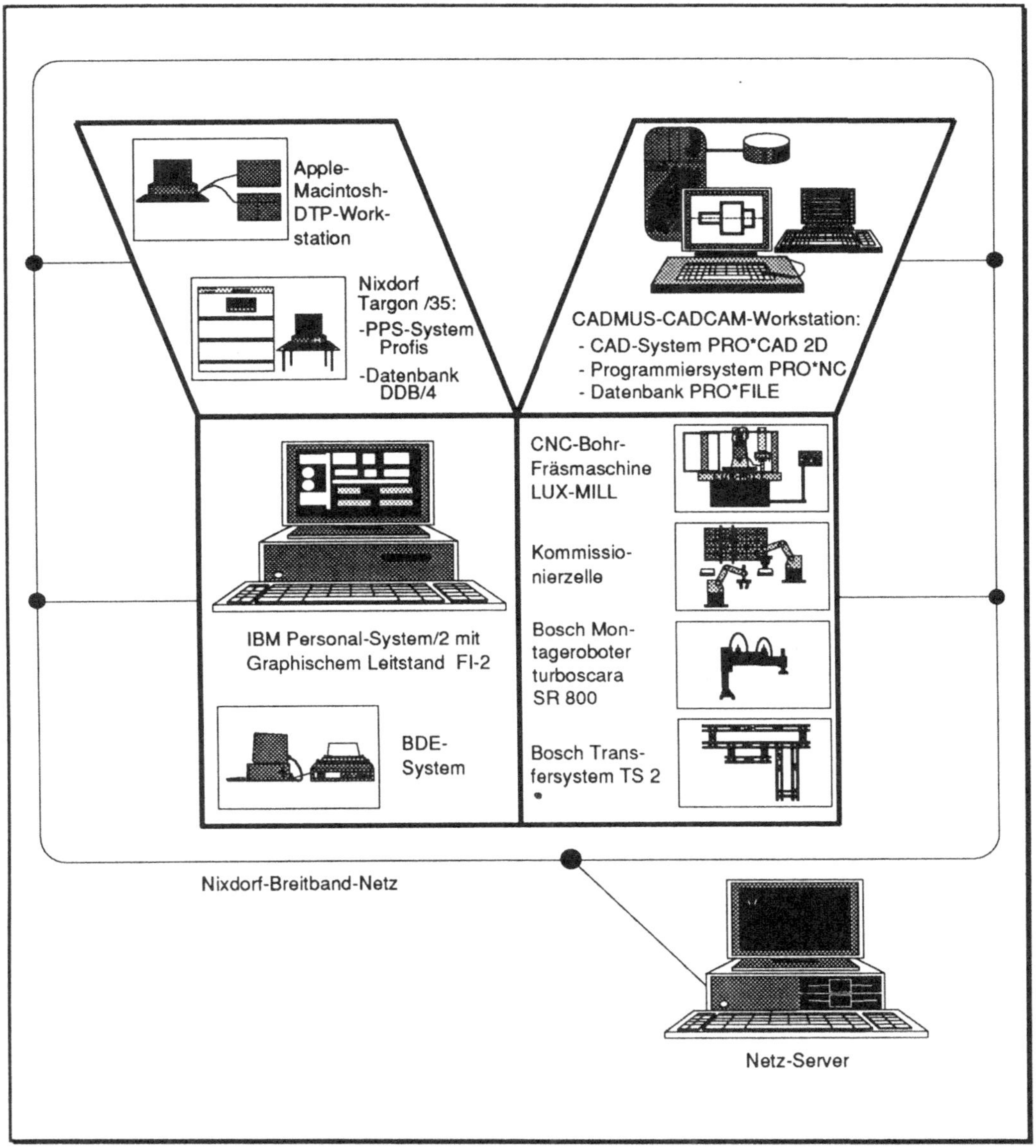

Abbildung 1: Konfigurationsskizze des CIM-Demo-Objektes am CIM-TTZ Saarbrücken

Industrie gebräuchliche EDV-Systeme informationstechnisch miteinander gekoppelt werden. Das zu fertigende Produkt ist eine Schreibtisch-Quarz-Uhr (siehe

Abbildung 2). Der Grundkörper dieser Uhr besteht aus einem Aluminium-Block. In diesen werden eine Stufe, ein Monogramm nach Wunsch sowie Vertiefungen zur Aufnahme der Uhr und verschiedener Einpaßteile eingefräst.

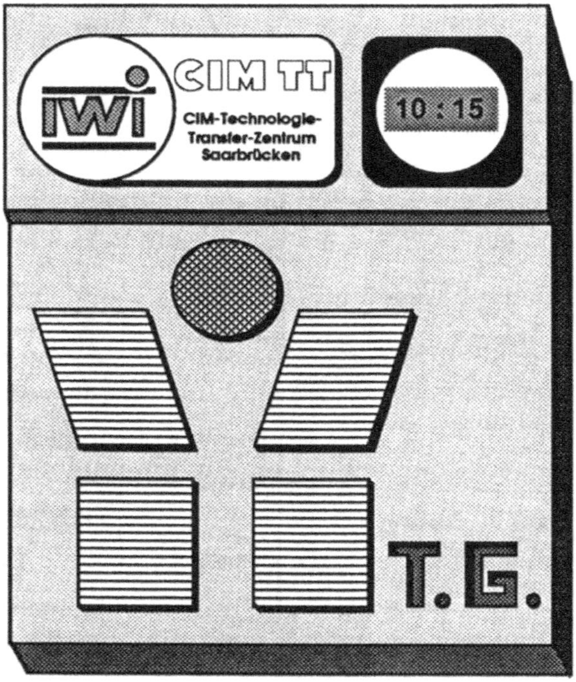

Abbildung 2: CIM-Produkt

Der Auftragsdurchlauf gestaltet sich folgendermaßen:

Im Auftrag werden die Art und Anzahl der Einpaßteile, das gewünschte Monogramm, die Anzahl der zu fertigenden Uhren sowie der gewünschte Liefertermin festgelegt. Dieser Auftrag wird zunächst im PPS-System PROFIS angelegt. In der Konstruktion wird die bestellte Uhr mit Hilfe des CAD-Systems PRO*CAD 2D konstruiert und das NC-Steuerprogramm für das LUX-MILL Bohr-Fräs-Bearbeitungszentrum mit dem NC-Programmiersystem PRO*NC erstellt. Die mit dem CAD-System erzeugten Zeichnungen können auf einer Apple-Macintosh-Workstation mit Hilfe des Desktop-Publishing-Programms PAGEMAKER für die Erstellung von Angeboten, Katalogen und anderen Dokumentationen genutzt werden. Die ebenfalls im CAD-System erzeugte Stückliste wird an das PPS-System übergeben. Dort werden die Aufträge kapazitätsmäßig eingelastet und dem Graphischen Leitstand FI-2 zur Feinterminierung und Maschinenbelegungsplanung übergeben. Nach erfolgter Verfügbarkeitsprüfung wird der Auftrag zur Fertigung freigegeben. Das für die Bearbeitung des Rohteils auf dem Bohr-Fräs-Bearbeitungszentrum benötigte NC-Programm wird auf Anforderung direkt aus dem CAD-System zur CNC-Maschinensteuerung hin übertragen. Nach der Bearbeitung wird der fertige Uhrengrundkörper auf einen Werkstückträger positioniert, der über eine BOSCH-Transferstrecke zur Kommissionierzelle transportiert wird. Diese Zelle besteht aus zwei über eine kurze Materialflußstrecke verbundenen LUX-ROBOT-Industrierobotern mit Rundtakttisch sowie einem Fischertechnik-Hochregallager. Die für den jeweiligen Auftrag benötigten Einpaßteile werden hier neben den Grundkörper direkt auf den Werkstückträger kommissioniert. Der so vorbereitete Werkstückträger wird schließlich über die Transferstrecke weiter zur Montagestation befördert. Hier erfolgt die Endmontage der Schreibtischuhr durch einen BOSCH-Montageroboter. Die Rückmeldung des Auftragsfortschritts wird sowohl am Bearbeitungszentrum als auch an der Montagestation mit Hilfe von BDE-Terminals durchgeführt. Die erfaßten Daten werden dabei zunächst im BDE-Rechner zwischengespeichert, vorverarbeitet und über den Leitstand an das PPS-System weitergegeben. Nach Fertigmeldung des Auftrages werden dort die Lieferscheine und die Rechnungen erstellt.

3.2 Kopplungen

a) CAD-PPS-Kopplung

Im technischen Bereich werden auf dem CAD/CAM-Rechner CADMUS 9932/5 das CAD-System PRO*CAD 2D sowie die Technologie-Datenbank PRO*FILE eingesetzt. Die überwiegend administrativen Aufgaben, insbesondere das PPS-System, sind auf der TARGON/35 angesiedelt. Das eingesetzte PPS-System PROFIS (Dataring GmbH) nutzt zur Datenverwaltung das relationale Datenbanksystem DDB/4 (ehemals Reflex). Somit werden sowohl bei den Betriebssystemen (UNIX V) als auch im Bereich der Datenbanksysteme (DDB/4 und UNIFY) innovative Standards eingesetzt.

Die Konstruktionszeichnungen werden aus dem CAD-File-System in die CAD-Datenbank übernommen. Auf der Grundlage der somit definierten Teilestammdaten (Einzel-/Normteile) erfolgt durch Verwendung der Zusammenstellzeichnung die Generierung der Konstruktionsstücklisten. Ein Kopplungsmodul übernimmt die vom Konstrukteur initialisierte Übertragung der Teilestamm- und Stücklistendaten. Dieses Modul führt neben der Datenextraktion, -transformation und -formatierung auch den physischen Transport durch. Das DDB/4 Modul XLOAD liest die erzeugte sequentielle Datei in eine Übergaberelation ein. Diese Relation wird dazu benötigt, sowohl standardisierte Plausibilitätsprüfungen durchzuführen als auch PPS-Sachbearbeiterfunktionen zu unterstützen. Der Sachbearbeiter kann Daten ergänzen, Sätze abweisen und die Aktualisierung der Stammdaten freigeben. Konsistenz und Aktualität der Datenbanken werden durch ein systemübergreifendes Informations- und Transaktionssystem gewährleistet.

b) CAD-CAM-Kopplung

Die CAD-CAM-Kopplung erfolgt mit Hilfe des Programmiersystems PRO*NC (EXAPT). Die im CAD-System erstellten Geometrien werden über die IGES-Schnittstelle (Initial Graphics Exchange Specification) in das Kopplungsmodul CADCPL geladen. Dieses Modul ist ein graphisch-interaktives Programmiersystem zur Erstellung von NC-Steuerinformationen in Kombination mit dem einheitlichen NC-Programmiersystem EXAPT. Bei der Übertragung über die IGES-Schnittstelle in dieses Modul werden die für die NC-Aufbereitung nicht relevanten Daten, wie z.B. Schraffur und Bemaßung, automatisch ausgefiltert. Auf diese Weise wird die Geometrie in kürzester Zeit interpretiert, selektiert und in die von EXAPT definierte CAD-neutrale Struktur umgewandelt. Die so angepaßten Daten werden schließlich in der CADCPL-Werkstückdatei gespeichert. Auf Basis dieser Datei erfolgt nun die weitere graphisch-interaktive Aufbereitung der Werkstückgeometrie und -technologie für die NC-Programmierung. Die graphische Darstellung erfolgt dabei in zwei Bildern (View Ports). Das untere Bild enthält immer die Darstellung der vom CAD-System eingegebenen Geometrieelemente (CADCPL-

Werkstückdatei). Im oberen Bild werden die Ergebnisse der einzelnen im Dialog ausgeführten Arbeitsschritte graphisch dargestellt. Das obere Bild ist damit das Abbild der aktuellen Arbeitsdatei. Während dieses interaktiven Prozesses wird der Programmierer durch den EXAPT-Prozessor unterstützt, mit dessen Hilfe u.a.

- die Berechnung von arithmetischen und trigonometrischen Funktionen,
- das Verschieben, Drehen und Spiegeln von Programmabschnitten,
- die Mehrfachverwendung von Konturabschnitten oder geschlossenen Konturen,
- die konturparallele Zerspanung in beliebigem Abstand,
- die Verwendung von Werkzeugdateien,
- die Definition frei programmierbarer Makros etc.

möglich sind. Ergebnis der gesamten interaktiven Bearbeitung ist das sog. EXAPT-Quellprogramm. Dieses wird in einem abschließenden EXAPT-Prozessorlauf in das nach DIN 66215 standardisierte, werkzeugmaschinenunabhängige Teileprogramm CL DATA (Cutter Location Data) verarbeitet und enthält bereits alle Weginformationen für die Werkzeugbewegung. Die Umsetzung in ein lauffähiges NC-Programm nach DIN 66025 übernimmt dann ein Postprozessor, der die CL DATA-Informationen in ein für die CNC-Steuerung des Lux-Mill-Bearbeitungszentrums ausführbare Form umwandelt.

c) CAD-DTP-Kopplung

Die Erstellung von Angeboten, Katalogen und sonstigen Dokumentationen erfolgt mit Hilfe des Desktop-Publishing-Paketes PAGEMAKER auf einer Apple-Macintosh-Workstation. Hierbei werden die auf dem CAD-System erzeugten Zeichnungen direkt eingebunden.

Die Kopplung zwischen der CADMUS- und der Apple-Macintosh-Workstation erfolgt hardwareseitig über eine V.24-Verbindung. Die CAD-Zeichnungsdatei wird über einen File-Transfer an die Apple-Macintosh-Workstation geschickt. Dort wird sie in das Zeichnungserstellungsprogramm ILLUSTRATOR eingelesen, evtl. nachbearbeitet und im EPSF-Format, das von PAGEMAKER gelesen und verarbeitet werden kann, abgespeichert. PAGEMAKER ermöglicht es dann, CAD-Zeichnungen zusammen mit Texten und anderen Bildern (z. B. Briefkopf oder Firmenlogo) beliebig zu gruppieren, d. h. das Layout des Schriftstückes zu erstellen, und über hochwertige Laserdrucker in ansprechender Form auszugeben

CIM-Technologietransferzentrum Darmstadt - Praxisnahe Lösungsmöglichkeiten der CIM-Technologie für den Mittelstand

Dipl.- Wirtsch.- Ing. Michael Schulze Dieckhoff
CIM-Technologietransferzentrum Darmstadt
Institut für Technologie und Werkzeugmaschinen
Petersenstraße 30
6100 Darmstadt

Inhaltsverzeichnis

1. Zielsetzung des CIM-Technologietransfers

Ein breitenwirksamer CIM-Technologietransfer soll durch Nutzung des Sach- und Erfahrungswissens von verschiedenen fertigungstechnischen Hochschulinstituten gewährleistet werden.

Diese Institute stehen mit ihrer bereits vorhandenen technischen, organisatorischen und personellen Ausstattung für den Technologietransfer zur Verfügung. Unterstützt

Aufgaben des CIM-Technologietransferzentrums:

- **Informationen zum Stand der Technik**
- **Durchführung von Seminaren**
- **Demonstration exemplarischer CIM-Lösungen**
- **Orientierungsberatungen**
- **Organisation von Erfahrungsaustausch**

Bild 1: Aufgaben CIM-TTZ

durch Fördermaßnahmen des BMFT wurden bereits vorhandene Komponenten derart ergänzt, daß eine durchgängige Demonstration der verschiedenen CIM-Anwendungen durchgeführt werden kann. Dabei sind aufgrund der Lösungsvielfalt im CIM-Bereich unter Berücksichtigung von regionalen Branchen- und Unternehmensstrukturen thematische Schwerpunkte je Standort gesetzt worden.

Ziel dieser CIM-Technologietransferzentren ist die praxisnahe und anschauliche Vermittlung der technischen Lösungsmöglichkeiten der rechnerintegrierten Fertigung für potentielle Anwender aus der Klein- und Mittelständischen Industrie (Bild 1). Dazu werden CIM-Demonstrationen, Seminare und Schulungsmaßnahmen für standortnahe Unternehmen durchgeführt. Ein weiterer Schwerpunkt ist die anbieterneutrale Orientierungsberatung, da Klein- und Mittelständische Unternehmen heute in der Regel ihre Beratung und Informationen fast ausschließlich von Rechnerherstellern und Softwarehäusern erhalten, die in der Regel nur "unternehmensneutrale" rechnerspezifische Lösungen, aber keine unternehmensindividuelle Lösungen anbieten. Es soll daher eine solide Grundausbildung durch die Technologietransfer-Zentren gewährleistet werden.

2. Ausbildung am CIM-TTZ Darmstadt

Das Technologietransferzentrum an der Technischen Hochschule Darmstadt unter Federführung des Instituts für Technologie und Werkzeugmaschinen unterstützt speziell Klein- und Mittelbetriebe mit spanender Fertigungstechnologie bei Entscheidungs-

Seminarveranstaltungen:

- **Qualität geht vor Quantität**
- **kleinere Teilnehmerzahl**
- **bevorzugtes Erreichen von Teilnehmern aus Kleinen und Mittleren Unternehmen**
- **Beachtung regionaler Gesichtspunkte**
- **Know-how der beteiligten Institute**

Bild 2: Ausbildung CIM-TTZ Darmstadt

findung und Umsetzung von CIM-Konzepten und -Modulen. Für die verschiedenen Zielguppen, wie beispielsweise Unternehmensleitung, Betriebsrat, Meister, Ingenieure, Techniker, Sachbearbeiter, branchenspezifische Arbeitsgruppen u.a. werden zu wichtigen Themen spezifisch ausgerichtete Ausbildungsveranstaltungen durchgeführt. Die Ausbildungsinhalte werden:

- gesamthaft (Überblick zum Thema CIM, Stand der Technik)
- grundlegend (Rechnerstrukturen, Produktionsinformatik) und
- systemneutral (Arbeitstechniken für CAD, CAM) sein.

Das Selbstverständnis des CIM-Technologietransferzentrums bezogen auf die Durchführung der Seminare ist in Bild 2 dargestellt.

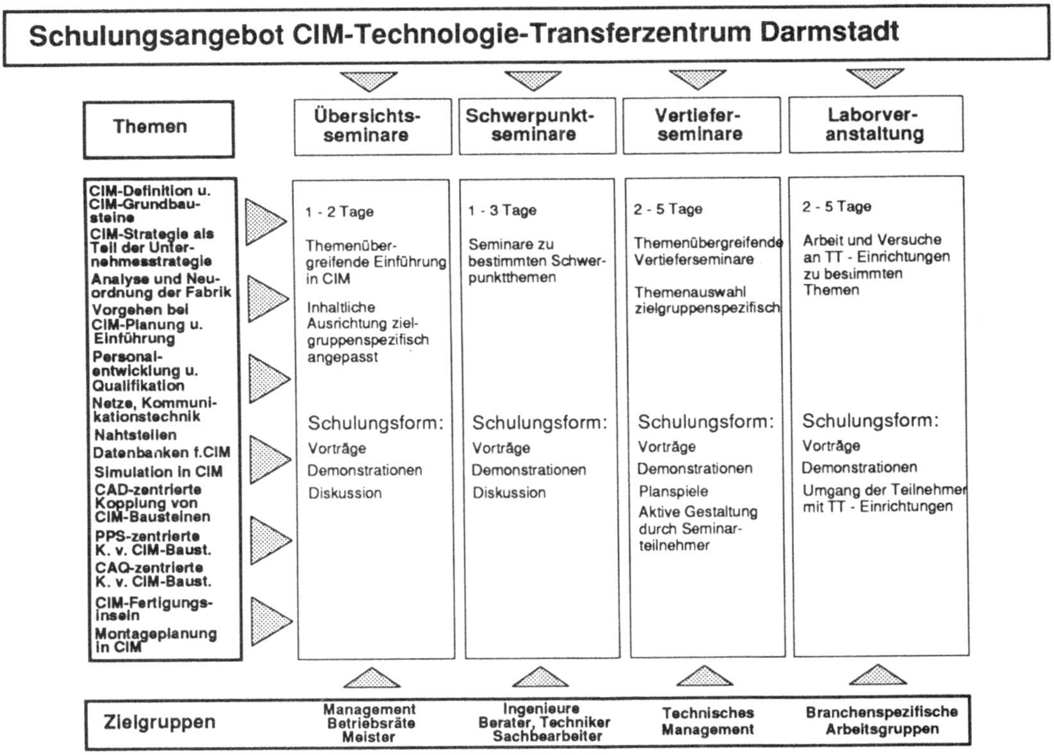

Bild 3: Schulungsangebot CIM-TTZ Darmstadt

Wie aus Bild 3 ersichtlich, werden Übersichts-, Schwerpunkt-, Vertieferseminare und Laborveranstaltungen zu wichtigen CIM-Themen veranstaltet, wie z.B.:

CIM-Strategie als Teil der Unternehmensstrategie.

- Neuordnung der Fabrik aus den Gesichtspunkten
  - Informationsfluß,
  - Logistik,
  - Aufbau- und Ablauforganisation,
  - Qualifizieren des Personals.
- Technische, organisatorische, betriebswirtschaftliche und personelle Aspekte der CIM- Einführung.
- Allgemeine Vorgehensweise und Erfolgskontrolle.

Zielgruppenspezifisch ergibt sich ein unterschiedlicher zeitlicher Rahmen:

- Übersichts- und Grundlagenseminare mit einer Dauer von 1 - 2 Tagen,
- Schwerpunktseminare zu bestimmten Schwerpunktthemen mit einer Dauer von 1 - 3 Tagen.
- Themenübergreifende Vertieferseminare mit einer Dauer von 2 - 5 Tagen mit zielgruppenspezifischer Themenauswahl und aktiver Mitwirkung der Seminarteilnnehmer.
- Laborveranstaltungen (2 bis 5 Tage) mit praxisnahem Arbeiten an den Einrichtungen des Transferzentrums. Behandlung von Praxisbeispielen in enger Zusammenarbeit mit Systemherstellern zur Deckung des aktuellen Informations- und Ausbildungsbedarfs bei kleinen und mittleren Anwendern.

3. Demonstrationsmöglichkeiten am CIM-TTZ Darmstadt

Neben diesem Informations- und Schulungsangebot sowie einer Orientierungsberatung setzt das CIM-Zentrum Darmstadt einen Demonstrations- und Präsentationsschwerpunkt im Bereich des Werkzeug- und Formenbaus. Daneben werden Demonstrationen und praktische Übungen an Simulations- und Layoutplanungssystemen durchgeführt.

Am Standort Damstadt lassen sich parallel nebeneinander verschiedene Ausbaustufen von CIM-Systemen unterschiedlicher Ausbaustufe und Vernetzungsgrad demonstrieren. Im Bereich der "low-cost"-Lösungen werden speziell auf die spanende Bearbeitung abgestellte Bausteine auf PC-Hardware demonstriert. An einer weit ausgebauten

CIM-Lösung lassen sich sowohl die Belange des Einzelfertigers im Formen- und Werkzeugbau als auch diejenigen des Serienfertigers abdecken.

Das Demonstrationsangebot erstreckt sich im "low-cost"-Bereich vom autonomen PC-gestützten Kalkulations- und Auftragsabwicklungs- und -verfolgungssystem für Kleinbetriebe über verschiedene 2 und 2-1/2D-CAD-Systeme bis hin zu einem auf PC lauffähigem 2D-CAD-System mit integriertem NC-Drehmodul, integrierter Werkzeugdatenbank, Simulation der NC-Drehbearbeitung und Kopplung an eine CNC-Drehmaschine über eine V24-Datenleitung.

Die eigentliche CIM-Lösung umfaßt die in Bild 4 dargestellten Ablauffunktionen, wobei beispielsweise für die Funktionen CAD und NC-Programmierung zwei unterschiedliche

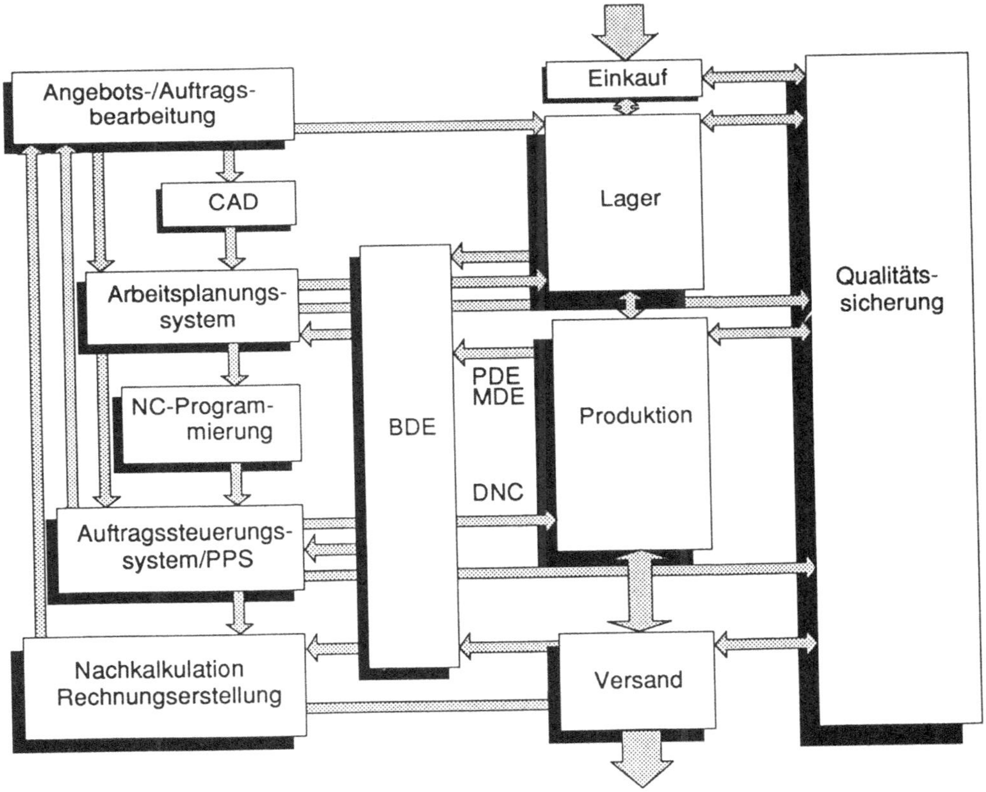

Bild 4: Demonstration CIM-TTZ Darmstadt

CAD-Systeme eingesetzt werden. Bei dieser Lösung liegt der Schwerpunkt auf der Demonstration der Integration der der Fertigung vor- und nachgelagerten Bereiche.

Das integrierte Demonstrationssystem umfaßt die gesamte Ablauforganisation eines Auftrags von Anfragestadium bis zur Rechnungstellung. Eingesetztes System zur Produktionsplanung- und steuerung einschließlich Angebots- und Auftragswesen ist das PPS-System VAX-ProFi. Der DNC-Betrieb und die Maschinen- und Produktionsdatenerfassung erfolgt über das Fertigungsleitsystem Bosch LS7200. Als CAD/CAM-Systeme werden die 3D-Systeme Matra EUCLID und Fides EUKLID und als NC-Drehmodul das PC-gestützte System PC-DRAFT/DATAPILOT eingesetzt. Die Seite der Qualitätssicherung wird durch das System QUINDOS von Leitz abgedeckt.

Maschinenseitig werden eine Dreh- und mehrere Fräsmaschinen eingesetzt. Im System eingebunden ist ein Werkzeugeinstellgerät und ein Koordinatenmeßgerät. Die Datenhin- und -rückübertragung an die Maschinensteuerungen bzw. das Werkzeugvoreinstellgerät erfolgt über DNC-Terminals. Diese werden zusammen mit einem BDE-Terminal ebenfalls zur Betriebsdatenerfassung eingesetzt. Dabei kann die Rückmeldung über Barcode-Lesestifte erfolgen.

Im Folgenden soll der Auftragsablauf mit den Schnittstellen zwischen zu den einzelnen Modulen kurz beschrieben werden:

Bei einer Anfrage kann im PPS-System VAX-ProFi ein Angebot entweder anhand einer Preisliste oder anhand einer Vorkalkulation über Stücklisten und Fertigungszeiten aus den Arbeitsplänen heraus erstellt werden. Wird der Auftrag erteilt, so wird das Angebot in einen Auftrag umgewandelt und kann zur Disposition zum vom Kunden gewünschten Termin freigegeben werden.

Falls notwendig, kann der Auftrag mit den vom Kunden gewünschten Konstruktionsänderungen über eine Schnittstelle an die CAD-Systeme übergeben werden. Vom CAD-System Matra EUCLID IS kann über eine CAD/PPS-Schnittstelle auf den VAX-ProFi Artikelstamm zugegriffen werden. Weiter läßt sich über die im CAD-System Matra EUCLID erzeugten Bauteile ein FEM-Netz generieren und an das FEM-Programm MARC zur Berechnung übergeben. Nach Abschluß der konstruktiven Tätigkeit wird die aktuelle Auftrags-Stückliste über eine weitere CAD/PPS-Schnittstelle an das PPS-System zur Disposition übertragen.

Während des anschließenden Dispositionslaufs werden über Stücklistenauflösung alle benötigten Teile und Baugruppen, die sich im Lager befinden, reserviert. Weiterhin werden auftragsspezifische Bestellvorschläge und bei Bedarf Fertigungsauftragsvorschläge für nicht mehr vorhandene Bauteile oder Unterbaugruppen generiert.

Im Anschluß daran können die Fertigungsauftragsvorschläge in Fertigungsaufträge umgewandelt werden. Die Arbeitspläne dieser Aufträge werden aktualisiert oder aus neutralen Arbeitsplänen abgeleitet.

Im Anschluß an die Arbeitsplanung kann der Auftrag, ein NC-Programm und die dazugehörige Vorrichtung zu erstellen, über eine Schnittstelle an eines der CAD/CAM-

Systeme übergeben werden. Anhand des zuvor in der Konstruktionsphase generierten Werkstücks wird das NC-Programm erzeugt und aus im CAD-System abgelegten Elementen eines Baukastens eine Vorrichtung für das Werkstück konstruiert. Zusätzlich läßt sich ein Meßprogramm für eine Koordinatenmeßmaschine im CAD/CAM-System Matra EUCLID IS erzeugen. Das CNC-Programm wird in das Leitsystem LS 7200 übergeben und eine Fertigmeldung in das PPS-System übergeben.

Anschließend erfolgt im PPS-Sytem die Kapazitätseinlastung. Sollte sich bei der Terminierung herausstellen, daß ein Starttermin für ein erforderliches Bauteil oder eine Baugruppe in der Vergangenheit liegt, kann der Liefertermin geändert oder die Übergangszeiten verkürzt werden.

Nach Feigabe des Fertigungsauftrags werden die Arbeitspapiere ausgedruckt und die Fertigung kann an den vorgesehenen Maschinen nach Anforderung des NC-Programms über das Fertigungsleitsystem erfolgen. Die an einem Werkzeugeinstellgerät ermittelten aktuellen Werkzeugdaten können ebenfalls über das Leitsystem in die Steuerung übergeben werden.

Nach der mechnischen Bearbeitung können die Werkstücke auf einem Koordinatenmeßgerät anhand des im CAD-System generierten Meßprogramms vermessen und über das Qualitätssicherungssystem QUINDOS analysiert werden.

Die Rück- oder Fertigmeldung erfolgt über ein Terminal, ein BDE-Terminal oder über ein DNC-Terminal an der Maschine. Dabei kann die Übertragung der numerischen Informationen wie Auftragsnummer, Kostenstelle u. dgl. vom Arbeitsplan über Barcode-Lesestifte erfolgen. Über das BDE/MDE-System lassen sich die jeweiligen Zustandsmeldungen der Betriebsmittel erfassen und auswerten. Die zurückgemeldeten Zeiten können neben der Auftragsfortschrittsüberwachung zur Aktualisierung der Arbeitspläne und zur Nachkalkulation u. dgl. verwendet werden.

Bei Bedarf, wie beispielsweise Maschinenausfall, lassen sich Betriebsaufträge oder einzelne Arbeitsgänge sperren, umterminieren oder stornieren.

Steht der Artikel zur Auslieferung bereit, so sind Voll- und Teillieferungen einzelner Aufräge und einzelner Auftragspositionen möglich. Abschließend erfolgt die Rechnungstellung und, falls notwendig, die Ermittlung des provisionspflichtige Umsatz je Vertreter.

Die hardwaremäßige Verknüpfung ist aus Bild 5 ersichtlich. Über eine Modemleitung (Telefonleitung) sind zwei Hochschulbereiche miteinander verbunden. Die Verbindung vom Zentralrechner in die Maschinenhalle erfolgt über eine Glasfaserleitung. Eingesetz werden drei unterschiedliche VAX-Rechner und mehrere Workstations als CAD/CAM-Arbeitsplätze.

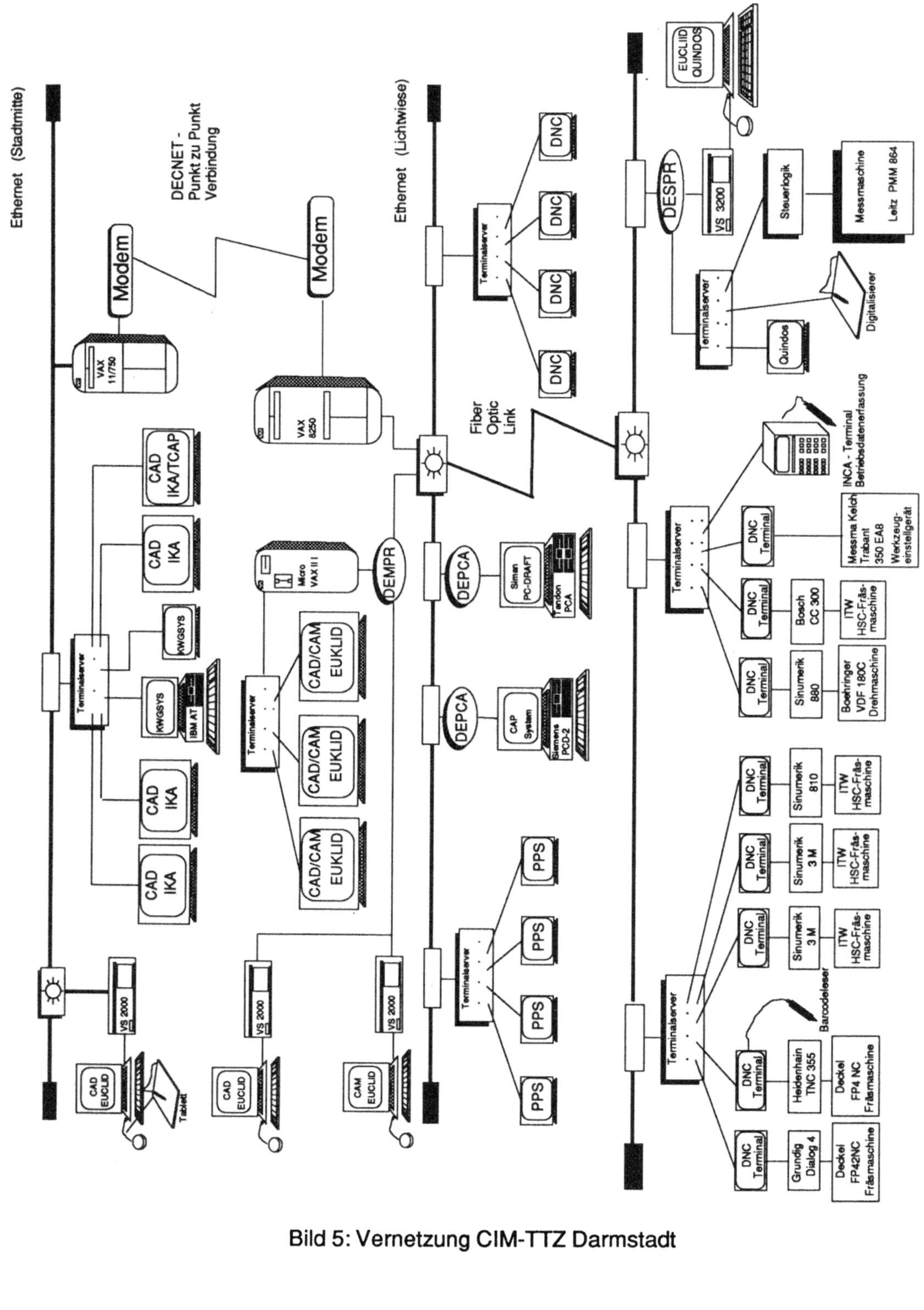

Bild 5: Vernetzung CIM-TTZ Darmstadt

DAS CIM-TECHNOLOGIETRANSFERZENTRUM KARLSRUHE

Dipl.-Ing. Volker Frey
Institut für Werkzeugmaschinen und
Betriebstechnik Karlsruhe
Kaiserstraße 12
7500 Karlsruhe

INHALTSVERZEICHNIS

1. EINLEITUNG

An sechzehn Standorten der Bundesrepublik Deutschland richtete das Bundesministerium für Forschung und Technologie ein regional verteiltes Netz von Technologie-Transferzentren für CIM ein.

Ziel der Technologietransferzentren ist es, interessierten Unternehmen im Rahmen von Ingenieurfortbildungen, Seminaren und Informationsveranstaltungen die Vorgehensweise bei der Planung, dem Aufbau und dem Betrieb von rechnerintegrierten Produktionssystemen näherzubringen.

Zu diesem Zweck wurde an der Fakultät für Maschinenbau der Universität Karlsruhe eine Modellfabrik aufgebaut, an der die Funktionsweise der CIM-Fabrik praxisnah demonstriert werden kann. Dieses 'Produktionstechnische Labor' ist vom Institut für

Werkzeugmaschinen und Betriebstechnik (Leitung: o.Prof. Dr.-Ing. H. Weule) unter Mitwirkung des Instituts für Rechneranwendung in Planung und Konstruktion (Leitung: o.Prof. Dr.-Ing. H. Grabowski), des Instituts für Arbeitswissenschaften und Betriebsorganisation (Leitung: o.Prof. Dr.-Ing. Dipl.-Wirtsch.-Ing. G. Zülch) und des Instituts für Fördertechnik (Leitung: o.Prof. Dr.-Ing. D. Arnold) eingerichtet worden.

Neben den vier genannten Hochschulinstituten beteiligt sich das CADCAM-Labor Karlsruhe (Leitung: Dr.-Ing. B. Karl) an dem CIM-TT-Programm des Standortes Karlsruhe (Bild 1), wobei das CADCAM-Labor insbesondere herstellerspezifische Lösungen in ihren unterschiedlichen Ausprägungen aufzeigen soll.

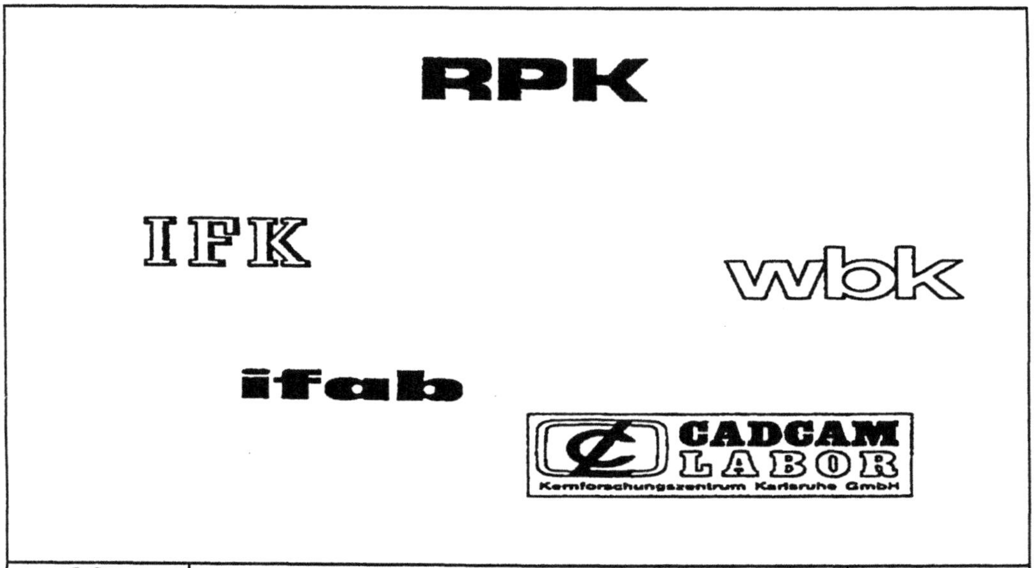

wbk Universität Karlsruhe o.Prof.Dr.-Ing.H.Weule | Beteiligte Institute und Einrichtungen am CIM-TTZ Karlsruhe | Bild 1

Bei der Konzeption der Modellfabrik am CIMTT-Zentrum Karlsruhe wurde besonders darauf geachtet, daß Lösungen für die mittelständischen Unternehmen aus der Region erarbeitet wurden, die traditionell in der Zulieferindustrie für die Automobilproduktion tätig sind. Durch Flexibilisierung ihrer Produktion durch den Einsatz der CIM-Technologien können diese Unternehmen entscheidende Wettbewerbsvorteile erzielen und somit ihre Marktsegmente sichern.

2. VORSTELLUNG DES 'PRODUKTIONSTECHNISCHEN LABORS'

Das Produktionstechnische Labor untergliedert sich in drei unterschiedliche Schwerpunkte, wie aus Bild 2 ersichtlich ist. Der Bereich I behandelt den thematischen Schwerpunkt 'Flexibles Fertigungs- und Montagesystem', der Bereich II hat die rechnerunterstützte Komplettbearbeitung von Blechteilen zum Thema und der Bereich III befaßt sich mit der Bearbeitung von Freiformflächen.

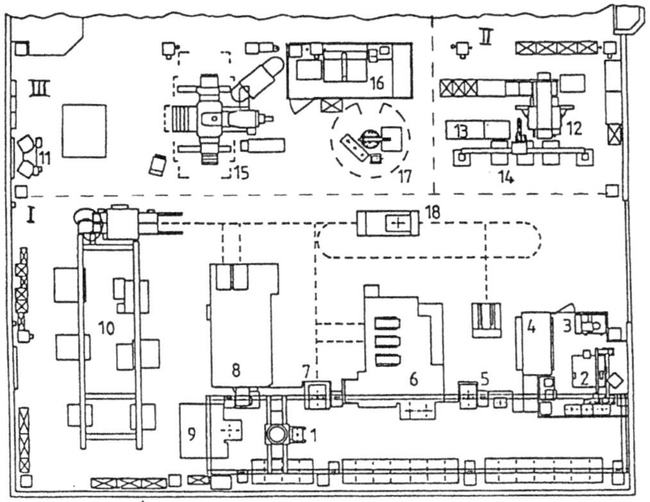

1 Regalbediengerät
2 Messzelle
3 Werkzeugvoreinstellung
4 Paternoster
5 Rüstplätze
6 Bearbeitungszentrum
7 Materialflussschnittstelle
8 Drehzelle
9 Waschzelle
10 Montageanlage
11 Handarbeitsplatz
12 Biegezentrum
13 Laserbearbeitungszentrum
14 Verkettungs-Portalroboter
15 5-Achs-Fräsmaschine
16 Messmaschine
17 Polierzentrum
18 optisch geführtes FTS

wbk Universität Karlsruhe o.Prof.Dr.-Ing.H.Weule	**Produktionstechnisches Labor Layout**	**Bild 2**

2.1 DAS FLEXIBLE FERTIGUNGS- UND MONTAGESYSTEM

Mit Hilfe des Flexiblen Fertigungs- und Montagesystems werden Greifer für Industrieroboter vollautomatisch gefertigt und montiert. Für die spanende Einzelteilfertigung sind ein Bearbeitungszentrum zur Bohr- und Fräsbearbeitung sowie eine Drehzelle mit einer zusätzlichen NC-Achse für Fräsoperationen vorhanden. Die Qualitätssicherung erfolgt über eine Koordinatenmeßmaschine. Bevor die bearbeiteten Teile zur Meßmaschine gelangen, werden sie in einer Palettenwaschmaschine von Spänen, Schmutz und Fett befreit.

Über ein automatisches Beschickungsgerät und ein integriertes Hochregallager sind die oben genannten Maschinen materialflußtechnisch verkettet. Den Materialfluß außerhalb dieses Kernbereichs, zur Montagelinie und anderen Maschinen, übernimmt ein optisch geführtes 'Fahrerloses Transportfahrzeug'.

Die Montage der Greiferteile erfolgt auf einer vollautomatischen Montagelinie. Aus einem Materialpuffer, der über das FTS vom Hochregallager beschickt wird, werden die Einzelteile mit Hilfe eines Industrieroboters auf die Werkstückträger kommissioniert. An sechs Montagestationen werden anschließend Dichtungen in Buchsen und auf Kolben aufgezogen, alle Dichtungen gefettet und O-Ringe aufgezogen, Federn zugeführt, die Teile zusammengefügt und Seegerringe montiert sowie die Greiferbakken eingesetzt und verstiftet. In einer abschließenden Prüfstation erfolgt eine Überprüfung der fertigen Greifer auf Dichtheit und Schließkraft, bevor sie die Montagelinie verlassen. Einen Überblick über die Funktionen gibt Bild 3.

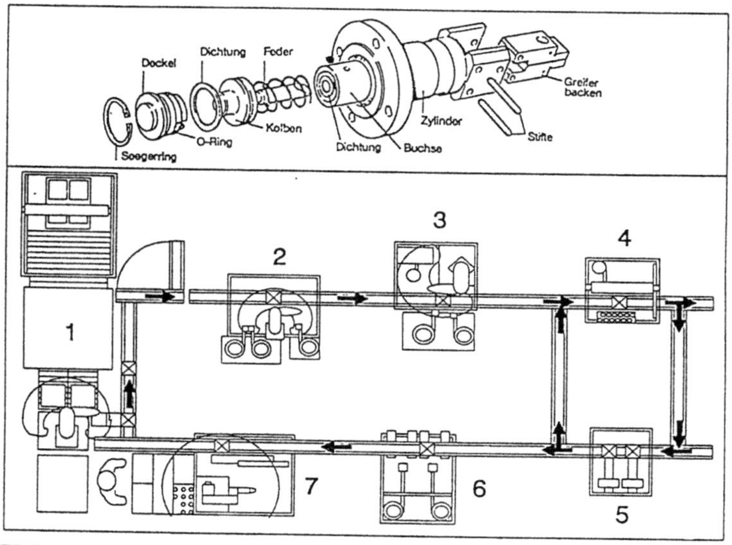

wbk Universität Karlsruhe o.Prof.Dr.-Ing.H.Weule

Montagelinie

Bild 3

Die durchgängige Informationsverarbeitung ist aus Bild 4 ersichtlich.

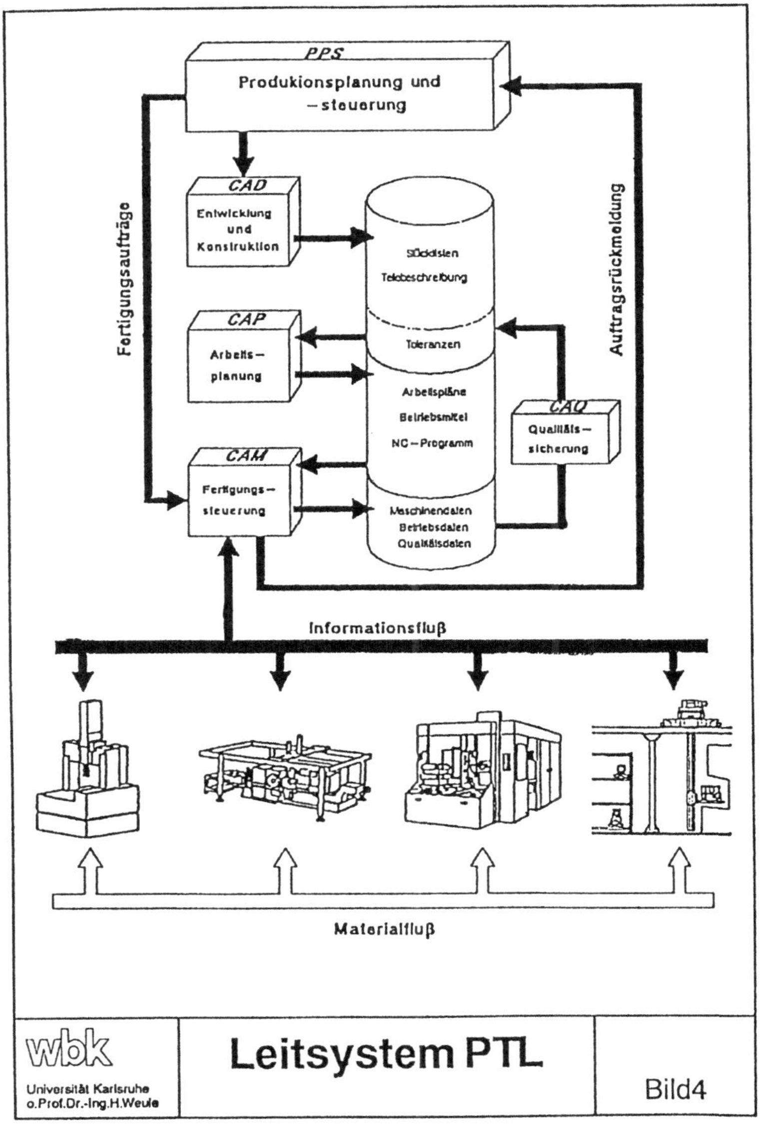

Leitsystem PTL

Bild4

Eingehende Kundenaufträge werden in einem PPS-System eingelastet. Dieses fordert zunächst von einem CAD-System Stücklisten für den Auftrag an. Anschließend führt es eine Produktionsprogrammplanung, eine Mengenplanung sowie eine Grobterminplanung und Kapazitätsplanung durch.

Die Ergebnisse werden in größeren Zeitabständen an die Werkstattsteuerung übergeben. Diese optimiert in Abhängigkeit der Maschinenzustände und der Terminsituation die Auftragsreihenfolge. Tagweise erfolgt dann die Einlastung der Aufträge in das Fertigungsleitsystem.

Der Leitrechner organisiert dann unter Echtzeitbedingungen die Übermittlung aller zur Fertigung notwendigen Daten, wie NC-Programme, Werkzeugdaten und Spannmitteldaten an die Maschinensteuerungen und generiert die Transportaufträge für die Transporteinrichtungen.

Parallel dazu finden im Bereich Produktentwicklung, Arbeitsvorbereitung und NC-Programmierung entsprechende CAD- und CAE-Systeme ihren Einsatz, die über entsprechende Hard- und Softwareschnittstellen einen durchgängigen Informationsfluß ermöglichen. Die Maschinensteuerungen melden nach dem Ende der Bearbeitung die Fertigmeldungen an den Leitrechner zurück, der anschließend den Transport zu den Folgemaschinen und die weitere Bearbeitung der Teile veranlaßt. In festen Zeitabständen meldet der Leitrechner die Fertigungszustände aller Teile an die Werkstattsteuerung und weiter an das PPS-System zurück, die diese Informationen auswerten und als Grundlage für die weiteren Terminierungen und Planungen verwenden.

2.2 DIE FERTIGUNGSZELLE ZUR KOMPLETTBEARBEITUNG VON BLECHTEILEN

Wie bereits angesprochen, besitzt die regionale mittelständische Industrie starke wirtschaftliche Potentiale als Automobilzulieferer.
Unter diesem Aspekt wurde an der Universität Karlsruhe eine CIMTT-Demonstrationsanlage aufgebaut, welche die rechnerunterstützte Komplettbearbeitung von Blechteilen als zentrales Thema behandelt. Damit soll auch auf diesem Sektor aufgezeigt werden, welche Flexibilitätssteigerungen und damit auch welche Wettbewerbsvorteile durch den Einsatz von informationsverarbeitenden Systemen gewonnen werden können.

Die Blechbearbeitungszelle besteht aus einem 3-Achs NC-Laserschneid- und -Schweißbearbeitungszentrum, einem 10-Achs NC-Biege-zentrum und einem Portalroboter der die beiden Bearbeitungsmaschinen materialflußtechnisch verkettet. Er be- und entlädt zusätzlich noch das FTS-Fahrzeug.

Einen Überblick über die rechnerunterstützte Informationsverarbeitung gibt Bild 5.

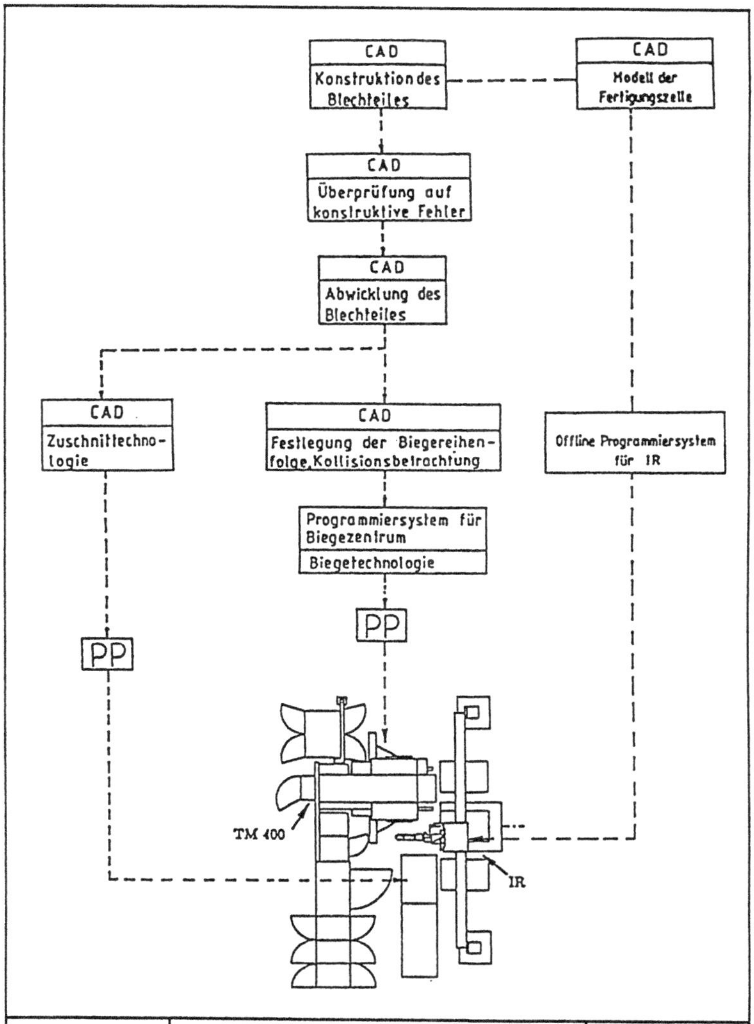

wbk Universität Karlsruhe o.Prof.Dr.-Ing.H.Weule

CAD-CAM Kopplung Blechbearbeitung

Bild 5

Mittels eines CAD-Systems werden die Flächenmodelle der Bauteile am Rechnerbildschirm beschrieben. Nachdem zusätzliche Technologiedaten wie Biegewinkel, Materialdicke und Werkstoff am Rechner eingegeben wurden, überprüft das CAD-System die Konstruktion automatisch auf konstruktive Fehler.

Ist diese Überprüfung fehlerlos beendet worden, wird das Volumenmodell der Bauteile erzeugt. Daraus wiederum läßt sich die Abwicklung des Blechteils errechnen und das Flächenmodell erzeugen. Nachdem die Biegereihenfolge vom Rechner festgelegt ist und eine Kollisionsbetrachtung keine Fehler ergeben hat, können die Geometriedaten über eine genormte IGES-Schnittstelle vom CAD-System an das NC-Programmiersystem übergeben werden. Dieses NC-Programmiersystem generiert anschließend vollautomatisch das NC-Programm für die Biegemaschine und übermittelt dieses an die Maschinensteuerung. Parallel dazu werden für das Laserbearbeitungszentrum die Verfahrbahnen innerhalb des CAD-Systems, aus der Abwicklung des Blechteils generiert. Über einen Postprozessor überträgt es dann diese an die Laserzelle.
Ein weiterer Parallelprozeß erstellt aus den Geometriedaten des Blechteils und dem rechnerinternen Layout der Fertigungszelle mittels eines offline-Programmiersystems die Verfahrbahnen des Portalroboters.

2.3 DIE BEARBEITUNGSZELLE FÜR FREIFORMFLÄCHEN

Ein weiteres Demonstrationssystem am CIMTT-Zentrum Karlsruhe befaßt sich mit der qualitätsorientierten Fertigung von Freiformflächen, einer Problematik, wie man sie vor allem im Werkzeugbau vorfindet.

Die Bearbeitungszelle besteht aus einer 5-Achs-Fräsmaschine, einem Koordinatenmeßgerät und einem Polierroboter.

An dieser Anlage wird dargestellt, wie die Form eines körperlichen Modells durch iteratives Digitalisieren in ein CAD-System abgebildet oder das Werkstück direkt am CAD-System modelliert werden kann und anschließend die Verfahrbahnen der 5-Achs-Bearbeitungsmaschine für die Schrupp- und Schlichtbearbeitung automatisch erzeugt werden können.
Bild 6 zeigt eine Übersicht über den gesamten Ablauf der Informationsverarbeitung. Ausgangspunkt der rechnerintegrierten Bearbeitung der Freiformflächen bilden, wie gesagt, die Geometriedaten, die die Oberfläche approximieren und wie oben beschrieben erzeugt werden.

Danach erfolgt die Verfahrbahngenerierung in 2 1/2 D für die Schruppbearbeitung und in 5 D für das Schlichten. Nach einem Postprozessorlauf werden die Daten

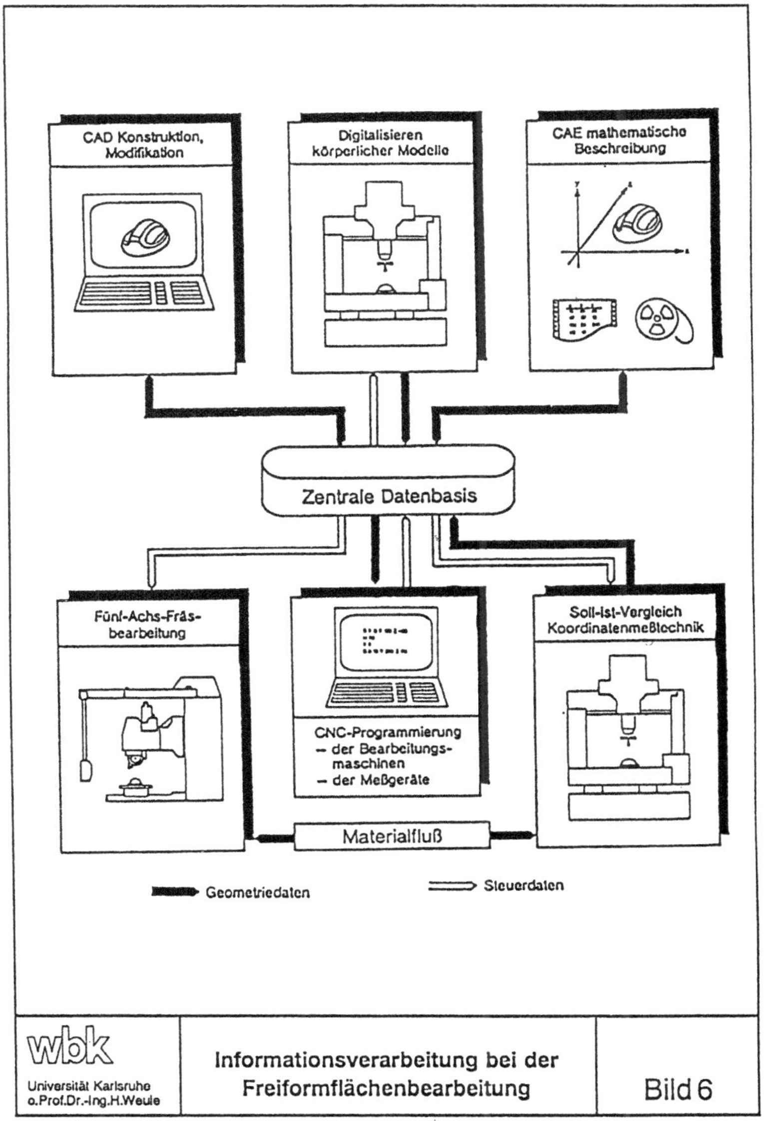

Informationsverarbeitung bei der Freiformflächenbearbeitung — Bild 6

schließlich über DNC an die Maschinensteuerung übermittelt.

Ebenfalls aus den Geometriedaten wird automatisch das Meßprogramm für das Koordinatenmeßgerät entwickelt, um die fertiggestellten Freiformflächen abschließend auf Formgenauigkeit überprüfen zu können.

3. ZUSAMMENFASSUNG

Für die Durchführung von Maßnahmen, die zum Ziel haben, der regionalen mittelständischen Industrie den Einstieg in die rechnerunterstützte Produktion zu erleichtern, wurde an der Universität Karlsruhe ein 'CIM-Technologietransferzentrum' eingerichtet.

Unter Federführung des Instituts für Werkzeugmaschinen und Betriebstechnik Karlsruhe (wbk, Leiter: o.Prof. Dr.-Ing. H. Weule) entstanden verschiedene Demonstrationsanlagen, an denen zur Vertiefung der Seminarinhalte praktisch das Zusammenspiel zwischen Computer und Fertigungsmaschine aufgezeigt werden kann. Dabei wurde auf die besonderen Belange der mittelständischen Unternehmen im regionalen Umfeld des CIMTTZ-Karlsruhe eingegangen. In Form von Seminaren, Fortbildungsmaßnahmen für Ingenieure und praktischen Übungen können interessierte Unternehmen am CIMTTZ Karlsruhe den Umgang mit den C.. Techniken erlernen und Erfahrungen über deren Einsatz sammeln.

Kopplung von CAD- und PPS-Daten mit Hilfe einer Datenbank

Integrationsmöglichkeiten und -probleme aus der Sicht eines Serienfertigers

Dipl.-Ing. Wilfried Schomäker
Fa. AMAZONE Gaste bei Osnabrück und Forbach Lothringen

Inhaltsverzeichnis

1. Unternehmensportrait der Fa. AMAZONE

a) Die Amazonegruppe ist ein Familienunternehmen der Landmaschinenindustrie mit ca. 120 Mio DM Umsatz.

Produktions- und Vertriebsstandorte sind:

- Stammhaus **Gaste** bei Osnabrück (GmbH & Co KG)
  Gegründet: 1883 Mitarbeiter: 130 Angestellte
  365 Gewerbliche

- Zweigwerk **Hude** bei Bremen
  Gegründet: 1957 Mitarbeiter: 97 Angestellte
  324 Gewerbliche

- Werk **Forbach** Lothringen (S.A.)
  Gegründet: 1970 Mitarbeiter: 19 Angestellte
  54 Gewerbliche

Weitere Vertriebsstandorte sind:

- 5 Auslieferungsläger in der Bundesrepublik
- Vertriebsgesellschaften in: England (Ltd)
  Frankreich (S.A.)

Ergänzend gibt es durch Handelspartner ein weltweites Vertriebsnetz

b) Hergestellt werden:

Landmaschinen: Mineraldüngerstreuer, Sämaschinen
Bodenbearbeitungsgeräte,
Pflanzenschutzspritzen

Kommunalgeräte: Straßenstreuer, Rasenmäher, Grassämaschinen,
Tennenplatzpflegegeräte

Anlagenbau: Schlüsselfertige Mineraldüngerlagerhallen, ausgestattet mit Fördertechnik und einem Fassungsvermögen von 500 bis 10 000 to. Ein Objekt hat einen Umfang von ca. 0,5 - 2 Mio DM.

c) Wie sieht die Fertigungs- und Auftragsstruktur in unserem Unternehmen aus ?

Es wird überwiegend in **Serien** gefertigt. Die Maschinen haben bis zu acht Fertigungsstufen.

Produkte "von der Stange" werden in **Serienaufträgen** in Losgrößen von 50 - 500 Stück gefertigt.

Produkte, die eine Anpassung für den Kunden erfordern, werden in Komponenten **serienweise** 30 - 500 Stück vorgefertigt und kundenauftragsbezogen fertiggestellt.

Gut lagerfähige Teile mit hohen Rüstzeiten und Teile, die die Produktdurchlaufzeit stark erhöhen, werden **bedarfsorientiert** vorrangig in der Nebensaison vorgefertigt. Die maximale Losgröße beträgt bis zu 100.000 Stück.

Für den Anlagenbau wird weitgehend per **Einzelauftrag** kundenauftragsbezogen gefertigt.

2. Vorstellung des PPS-Systems

Das von uns eingesetzte **P**roduktions-, **P**lanungs- und **S**teuerungssystem **"KIFOS"** (**Ki**enzle- **F**ertigungs- **O**rganisations-**S**ystem) ist voll in den organisatorischen Ablauf der Betriebe integriert.

Es umfaßt:

- die **Grunddatenverwaltung** für Teilestämme, Stücklisten und Arbeitspläne,
- die **Materialwirtschaft** mit der Bestandsführung, der Produktions- und Materialplanung sowie der Disposition,
- die **Zeitwirtschaft** mit der Termin- und Kapazitätsplanung sowie einer Werkstattfeinsteuerung,
- die **Kalkulation** mit auftragsneutraler -, mitlaufender - und Nachkalkulation,
- die **Inventurbewertung** aller Bestände und der in Arbeit befindlichen Teile (im Kalkulationspaket),
- den **Einkauf**.

Standardschnittstellen bestehen vom PPS zur:

- Kundenauftragsverarbeitung
- Lohn- und Gehaltsabrechnung
- Buchhaltung
- Kostenrechnung
- Bürokommunikation mit Textverarbeitung, Tabellenkalkulation und Queryfunktionen

Seit einem halben Jahr ist auch die CAD-Schnittstelle arbeitsfähig.

Durch den Einsatz von Standardpaketen mit Standardschnittstellen, die nur minimal angepaßt wurden, wird der Datenbestand redundanzfrei gehalten, d.h. eine Information ist im EDV-System nur einmal vorhanden und wird von allen Programmen gemeinsam genutzt.

<u>Zwei Beispiele dazu</u>: Die gleiche Teilestammdatei wird von der Kundenauftragsverwaltung, vom PPS-System und vom Einkauf angesprochen. Die Adressdatei wird von der Kundenauftragsverwaltung, der Finanzbuchhaltung, dem Einkauf und der allgemeinen Textverarbeitung verwendet.

Der redundanzfreie Datenbestand vereinfacht die Datenpflege gegenüber Insellösungen erheblich.

PPS-Hardware der deutschen Unternehmensgruppe

Ort	Rechnertyp Hauptspeicher Plattenspeicher	Verbund	Anzahl Bildschirm	Drucker
Gaste	9188 2048 kB 2 x 300 MB		21	7
	9066 1024 kB 2 x 300 MB	X 21	14	4
	9055 500 kB 80 MB		2	1
Hude	9188 2048 kB 2 x 300 MB	Datex P	22	10
	9077 1024 kB 1 x 150 MB 1 x 48 MB	X 21	4	
5 Aussen-läger in BRD	5 x 9044 512 kB 20 MB		5	5

Hervorzuheben ist hier, daß alle Rechner im Hause mit einem leistungsfähigen Netz gekoppelt sind, so daß von jedem Bildschirm der Zugriff auf Programme und Daten des anderen Rechners möglich ist. Ebenso kann über den Datex-P-Verbund zwischen den verschiedenen Standorten von jedem Bildschirm aus auf die Rechner der anderen Standorte zugegriffen werden.

Im Stammhaus Gaste läuft das PPS-Paket auf der Kienzle 9166, wobei die Plattenkapazität von 2 x 300 MB bislang nur zu einem viertel ausgelastet ist.
Im Zweigwerk Hude läuft das PPS-Paket auf der Kienzle 9188.
In den fünf im Bundesgebiet verteilten Außenlägern werden die Kundenauftragsverwaltung und Textverarbeitung gefahren.
Die Aufträge werden direkt über die Leitung an das Stammhaus gegeben.

Bei der CAD-PPS Einführung hatte das Werk Forbach eine Pilotfunktion. Hier wurde bereits Ende 1981 die Ormig-Umdruckorganisation durch ein selbstentwickeltes Programmpaket zur Erstellung der Arbeitspapiere abgelöst. Die Fertigungssteuerung und etwas später ein Programm für die Arbeitsfortschrittskontrolle wurden ebenfalls selbst entwickelt und erfolgreich eingesetzt.
Nach kurzer Zeit erkannte man jedoch, daß in einer mehrstufigen Fertigung der Einsatz eines PPS-Paketes ohne Stücklistenprozessor eine sinnvolle Material- und Zeitwirtschaft unmöglich macht.
Nach sorgfältiger Auswahl wurde dann ab 1983 das PPS-Paket KIFOS eingesetzt. Im Werk Forbach dauerte die Umstellung ein halbes Jahr. In den Werken Gaste und Hude benötigte man fast zwei Jahre für die Umstellung auf KIFOS.

Seit Ende 1987 ist im Werk Forbach das CAD-System Procad 2 D im Einsatz.

Eine CAD/PPS-Schnittstelle wurde Mitte 1988 installiert.
Bis 1989 soll eine durchgängige rechnerintegrierte Organisation des Werkes Forbach erreicht werden. Vorrang haben hier der DNC Betrieb der vorhandenen NC-gesteuerten Fräsmaschine im Werkzeugbau und der Einsatz einer DNC-gesteuerten Brennschneidmaschine. Ein Schachtelprogramm zur optimalen Materialausnutzung soll eingesetzt werden.
Zur Erläuterung: DNC bedeutet, daß die Bearbeitungsprogramme, die aus den CAD- Geometriedaten des Werkstückes enstanden sind, über eine Leitung vom NC-Programmier-Computer an die NC-Maschine gesendet bzw. von dort angefordert werden.

3. Vorstellung der CAD-Software

Der Zeitaufwand für die Auswahl eines geeigneten Systems war größer als ein Mannjahr. Nach einer Vorauswahl wurden durch Probestellungen zwei Systeme im Haus getestet.
Folgende Forderungen brachten letztlich die Entscheidung:

1. redundanzfreie Speicherung einer großen Zahl von Zeichnungen,
2. Selektieren nach bestimmten Suchmerkmalen aus den vorhandenen Zeichnungen,
3. bei der Änderung eines Einzelteils sollen die Zusammenbauzeichnungen, in denen das Einzelteil verwendet wird, automatisch angepaßt werden,
4. das automatische Ausblenden von verdeckten Kanten in Zusammenbauzeichnungen sollte möglich sein.

An eine CAD/PPS-Schnittstelle wurde zunächst nicht gedacht. Jedoch hat sich ergeben, daß unsere Auswahlkriterien ebenfalls Voraussetzung für eine CAD/PPS-Schnittstelle waren.

Die hervorzuhebenden Merkmale der eingesetzten CAD-Software sind:

- Flächenorientierung d.h. mit wenigen Befehlen lassen sich komplexe Geometrien miteinander verknüpfen,

- automatisches Ausblenden verdeckter Kanten nach dem Zusammenstellen von Baugruppenzeichnungen,

- alle Daten sind in einer relationalen Datenbank organisiert.

Am CAD-Arbeitsplatz sind z. Zt. vier Mitarbeiter ausgebildet, von denen einer als Systembetreuer eingesetzt ist. Angewendet wird das System in der Neukonstruktion, der Betriebsmittelkonstruktion und dem Anlagenbau. Im Anlagenbau werden Angebote aus Symbolen zusammengesetzt. Dadurch hat sich das Erstellen einer Angebotszeichnung von acht Stunden auf eine Stunde reduziert.

4. Vorstellung der CAD-Datenbank

Eingesetzt wird die relationale Datenbank "Profile", die auf dem Datenbanksystem "Oracle" basiert.

Im folgenden soll versucht werden, die Unterschiede zwischen einer herkömmlichen Datenverwaltung und einem relationalen Datenbank-System zu erklären.
Eine **herkömmliche Datenverwaltung** auf Dateibasis, wie sie in PPS-Systemen und bei kommerzieller Software üblich ist, wird in ihrer Struktur vor der Programmierung festgelegt. **Bei späteren Änderungen der Datenstruktur müssen alle Programme, die auf diese Daten zugreifen, durch den Programmierer geändert werden.**

Ein **relationales Datenbank-System** läßt sich ohne Programmierkenntnisse sehr einfach vom Anwender an die jeweiligen Erfordernisse anpassen. Man kann das Format und die Reihenfolge

der Datenfelder wie z.B. die Teilebenennung oder die Abmessung ändern. Ebenso können die Suchkriterien frei bestimmt werden. Es ist möglich, bestimmte Datenfelder miteinander zu verknüpfen, d.h. sogenannte Relationen herzustellen, um beliebige Ausgabefolgen der Daten zu gestalten.
Es müssen nur Parameter in der Datenbank verändert werden. Die Programme, welche diese Daten benutzen, bleiben unverändert.

Produktionsspezifische Sachmerkmalleisten

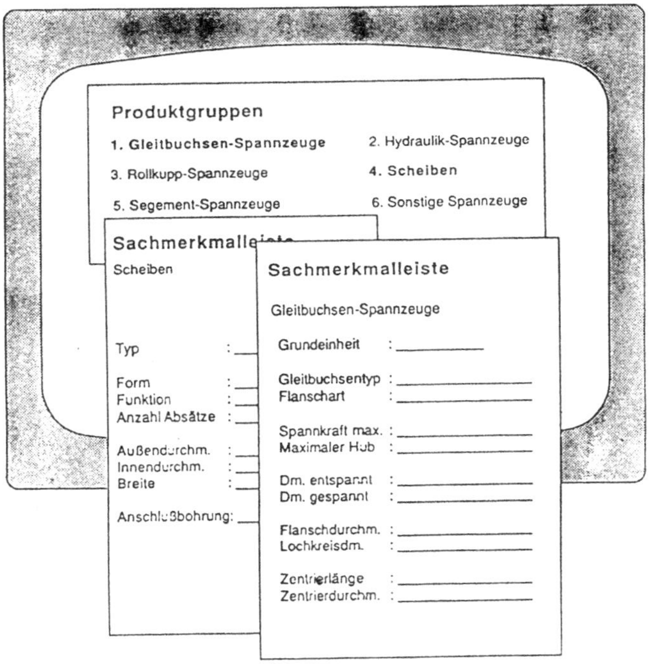

Die Vorteile für die Praxis zeigt obiges Bild. Um ähnliche Teile wiederzufinden, werden alle Teile in Produktgruppen eingeteilt. Innerhalb dieser Produktgruppen werden Sachmerkmalsleisten aufgebaut. Sie beschreiben die jeweilige Produktgruppe durch sinnvolle Kriterien. Dies ermöglicht eine Vorauswahl zu treffen, um das Suchen bestimmter Teile zu erleichtern und zu beschleunigen.

Die Datenbanktechnik ermöglicht es, diese Produktgruppen in beliebiger Anzahl zu definieren und die Sachmerkmalsleiste zuzuordnen. Die Sachmerkmalsleiste kann individuell oder nach DIN 4000 gestaltet werden. Auch nach Einführung der Datenbank ist es mit geringem Aufwand möglich, Änderungen und Erweiterungen vorzunehmen.

Bei einer herkömmlichen Datenorganisation sind solche Anpassungen bzw. Änderungen nur mit unvertretbar hohem Aufwand an Prcgrammierarbeit möglich.

Die wichtigsten Vorteile der relationalen CAD-Datenbank sind:

1. Einfache Anpassbarkeit an PPS und andere Umgebung,
2. redundanzfreier Datenbestand von Baugruppenzeichnungen da nur die Anordnung der Teile zueinander gespeichert wird. Die Geometrie der Einzelteile ist unter dem Einzelteil abgelegt,
3. halbautomatisches Generieren von Stücklisten,
4. schnelles Suchen nach ähnlichen Teilen mit selbstbestimmten Kriterien.

5. Vorstellung der CAD/PPS-Schnittstelle

a) Einführungen/Anpassungen

Die CAD/PPS-Schnittstelle wurde im Juni 1988 eingeführt. Zu diesem Zeitpunkt waren bereits Daten in der CAD-Datenbank. Die Anpassung der Datenbank an die PPS-Schnittstelle wurde von uns selbst nach Vorgaben der Fa. Procad vorgenommen und dauerte nur wenige Tage. So mußte z.B. die Länge des Feldes "Benennung" gekürzt werden, um zum PPS zu passen. Weitere PPS-spezifische Felder mußten eingerichtet werden. Bild 11 zeigt die Daten eines CAD-Teilestammsatzes mit den an das PPS-System zu übertragenden Daten.

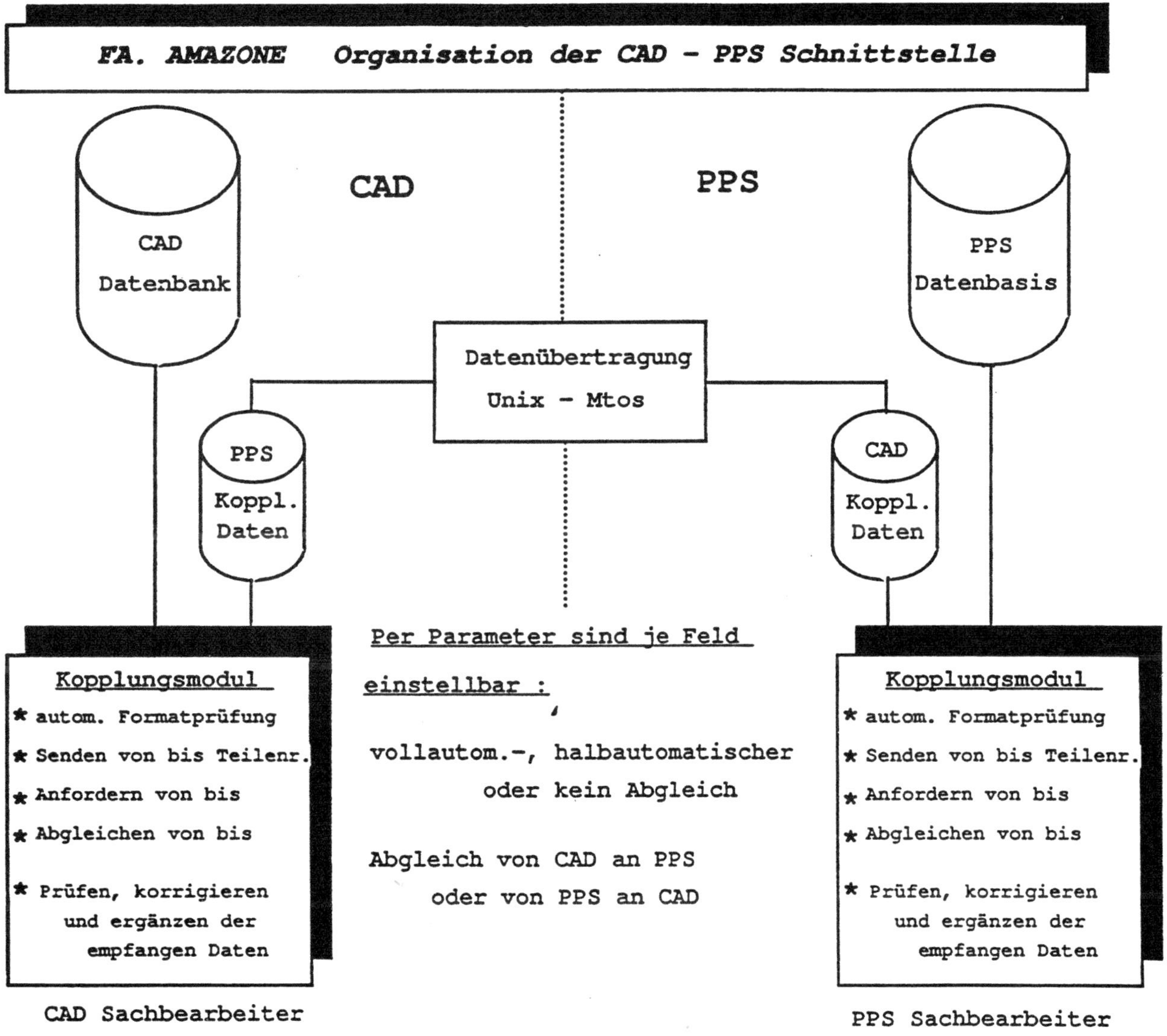
FA. AMAZONE Organisation der CAD - PPS Schnittstelle
CAD
PPS
CAD
Datenbank
PPS
Datenbasis
Datenübertragung
Unix - Mtos
PPS
Koppl.
Daten
CAD
Koppl.
Daten
Kopplungsmodul
* autom. Formatprüfung
* Senden von bis Teilenr.
* Anfordern von bis
* Abgleichen von bis
* Prüfen, korrigieren und ergänzen der empfangen Daten
CAD Sachbearbeiter
Per Parameter sind je Feld einstellbar :
vollautom.-, halbautomatischer oder kein Abgleich
Abgleich von CAD an PPS oder von PPS an CAD
Kopplungsmodul
* autom. Formatprüfung
* Senden von bis Teilenr.
* Anfordern von bis
* Abgleichen von bis
* Prüfen, korrigieren und ergänzen der empfangen Daten
PPS Sachbearbeiter

b) <u>Organisatorischer Ablauf der CAD/PPS-Schnittstelle</u>

Bei im CAD neu angelegten oder geänderten Bauteilen erfolgt nach der Zeichnungsfreigabe die Übertragung der vom Konstrukteur erstellten Teilestämme und Stücklisten in die Kopplungsdateien des PPS-Rechners. Vor der Übernahme der Daten aus dem CAD-System in die Datenbasis des PPS-Systems hat der verantwortliche PPS-Sachbearbeiter die Möglichkeit, die erhaltenen Datensätze zu ergänzen, anzupassen oder abzuweisen. (Zur Abstimmung der im CAD- und im PPS-System vorhandenen Datenbestände erfolgt eine Rückübertragung der vom PPS-Sachbearbeiter für die Eintragung in den KIFOS Stammdaten freigegebenen Daten an das CAD-System.)
Über Installationsparameter wird gesteuert, welche Daten der Konstrukteur oder Fertigungsplaner ändern bzw. ergänzen darf.
Die vom PPS-System gesendeten Rückmeldungen führen zu einer Aktualisierung der Teiledaten in der CAD-Datenbank. Die bei der Übertragung aufgetretenen Fehler und die Abweisungen durch den PPS-Sachbearbeiter werden dem Konstrukteur angezeigt und die betroffenen Teilestämme können einer Nachbearbeitung zugeführt werden. Doppelübertragungen, Änderungen von den in der Übertragung befindlichen Teilen und andere unerlaubte Manipulationen werden vom System bemerkt und dem Sachbearbeiter angezeigt.

Der Konstrukteur kann Teilestammdaten aus dem PPS-System in sein Datenbanksystem übernehmen. Mit dieser Möglichkeit werden beim Aufbau von Strukturen im CAD die bereits im PPS bestehen, Teilestämme aus dem PPS-System in das CAD übernommen. Dadurch werden umständliche und fehlerhafte Neueingaben von Teiledaten im CAD-System vermieden.

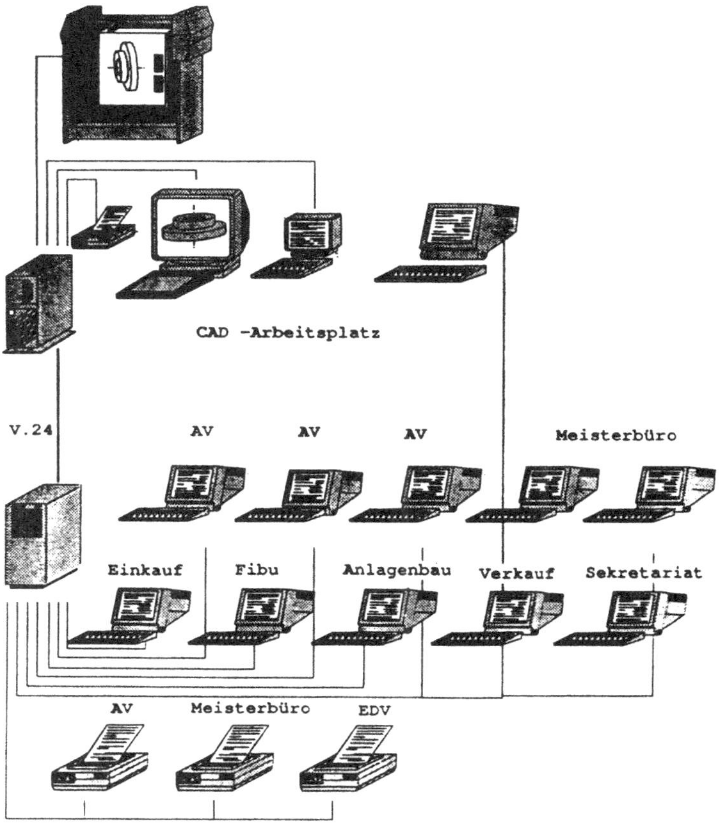

Die aktuelle Konfiguration im Werk Forbach ist in obigem Bild gezeigt. Der 32 Bit CAD-Rechner und der 16 Bit PPS-Rechner sind über eine V 24 Leitung gekoppelt. Auf dieser Leitung wird das Standartprotokoll "Kermit" gefahren, welches ein gegenseitiges Anfordern von Dateien ermöglicht.
Dem CAD-Sachbearbeiter steht für Auskunftszwecke ein Terminal des PPS-Rechners zur Verfügung. Dazu gehören vor allem das Anzeigen von Stücklisten und Arbeitsplänen, Teileverwendungen, Materialdaten mit Preisen und Bestandsdaten, Normteilen, Wiederholteilen, Stand der Fertigung im Betrieb, usw. aus den aktuellen Daten des PPS-Systems.

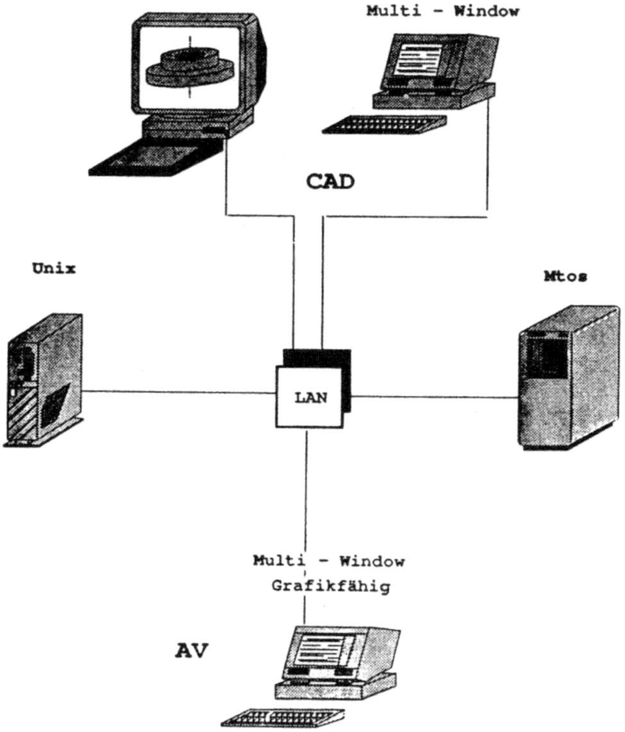

Die zukünftige Konfiguration wird hier schematisch dargestellt. Der CAD- und PPS-Rechner sowie die Bildschirme und das Graphikterminal sind durch ein lokales Netzwerk miteinander gekoppelt. Auf diese Weise kann jedes Terminal auf alle im Netzwerk installierten Rechner zugreifen. Die bisher am CAD-Arbeitsplatz verwendeten alphanumerischen Bildschirme, die je an den CAD- und PPS-Rechner gekoppelt waren, werden durch nur einen multiwindowfähigen Bildschirm ersetzt. Auf Knopfdruck kann dieser Bildschirm in vier Ebenen umgeschaltet werden. Es lassen sich beispielsweise die CAD-Teilestammdaten, CAD-Stücklisten, PPS-Stammdaten und PPS-Materialwirtschaftsdaten durch einfaches Umschalten der Windows von diesem Arbeitsplatz abfragen.

Dem Sachbearbeiter der Arbeitsvorbereitung wird ein Multiwindow-Graphik-Bildschirm zur Verfügung stehen. An diesem Bildschirm können ebenfalls per Knopfdruck vier Windows eröffnet werden. Der Arbeitsvorbereiter kann sich über das Netzwerk zu jedem Teil die aktuelle Zeichnung aus dem CAD-Rechner zeigen lassen. Teilestammsätze und Stücklisten aus dem PPS können auf den anderen Windows bearbeitet werden. Durch diese Graphikauskunftsfunktion entfällt das lästige Verwalten und Heraussuchen von Zeichnungspausen in der Arbeitsvorbereitung. Es steht am Bildschirm immer der aktuelle Stand der jeweiligen Zeichnung zur Verfügung.

Mittelfristig werden die alphanumerischen Bildschirme in den Meisterbüros gegen Multiwindow-Graphik-Bildschirme ausgetauscht, um auch dort die aktuelle Zeichnung eines Teiles abrufen zu können.

6. Erfahrungen mit der CAD/PPS-Schnittstelle

Vorbehalte gegen eine solche Schnittstelle bestanden in Forbach und bestehen in den anderen Werken sowohl bei den Konstrukteuren als auch bei den Arbeitsvorbereitern. Keiner wünscht Änderungen oder Eingreifen in sein Sachgebiet von außen. Es gab erhebliche Diskussionen über den Aufbau und die Zuständigkeiten für die gültigen Stücklisten.

Bis zur Einführung von PPS wurden die gültigen Stücklisten von der Konstruktion per Hand erstellt und gepflegt.
Nach der Einführung von PPS werden jetzt die gültigen Stücklisten von der AV im PPS-System gepflegt. Dadurch ergibt sich eine Anpassung der Konstruktionsstücklisten an die Erfordernisse der Fertigung. Auch hier hatte es derzeit einen erheblichen Widerstand der Konstruktionsabteilungen gegeben. Inzwischen hat sich dieses Verfahren jedoch eingependelt und läuft zur Zufriedenheit beider Seiten.

Die CAD/PPS-Schnittstelle und vor allem die eleganten Möglichkeiten im CAD die Konstruktionsstücklisten zu erzeugen und zu verwalten, haben diese Diskussionen erneut aufkommen lassen.

Es zeichnet sich ab, daß zukünftig wohl unterschiedliche Stücklistenstrukturen im CAD und im PPS möglich sind und angewendet werden.

Die Gründe dafür sind:

Der Konstrukteur denkt in funktionalen Gruppen. Er ordnet Befestigungsschrauben eines Zubehörteils der Stückliste des Zubehörteils zu.
Die Arbeitsvorbereitung ordnet unter fertigungstechnischen Gesichtspunkten diese Befestigungsschrauben jedoch dem Endprodukt zu, weil diese Schrauben erst bei der Montage des Endproduktes dem Lager entnommen werden.

Ein weiteres Beispiel als Begründung:

Eine komplette Schweißbaugruppe "Rahmen" wurde bisher an einem manuellen Arbeitsplatz fertiggeschweißt. Es handelte sich also um eine 1-stufige Fertigung. Durch den Einsatz eines Schweißroboters werden einige Teile dieses Rahmens an einem Schweißroboter vorgefertigt, d.h. dieser Rahmen wird jetzt zweistufig gefertigt. Um nun mit dem PPS-System sinnvoll arbeiten zu können, muß eine weitere Stufe eingefügt werden, d.h. es wird ein neuer Teilestammsatz mit einer Stückliste benötigt.

Es ist beabsichtigt, in Zukunft diese fertigungsbedingte Umstrukturierung der Stückliste nur im PPS zu vollziehen. Bislang wird von uns kein Grund gesehen, in einem solchen Fall auch die Teilestruktur in den CAD-Daten anzupassen.

Um jedoch zu gewährleisten, daß eine komplette Maschine in der CAD-Struktur der Struktur im PPS entspricht, werden die jeweiligen Mengenübersichtsstücklisten miteinander verglichen, d.h. die Kaufteile, die sich aus CAD- und PPS-Stücklisten ergeben, müssen gleich sein.

Welche Probleme hat es bei der Einführung von CAD und der PPS-Schnittstelle gegeben ?

Der schwierigste Teil der Einführung war die Abstimmung der Auswahlkriterien für CAD mit den Konstruktionsleitern der anderen Werke. Erschwerend war die große Entfernung zwischen den Werken und die starke Belastung der Konstruktionsleiter durch ihre normale Tätigkeit.
Das Werk Forbach bot außerordentlich günstige Voraussetzungen für die Einführung der CAD/PPS-Schnittstelle.

1. Es lagen Erfahrungen mit der Einführung und dem Einsatz des PPS-Paketes vor.
2. Die Altersstruktur ist sehr günstig. Ein junger Ingenieur von der FH Saarbrücken ist als CAD-Betreuer eingesetzt, wobei uns die von ihm während seines Studiums gesammelten Erfahrungen mit CAD- und EDV-Systemen zugute kamen.
3. Die Überschaubarkeit der kleinen Firma mit ihren begrenzten Datenmengen verkürzte die Einführungsphase erheblich.
4. Der Organisationsleiter ist gleichzeitig Chef des Werkes und kann mit Überzeugungskraft und falls erforderlich mit Autorität die organisatorischen Erfordernisse einleiten.

Durch den Einsatz des neuen zusätzlichen Mitarbeiters wurde die Produktentwicklung nicht behindert. Sie läuft inzwischen schneller als vor der Einführung von CAD und der PPS-Kopplung.

Insgesamt war die Einführung von CAD und der PPS-Schnittstelle unter diesen günstigen Voraussetzungen problemlos. Die Einführung von PPS war weitaus schwieriger. Jedoch wird das Aufnehmen aller vorhandenen Zeichnungen in das CAD-System und die Abstimmung mit dem PPS in Forbach noch ein bis zwei Jahre in Anspruch nehmen.

Auf Grund der Alterstruktur, der seit langem gewachsenen Organisationsstruktur und den großen Datenmengen ist in den anderen Werken jedoch mit größeren Akzeptanz- und Ausbildungsproblemen zu rechnen.

Literatur: G. Thaler u. U. Hertel: Einbindung eines CAD-Systems in ein CIM-Konzept
ZwF 83 1988 (5) Hanser Verlag

James Martin: Einführung in die Datenbanktechnik
Hanser Verlag ISBN 3-446-12929-4

Referent:

Wilfried Schomäker, Maschinenbauingenieur, (FH Wilhelmshaven),
Privat: Dr. Schier-Str. 16e, 6670 St. Ingbert
Geschäftsführer im Werk Forbach, EDV-Organisationsleiter für das Gesamtunternehmen.
Seit 1971 im Unternehmen, seit 1979 im Werk Forbach.

Logistik und CIM - Gegensatz oder Ergänzung?

Klaus-J. Schmidt
Seminar für Produktionswirtschaft und Informatik - SPI
FH des Saarlandes

Inhalt

1 Ausgangssituationen und Schwerpunkte für CIM und Logistik im Industrieunternehmen

Der Informationsbedarf in Produktionsunternehmen steigt ständig an. Besonders deutlich zeigt sich dies in der Gestaltung der neueren Informationssysteme, wo die erwarteten Datenstrukturen immer vollständiger und komplexer werden. Gleichzeitig steigt auch der Integrationsbedarf für die hierbei zum Einsatz kommenden DV-Anwendungen. Diesem Trend in der Informationslogistik läuft parallel die Entwicklung in den verschiedenen betrieblichen und überbetrieblichen Logistikfunktionen, die durch eine enge Anbindung an die produktionsorientierten Funktionen eine neue Gewichtung erhalten (vgl. Abb. 1).

Wo liegen nun die speziellen Ansatzpunkte und Möglichkeiten in der betrieblichen Praxis, die sich durch eine Intensivierung der CIM-Aktivitäten und/oder Logistikaktivitäten ergeben ? Welche Konsequenzen können und müssen aus den bereits realisierten Anwendungsfällen und den neuen Konzepten in Logistik und Produktionsmanagement sowie aus den Möglichkeiten der Informationstechnik heute und für die Zukunft getroffen werden ?

1.1 Entwicklungen im CIM-Bereich

Aus der ursprünglich rein technologischen Bedeutung von CIM (Computer Integrated Manufacturing, vgl. Harrington 1973) hat sich durch steigende Rechnerleistung und -verfügbarkeit sowie dem steigenden Bedarf nach sehr **eng vernetzten betrieblichen DV-Anwendungen**, der CIM-Begriff in der Wissenschaft und in der Praxis so erweitert, daß er für ein ganzes Bündel von Auffassungen und Ergebnissen über den Computereinsatz im Industrieunternehmen gilt:

* Denkmodell/Vision für die Fabrik von morgen
* Integrationskonzept ähnlich JIT, TQC, TMM

So versucht CIM alle die im Laufe der letzten Jahre definierten computerunterstützten Anwendungsbereiche (Cxx) von der computerunterstützten Konstruktion (CAD) bis zur computerunterstützten Qualitätskontrolle (CAQ) durch ein entsprechendes Integrationskonzept zu vereinen, daß hieran eine strategische Ausrichtung der Informationssystemplanungen ermöglicht wird.

Die in der Praxis realisierten CIM-Konzepte orientieren sich im allgemeinen an dem Grad der DV-Durchdringung in ausgewählten und wichtigen betrieblichen Fertigungs-, Durchsetzungs- und Planungsbereichen. Entsprechend orientieren sich deshalb auch viele Vergleiche von CIM-Durchdringungen an dieser DV-Durchdringung (vgl. auch Abb. 2, Schulz, Bölzing). Sollen solche Vergleiche neben der rein wissenschaftlichen Bedeutung auch Hilfe für die strategische Planung von CIM-Anwendungen sein, so müssen in einem solchen **CIM-Status** vor allem folgende Bedingungen erfüllt sein:

* Genereller Rahmen für die Einbeziehung aller relevanten und potentiellen Funktionsbereiche

* Bewertungsmaßstab

  - einerseits für die DV-Durchdringung und andererseits
  - für den erreichten Integrationsgrad

  in bzw. zwischen den Einzelnmoduln/-bereichen

* Einbeziehung der CIM-Notwendigkeit/-Möglichkeit

  - Automatisierungsniveau
  - Automatisierungsfähigkeit
  - Automatisierungsdruck

Erst mit der Einbindung eines auf diese Weise erhaltenen **CIM-Profils** in die anderen betrieblichen Zielsetzungen des Unternehmens, ergibt sich ein hilfreiches Beschreibungs- und Bewertungssystem für den Anwendungsplaner von CIM-Systemen.

Neben der Betrachtung von CIM als Philosophie und als Status für realisierte/realisierbare CIM-Anwendungen, kann unter CIM ein ganzer Methodenmix zusammengefaßt werden, der dem Planer in der Gestaltung von CIM-Systemen zur Verfügung steht. Ausgehend von der Grundidee der menschenleeren Fabrik werden bekannte und neue Methoden der Systemplanung und -realisierung dieser Grundidee untergeordnet und auf betriebliche Problemstellungen angewandt (vgl. Abb. 3 und Abb. 4).

1.2 Entwicklungen im Logistik-Bereich

Die Entwicklungen im Logistikbereich weisen ähnlich wie bei den unterstützenden Informationssystemen auf sehr intensive Integrationsbemühungen hin. Ausgehend von der bis in die 70er Jahre andauernden Einordnung der Logistik als bloße Materialversorgungsfunktion für die Produktion hat sich die Logistik als ein wesentliches Element für mögliche Produktivitätserhöhungen erwiesen (vgl. auch Abb. 3).

Zu den generellen Ansätzen, die heute von den erfolgreichen Unternehmen in der Logistik angewendet werden, zählen **funktionelle Ansätze:**

* Abbau von Dispositions- und Entscheidungsebenen
* Zusammenfassen vorhandener Logistikfunktionen unter einheitlicher Leitung
* Erweitern der Logistikfunktionen auf die im Produktionsbereich vor- und nachgelagerten Bereiche
* Auslagern von Logistikfunktionen auf unternehmenslosgelöste Betriebe/Unternehmen.

Besonders deutlich zeigt sich dies in den Branchen, die aufgrund ihrer Produktpalette, des Anteils von Zukaufteilen und hohen Montageanteils immer schon sehr durchgängige Logistiksysteme im Einsatz hatten (vgl. Abb. 6).

Weitere generelle Strategien zeigen sich verstärkt in

* Ablaufspezifischen Grundsätzen
  - Flußorientierung in den Bereitstell- und Transportprozessen
  - Optimierung von Einzelabläufen in der Logistik
  - Abstimmung Logistik/Montage

* Methodischen Grundsätzen
  - Intensiver Einsatz von Lagertechnik
  - Intensiver Einsatz von Transport-/Fördertechnik
  - neuer Planungssystematiken
  - Alternative Abruf- und Steuerungssystematiken

Insbesondere durch die verstärkte Anwendung von **Just-In-Time** haben sich für die materialintensive Industrie weitere Impulse für die Neugestaltung der Fabriken und unternehmensübergreifenden Material- und Informationsflüsse ergeben. Versteht man Just-In-Time neben seiner Rolle als Philosophie/Integrationskonzept und Maßstab als ein Mix geeigneter Methoden und Systeme für die Feinstabstimmung von Produktions- und Anlieferprozessen (Abb. 7), so kann hier sofort der Bezug zu den erforderlichen Informationssystemen hergestellt werden.

Inwieweit nun die Logistik mit stärkerer DV-Durchdringung und höherer Integration der Logistikfunktionen zu einer eigenständigen Disziplin "Computer Integrated Logistik-CIL" (5) wird, soll hier nicht näher untersucht werden. Eines jedoch kann bereits heute als sicher gelten, die Logistik und CIM werden in den kommenden Jahren immer häufiger im Rahmen unternehmerischer Planungen eine obere Rangstufe einnehmen, auch in den mittelständischen Unternehmen.

2 Fallbeispiele zur Integration DV-gestützter Funktionen im Fertigungs-/Montage- und Logistikbereich

Im folgenden soll auf einige Praxisbeispiele eingegangen werden, die als richtungswesende Logistiklösungen den engen Bezug zwischen Logistik und CIM nachweisen.

2.1 Produktionsverbund Hersteller/Zulieferer

Das erste Beispiel beschreibt den Systemverbund einer engen Produktions- und Lieferbeziehung zwischen einem Automobilhersteller und Zulieferanten (vgl. Abb. 8). Ausgehend von dem Informationsangebot des Automobilherstellers, der aus seinen internen Systemen zu bestimmten Zeitpunkten Informationen mit immer größer werdender Exaktheit bereitstellen kann und dem Informationsbedarf des Zulieferanten, der zu bestimmten Einplanungs- und Fertigungszeitpunkten bestimmte Auftragsinformationen benötigt, wurde eine Systemlösung geschaffen, die

* auf eine Verdichtung der Daten am Datenursprung verzichtet,
* die direkte Weitergabe von Informationen an den eigentlichen Informationsverwender in der Fertigung erlaubt,
* eine Vernetzung der unterschiedlichen Systeme auf verschiedenen Stufen und zu verschiedenen Zeitpunkten erlaubt und

durch Herausnahme logistisch- oder produktionsinduzierter Puffer eine weitgehend mannlose Disposition und Steuerung der Produktion erlaubt. Wesentlich ist bei einer solchen Lösung, daß neben der rein physischen Betrachtung Material- und Fertigungsflüsse auch alle informatorischen Abläufe einer intensiven Analyse unterworfen werden und dabei alle Möglichkeiten der Über- und Untersteuerung mit betrachtet werden müssen. Die hierbei bei den meisten Planungssystemen erforderlichen Anpassungen werden am besten in Systemen bewältigt, die im Systemkonzept bereits die Einbindung über- und unterlagerter Planungs- und Steuerungsabläufe beinhalten.

2.2 Montageversorgung

Das nächste Beispiel bezieht sich auf die Anpassungen im Materialversorgungsbereich der Unternehmen, die einen sehr hohen Montageanteil aufweisen. Insbesondere in der Endmontage der Automobilhersteller, wo die Materialversorgung von immer mehr Teilen an immer häufiger wechselnden Einbauplätzen sichergestellt werden muß, sind Anpassungen zu beobachten, die vom Verbauort des einzelnen Teiles bis zum Produktionsort beim Zulieferanten die gesamte Teilebereitstellung und -abrufsteuerung verändern. Hier ist eine Entwicklung festzustellen, die zur konsequenten Ausrichtung des internen und externen Materialflusses führt und dabei alle Phasen des Materialflusses berücksichtigt (Integrierte Materialflußbetrachtung, vgl. Abb. 9):

Auf Basis der durchgängig einsetzbaren standardisierbaren Kleinteilebehälter werden neue Materialbereitstellungstechniken und -abruftechniken erforderlich (vgl. Abb. 10, 11):

* Verbauortorientierung
* Handlingsoptimierung für Voll- und Leerbehälter
* Unterlagerte integrierte Abrufsteuerungen
* Teile- und Behälterüberwachung bis zum Lieferanten

Der Einsatz automatisierter Flurfördergeräte bei hoher Teileanzahl erfordert entsprechende Gestaltung der Arbeits- und Materialbereitstellplätze (vgl. Abb. 12,13):

* Orientierung am Arbeitsinhalt des einzelnen Arbeitsplatzes
* Weitgehender Abbau manueller Kommissionierung
* Flexible Fördersteuerungen hoher Zuverlässigkeit

Hierbei ist es kein Muß, daß einmal eingeschlagene Automatisierungen beibehalten werden, wie ganz deutlich einige Entwicklungen in der Automobilindustrie zeigen:

* Abbau von automatisierten Hochregallägern, da aufgrund geringerer Reichweiten unwirtschaftlich bzw. Modernisierungsaufwand zu hoch (Beispiel Ford-Saarlouis)

* Ablösung sehr leistungsfähiger FTS-Systeme durch direkte Kopplung der Montagearbeitsplätze ohne Fördertechnik (Beispiel GM in Kanada)

2.3 Verbund Montage-Arbeitsplatz und Materialversorgung

Unter dem Stichwort "Flexibilisierung der Fertigung" werden z.Z. in vielen Unternehmen ganze Fertigungsbereiche auf eine stärkere Produkt-/Kundenorientierung umgestaltet. Hierbei entstehen autonome Fertigungsinseln, die eigene Anforderungen an die Logistik, die PPS-Funktionen und die Personaleinsatzplanung stellen. Einzelne Konsequenzen sind hier:

* Zusammenfassen produktbezogener Arbeitsgänge und zugeordneter Materialbereitstellungs-/Materialhandlingsoperationen in weitgehend autonome Zellen

* Zusammenfassen bislang getrennter PPS-Funktionen (z.B. Disposition von Kauf- und Eigenfertigungsteilen) in eine Hand und Integration in separate Planungs- und Steuerungsmoduln.

* Integration der dezentralen Planungs- und Steuerungsmoduln in übergeordneten DV-Systemen, die die Eigenständigkeit unterlagerter Steuerungen zulassen und durch entsprechende Planungsroutinen unterstützen

Insbesondere der letzte Aspekt hat starke Auswirkungen auf die Gestaltung der PPS-Funktionen in CIM-Systemen und blieb bislang bei den Standardsystemen weitgehend unberücksichtigt.

3 Konsequenzen aus den Entwicklungen im CIM- und Logistikbereich für die Gestaltung der Fabrik von morgen

Die Entwicklungen im Logistik- und CIM-Bereich sind zunehmend nicht voneinander zu trennen. Die Anpassungsanforderungen in den Bereichen der computerintegrierten Fertigung erfordern sofort entsprechende Berücksichtigung im Logistikbereich und umgekehrt (vgl. Abb. 13 und (10)).

Die Konsequenzen hieraus für mögliche CIM- und Logistikmaßnahmen wurden für den Bereich der Großunternehmen bereits durch entsprechende Gewichtung beider Aspekte in den Planungsabteilungen für CIM- und Logistiksysteme getroffen.

Für den Bereich der mittleren und kleineren Unternehmen, die in der Regel aus Kostengründen auf effiziente Planungsteams verzichten müssen, erfordern die bereits jetzt absehbaren Entwicklungen eine stärkere Einbindung von Logistiküberlegungen in die Planung neuer Fertigungen:

* Abschätzung der wesentlichen Logistikdaten über einen längeren Zeitraum
* Berücksichtigung alternativer logistischer Materialbereitstellungs- und -versorgungsstrategien
* Abschätzung verschiedener Logistik- und Fertigungsalternativen auf Logistik und Fertigung
* Einbindung entkoppelter Fertigungs- und Planungs-/Durchsetzungmodule/-komponenten in transparentes Informationskonzept

Dies erfordert nicht zuletzt auch von der Unternehmensleitung die Fähigkeit zur Schaffung der Voraussetzungen für die Planung und Umsetzung langfristiger Fertigungs-, Logistik- und Informationskonzepte und -strategien.

Abb. 1 - Anforderungen und Möglichkeiten

Marktbezogene Entwicklungen

* Globalisierung der Märkte
* kürzere Produktlebensdauer
* kürzere Durchlaufzeiten
* höhere Terminsicherheit
* höhere Flexibilität
* höhere Qualität

Unternehmensbezogene Entwicklungen

* höherer Automatisierungsgrad in allen Bereichen
* Generell höhere DV-Durchdringung
* höheres Anwendungs-Know-How
* höhere Produkt-Teilevielfalt
* niedrigere Fertigungstiefe
* höherer Fertigungsbreite
* komplexere Fertigungssysteme

höherer Standardisierungsgrad, leistungsfähigere Hard/Software-komponenten, leistungsfähige Anwendungssysteme, leistungsfähige Entwicklungswerkzeuge

Abb. 2 - CIM-Profil als Bewertungsmaßstab
Quelle: Schulz, Bölzing (1)

Unternehmen		CAD	CAP	NC	PPS	CAM	CAIM	CAQ	Logistik	kaufm. EDV	CIM-Faktor
		Faktoren der Funktionsbereiche									
1	Werkzeug-	6	5	6	4	6	5	2	4	6	4,93
2	maschinen	5	2	7	7	8	4	2	4	6	5,25
3		5	4	5	5	4	6	2	4	5	4,78
4		3	0	7	8	5	4	3	5	7	4,98
5		2	6	2	5	4	4	1	4	6	3,95
6		4	4	6	8	9	8	5	7	7	6,83
7	Druck-	5	2	5	6	5	0	2	5	5	3,83
8	maschinen	2	6	5	7	9	6	7	5	7	5,95
9	Elektro-	1	2	3	8	3	9	6	8	6	5,75
10	Kleingeräte	0	0	0	9	2	10	7	9	6	5,70
11	Automobil	8	5	5	8	5	6	3	8	7	6,53
12		0	0	0	8	10	10	6	7	0	5,60
13		8	9	8	9	5	4	5	6	10	6,98
14	übrige	6	3	5	5	4	5	2	4	5	4,63
15		2	5	0	6	4	0	0	2	10	3,18
16		7	7	8	8	8	3	3	5	8	6,25
Gewichtung		12,5%	7,5%	7,5%	20%	10%	20%	5%	10%	7,5%	Σ 100%

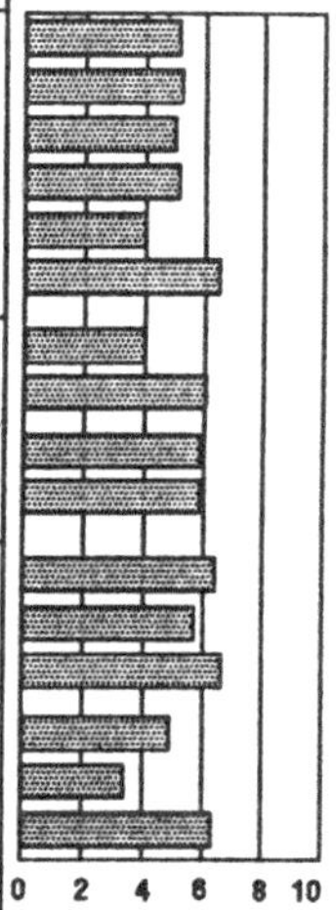

Gewichtung der Einzel-technologien für den CIM-Faktor

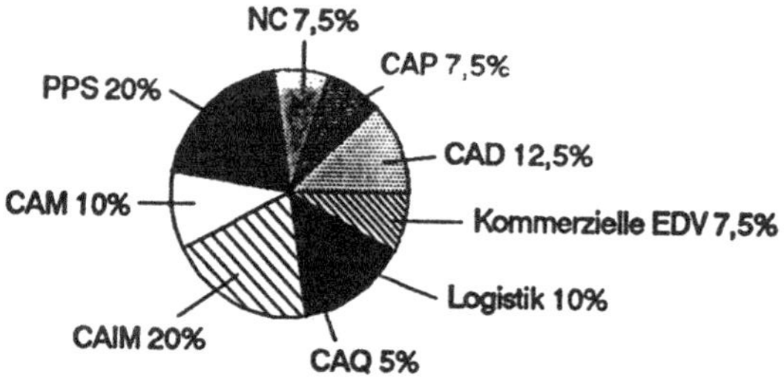

Abb. 3 - CIM-Methodenmix

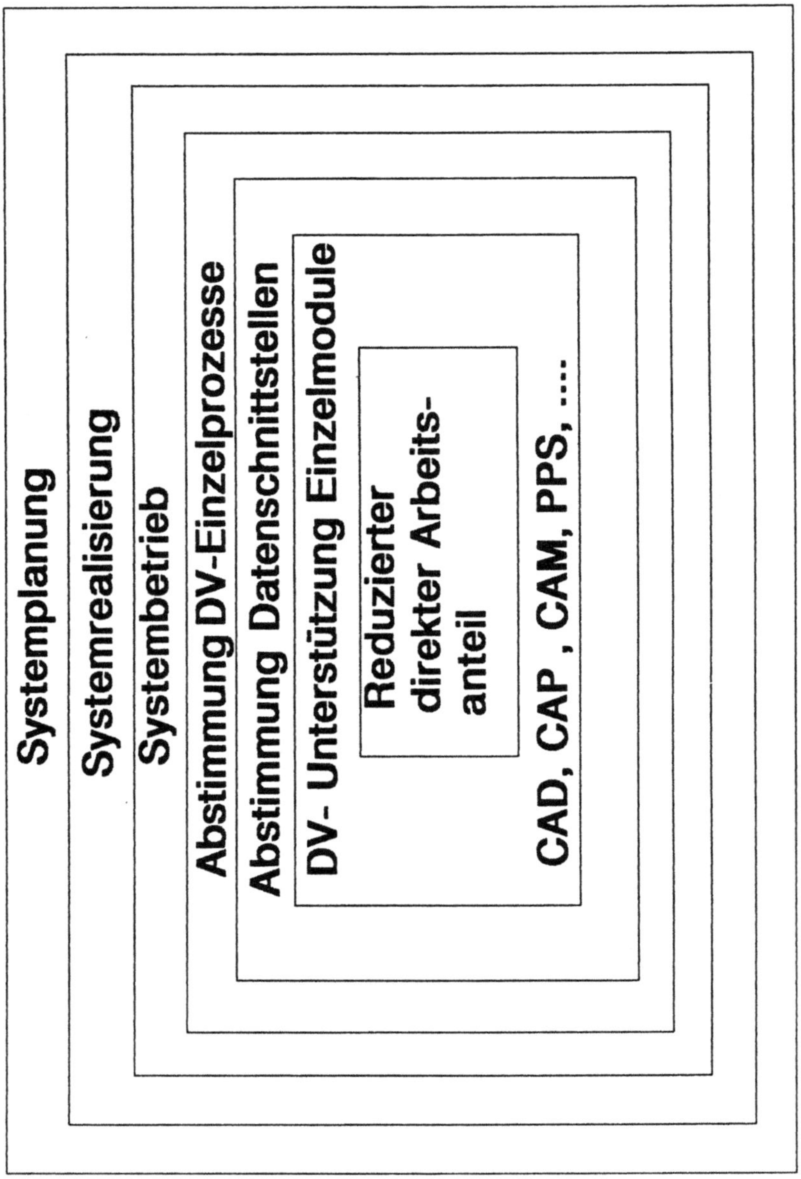

Abb. 4 - Werkzeuge für die CIM-Systemplanung
Quelle: Schmidt (2)

ENTWICKLUNGEN IM CIM-BEREICH
Beispiel: Werkzeuge für die CIM-Systemplanung

Beispiel: Instrumente des Infomanagement für CIM

* Szenario
* Portfolio - Analyse
* Korrelationsanalyse
* Phasenmodell des Wirtschaftlichkeitsdenkens
* Kasten- / Leistungsrechnung
* Controlling- / Revisionsmethoden
* Business System Planning
* Erfolgsfaktoren-Analyse
* Methoden der Benutzerbeteiligung
* Datenkatalogsysteme
* Kalkulationsmethoden zur SW-Entwicklung
* Risikomanagement / Katastrophenmanagement / Fehlerbaumanalyse
* Informations-Ablauf-Matrix (IAM)

Abb. 5 - Logistik als Querschnittfunktion und Bindeglied
Quelle: o.V. (3)

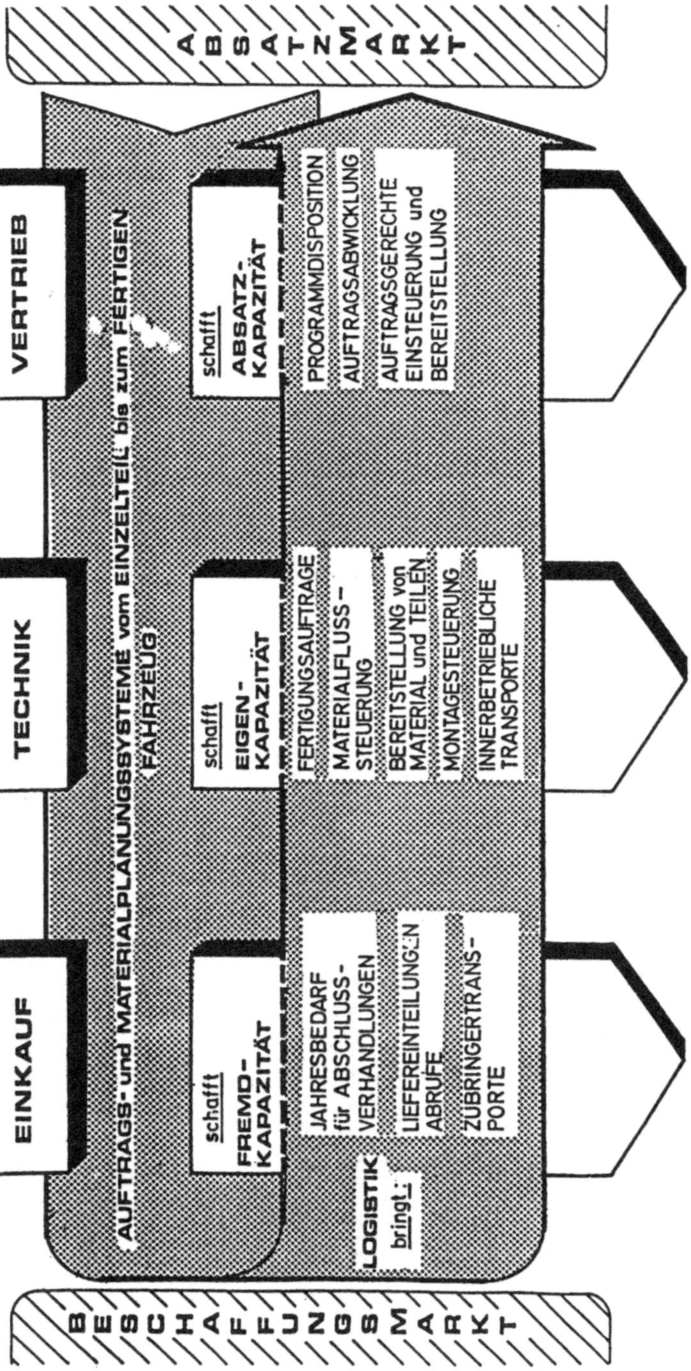

Abb. 6 - Funktionelle Umgestaltung der Logistik bei Grundig
Quelle: Nieger (4)

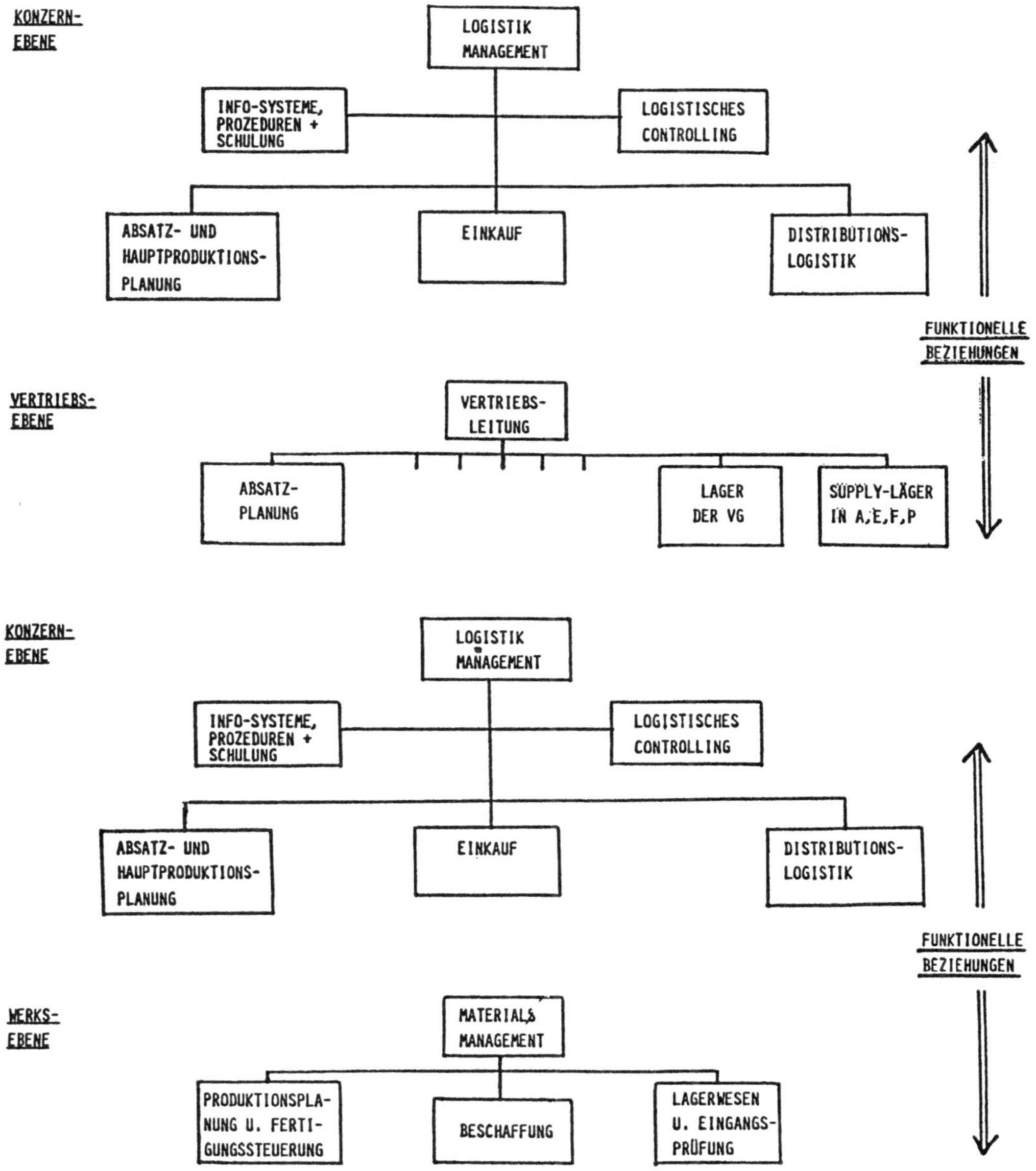

Abb. 7 - Just-In-Time als Methodenmix
Quelle: Schmidt (5)

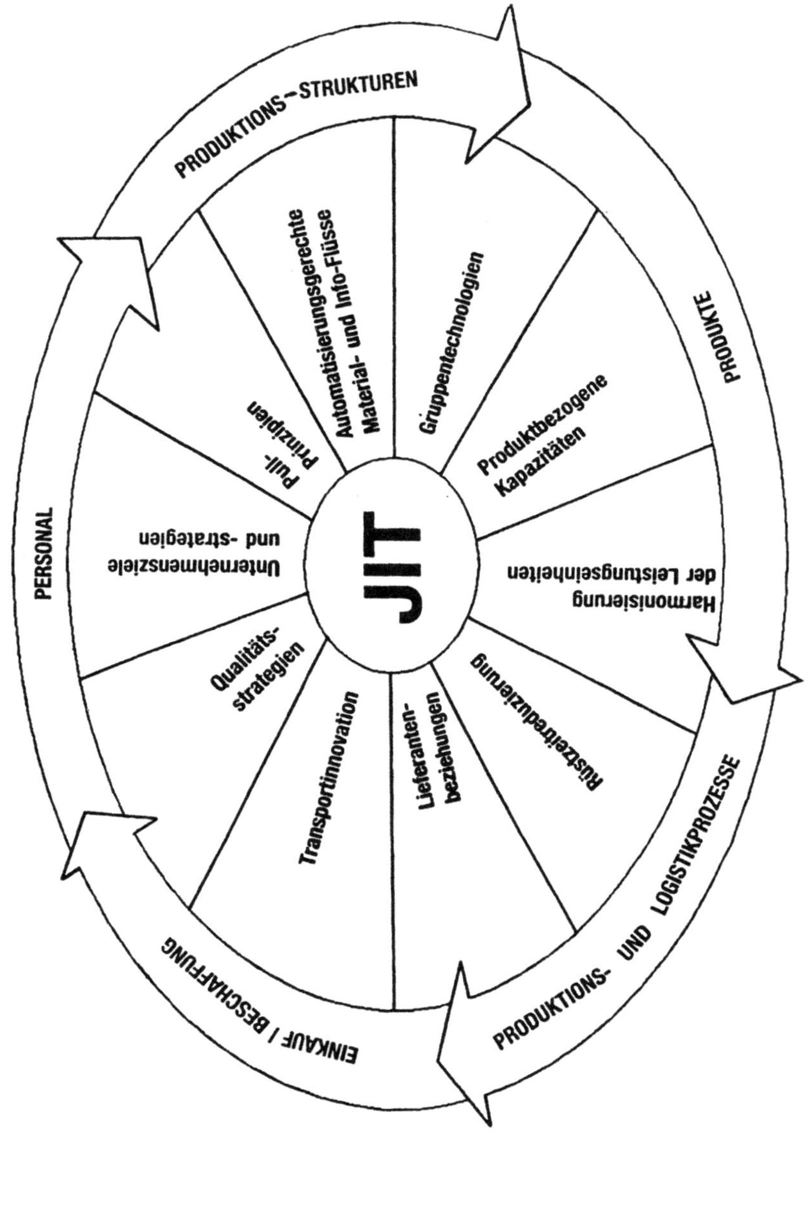

Abb. 8 - Informationsanbindung zur synchronen Fertigung und JIT-Anlieferung, Quelle: Boehnke (6)

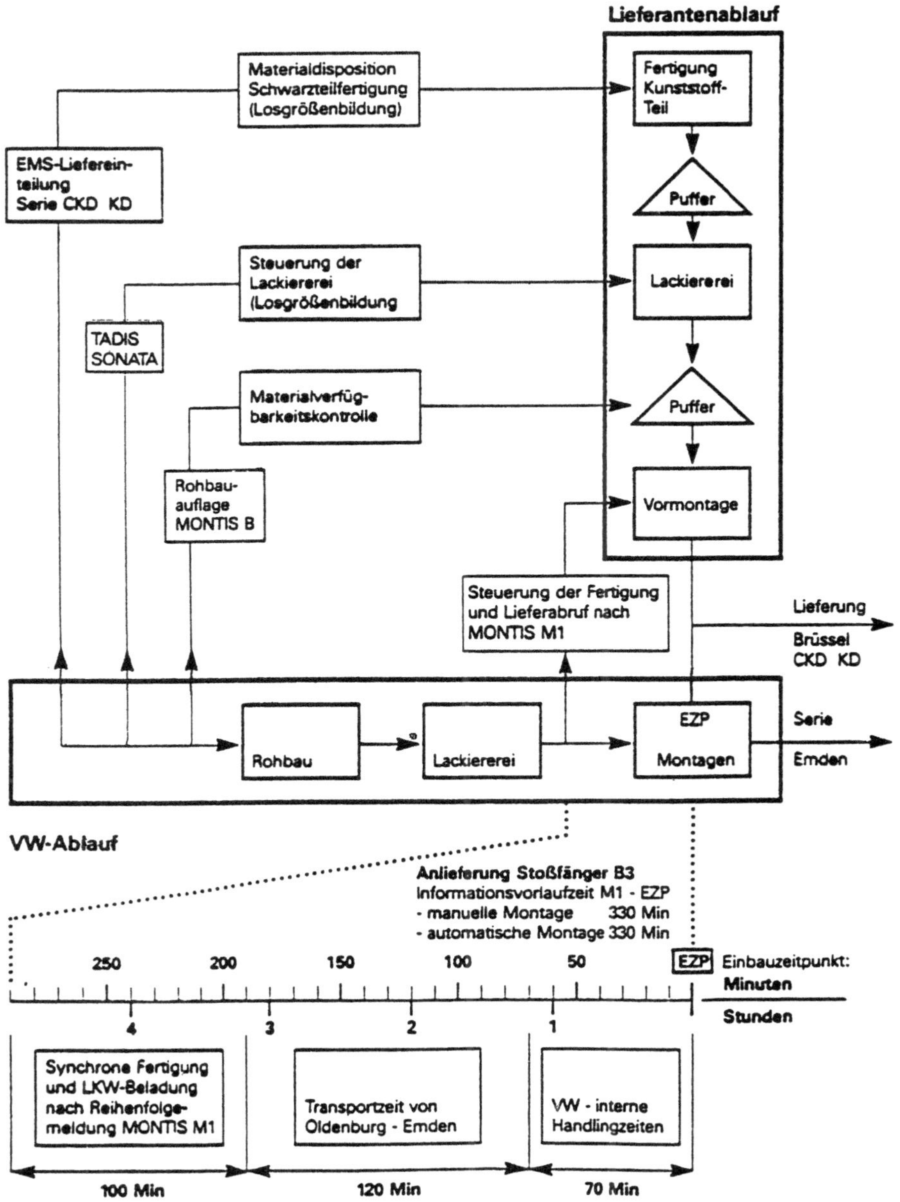

Abb. 9 - Integrierte Materialflußbetrachtung
Quelle: Schmidt (2)

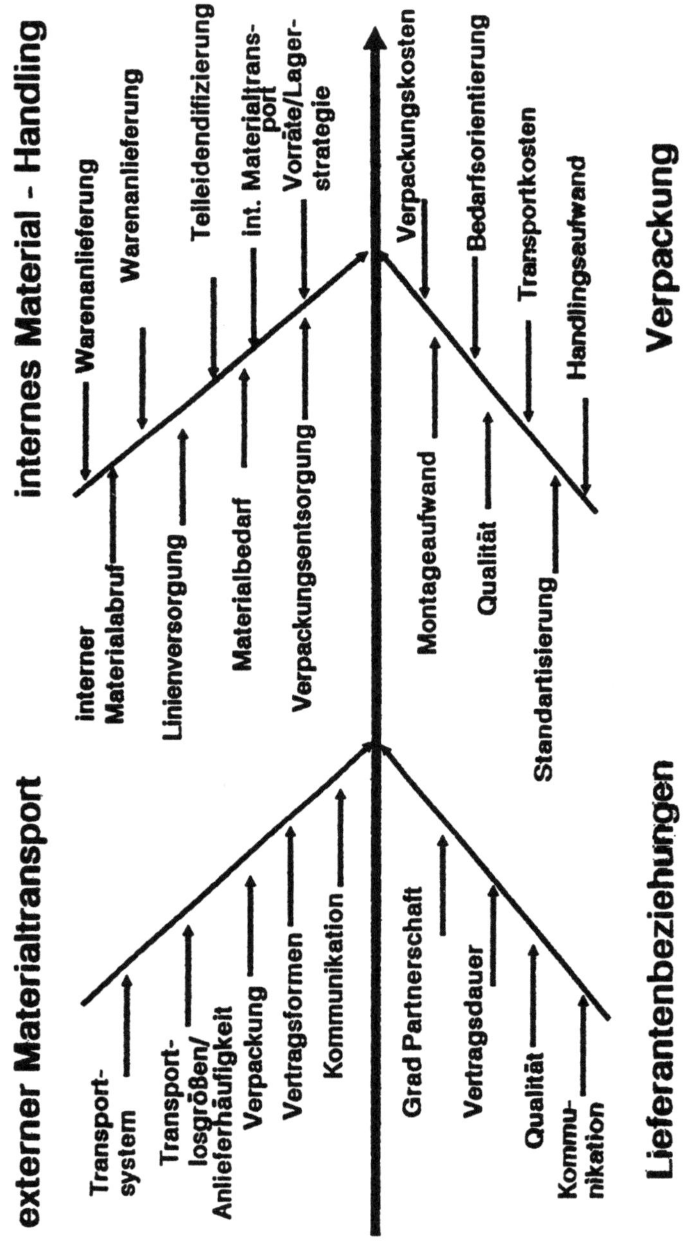

Abb. 10 - Materialbereitstellung in der Endmontage bei Volvo
Quelle: Aerts (7)

Abb. 11 - FTS-Montageprinzipien
Quelle: Schart (8)

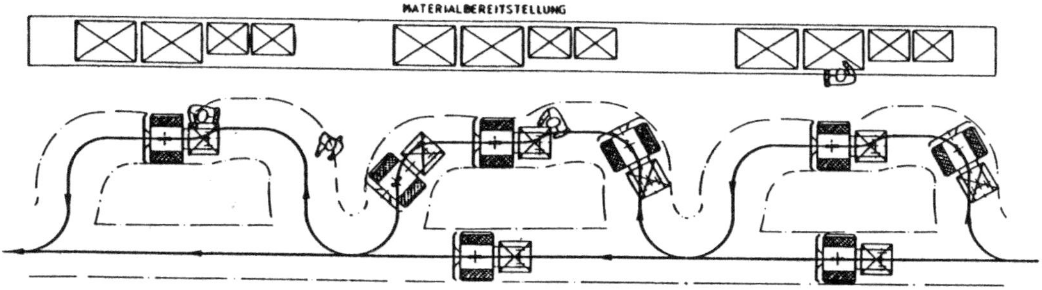

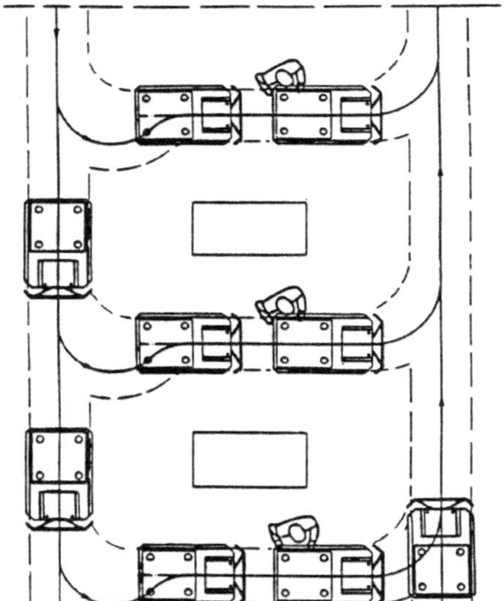

Abb. 12 - Materialbereitstellung in der Motoren-Endmontage bei FIAT. Quelle: Schmidt (9)

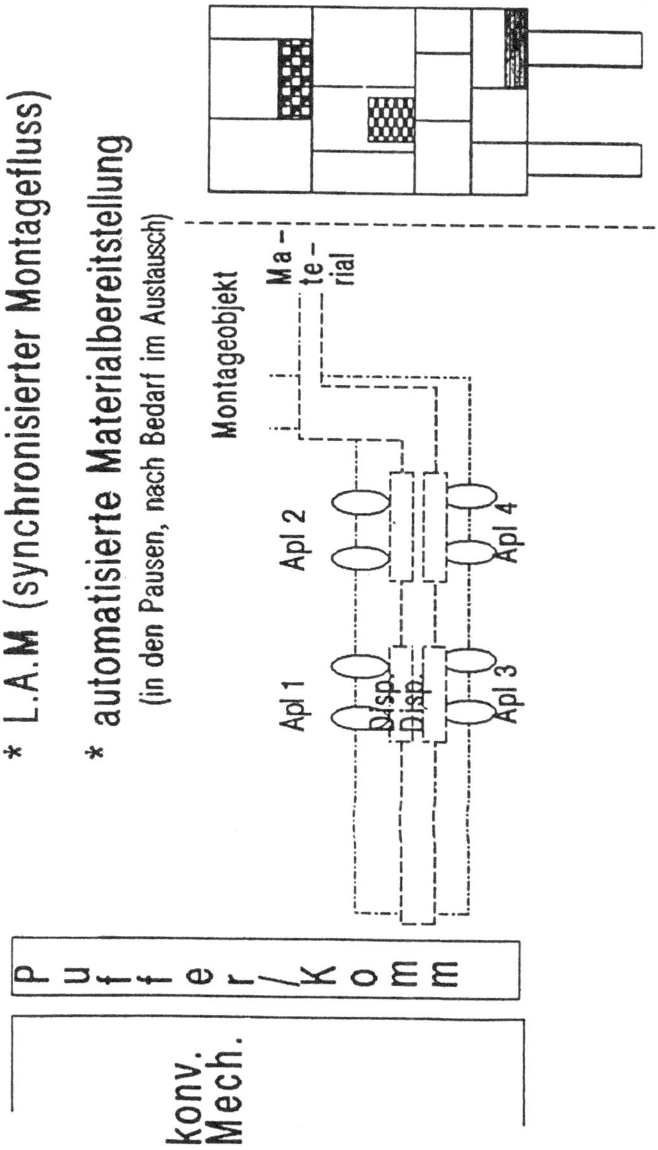

Abb. 13 - Logistik- und CIM-Schwerpunkte

LOGISTIK-SCHWERPUNKTE	CIM-SCHWERPUNKTE
Ganzheitliche Betrachtung aller Güter-und Leistungsströme	Integration aller DV-spezifischen fertigungsnahen Anwendungen
Schwerpunkt Informationen für Materialabruf-und bereitstellung	Schwerpunkt Informationen für Produktionsplanung und -ausführung
Einbeziehung von Kunden und Lieferantenbeziehungen	Einbeziehung aller DV-spezif. Schnittstellen
Materialhandling und DV-Unterstützung	Fertigungsaufwand und DV-Unterstützung
Indirekte Kosten	Direkte Kosten
Organisatorische und technische Entwicklungsfelder in der Fabrik von morgen	

4 Literatur

(1) Schulz, Bölzing: "CIM-Status" für strategische Investionsplanung, in: CIM-Management 6/88.

(2) Schmidt, K.-J.: Logistikkonzepte in der montageorientierten Industrie - Wirtschaftlichkeitsaspekte, in: Tagungsbericht "Moderne Logistik und Kommunikation im Rahmen CIM - Am Beispiel der Automobilindustrie, Stuttgart 11/1988.

(3) o.V., o.O., 1984.

(4) Nieger, L.: Das Logistikkonzept Grundig, in: Handbuch für Logistik und Produktionsmanagement, hrsg. von K.-J. Schmidt, München 1988.

(5) Schmidt, K.-J.: Just-In-Time-Grundlagen, in: Handbuch für Logistik und Produktionsmanagement, hrsg. von K.-J. Schmidt, München 1988.

(6) Boencke, R.: Umsetzung von Just-In-Time, in: Handbuch für Logistik und Produktionsmanagement, hrsg. von K.-J. Schmidt, München 1988.

(7) Aerts, R.: JIT-Prinzipien im Materialfluß- und Montagebereich - Konzepte und Ergebnisse im Montagewerk Gent, in Tagungsband zum 5. Saarbrücker Logistikforum, hrsg. von K.-J. Schmidt, Saarbrücken 1987.

(8) Schart, W.: Layoutalternativen und Steuerungsprinzipien in automatisierten JIT-Montageflüssen, in: Tagungsband zum 4. Saarbrücker Forum für Logistik und Produktionsmanagement, hrsg. von K.-J. Schmidt, Saarbrücken 1987.

(9) Wächter, R.: Verkürzung der DLZ durch den Einsatz vernetzter dezentraler Steuerungssysteme, in: 1. Forum für Informations- und Kommunikationslogistik, hrsg. von K.-J. Schmidt, Saarbrücken 1987.

(10) Treutlein, K.; Lohmann, R.: Wie können CIM- und Logsitikkonzepte koordiniert werden ?, in: CIM-Management, 5/88, S. 13-16.

(11) Scheer, A.-W.: CIM im Computergesteuerten Betrieb, Berlin-Heidelberg-New York-London-Paris-Tokio 1987.

GPSR Compliance

The European Union's (EU) General Product Safety Regulation (GPSR) is a set of rules that requires consumer products to be safe and our obligations to ensure this.

If you have any concerns about our products, you can contact us on ProductSafety@springernature.com

In case Publisher is established outside the EU, the EU authorized representative is:

Springer Nature Customer Service Center GmbH
Europaplatz 3
69115 Heidelberg, Germany

Batch number: 10844827

Printed by Printforce, the Netherlands